DK动物百科

动物界的生命奇迹

英国DK出版社 编著 庆慈 文星 肖笛 译

科学普及出版社
·北京·

目 录

恐龙	9	预备……跑！	48
生存故事	12	植食巨怪	50
寻找化石	14	最小与最大	52
化石猎人	16	被覆骨板的剑龙类恐龙	54
恐龙科学	18	浑身装甲的甲龙类恐龙	56
中生代	20	牙齿传奇	58
回到中生代	22	恐龙的食谱	60
波浪之下	24	厚厚的头骨	62
空中猎手	26	顶级雄性	64
翱翔的翼龙	28	头冠和颈盾	66
恐龙系谱树	30	长着尖角的角龙类恐龙	68
为恐龙命名	32	精致的羽毛	70
身体内部	34	成功生存的故事	72
超级感官	36	蛋和幼龙	74
大脑的力量	38	抚育后代	76
终极捕食者	40	不断迁徙	78
奇怪的兽脚类恐龙	42	恐龙时代的终结	80
逃避敌害	44	大灭绝之后的生命	82
激烈的格斗	46		

鱼   85

水   86

理想的家园：大海是那么包容   88

水世界中的家谱   90

什么是鱼？   92

这不是鱼……而是哺乳动物   94

鲨鱼   96

劈波斩浪的"鲨鱼皮"   98

没有牙齿的奇迹   100

潜入深海   102

现在你看见我了……   104

谁是最难看的呢？   106

海洋生物的家   108

惹来杀身之祸   110

在贝壳里面有什么呢？   112

鱼类的身体内部是什么样的？   114

漫漫归途   116

我是谁   118

触电的真相   120

朋友还是敌人？   122

清洁站   124

黑暗中的亮光   126

在黑暗中生存   128

辛劳的鱼爸爸？   130

水中的危险   132

蜇人的生物   134

这个可爱的小家伙是谁？   136

刺儿头   138

浮上水面呼吸空气   140

救命的黏液   142

扣动扳机！   144

群游   146

苹果一样大的眼睛   148

濒临灭绝的动物——谁即将消失？   150

鱼儿的交流   152

改变颜色   154

世界之最   156

小小漂流家   158

虫 161

节肢动物 164

有多少条腿? 166

看看这一大家子 168

谁统治着地球? 170

节肢动物是怎样
征服世界的? 172

什么是昆虫? 174

翅膀 176

上下颠倒 178

昆虫的身体里是什么样的? 180

眼睛看东西 182

饿了吗? 184

现在,看见我了吗? 186

怎样才算是一只甲虫? 188

黑暗中的闪光 190

成长 192

谁是它的父母? 194

千载难逢 197

蝴蝶还是蛾? 198

看看这一大群"帝王" 200

蚕的故事 202

蝗灾 204

谁的宴席? 206

辛勤劳作,绝不偷懒 208

蚂蚁大军 210

谁在蜂巢里? 212

美味的蜂蜜 214

摩天大楼 216

识破伪装 218

蜘蛛恐惧症 220

蜘蛛网 222

网的主人 225

蜈蚣还是马陆? 226

危险!化学战 228

朋友还是敌人? 230

世界上最致命的动物是什么? 232

打破纪录 234

两栖爬行动物 237

两栖动物 240

爬行动物 242

里面是什么? 244

超级皮肤 246

青蛙的生长周期 248

颜色与斑纹 250

家，甜蜜的家 252

亚马孙角蛙 254

鳄鱼如何在水下呼吸？ 256

亲代抚育 258

实际大小 260

太阳的追逐者 262

你能找出哪只眼睛是假的吗？ 264

玻璃蛙 266

奇特的脚 268

储水蛙 270

致命动物 272

第六感 274

壁虎的脚 276

永远长不大的墨西哥钝口螈 278

晚餐吃什么？ 280

活化石 282

蛇和梯子 284

角蜥 286

为什么这个女人要把人变成石头？ 288

寻找皮瓣蛙 290

防御技巧 292

旅行日记 294

消失与发现 296

它是一只鸟，还是一架飞机？ 298

不要往上看 300

青蛙腿给科学带来了怎样的冲击？ 302

如何"鳄"口脱险？ 304

与两栖动物和爬行动物有关的工作 306

蜥蜴如何在水上行走？ 308

两栖爬行动物之最 310

爬行动物 313

爬行动物谱系树 316

蛇中巨怪 318

关于蛇的真相 322

蛇宝宝 324

布满鳞片 326

冬眠 328

翩翩起舞	330	海龟的迁徙	372
响尾蛇	332	攀爬专家	374
滑行的蛇	334	奇异的绿鬣蜥	376
里面是什么？	336	活化石	378
蛇的感觉	338	恶心的"龙"	380
可怕的尖牙	340	滑翔高手	382
毒液	342	沙漠居民	384
喷毒眼镜蛇	344	长寿的龟	386
最致命的毒蛇	346		
紧紧缠绕	348	**鸟**	389
吞下猎物	350	学会飞翔	390
蟒蛇VS鳄鱼	352	征服全世界	392
蛇的传说	354	鸟类全家福	395
伪装的蛇？	356	雀形目（中小型鸣禽）	396
找一找	358	亚马孙雨林	398
多彩的变色龙	360	鸟类的进化	400
防御策略	362	找不同	402
小与大	364	为飞翔而生	404
晚餐吃什么？	366	鸟类的脚是用来……	406
尼罗鳄的伏击	368	你知道这就是感觉	408
水生爬行动物	370	生命保障系统	410
		奇妙的羽毛	412

仔细观察 414

飞行 416

列奥纳多·达·芬奇是艺术家、发明家……还是飞行员？ 418

环球旅行家 420

引领之路 422

我渴望飞翔的能力…… 424

忠实的蓝色爱好者 426

蛋壳里面有什么？ 428

鸟巢不是家…… 430

住在塔里的"女人" 432

我的妈妈在哪里？ 434

王企鹅的托儿所 436

鸟类的捕食工具 438

这个男人是如何发现了进化的秘密？ 440

需要吃多少食物？ 442

喂养野生鸟类 444

关于鸡的真相 446

工作的鸟类 448

下潜的鸟 450

你在说什么？ 452

鸟类的最强大脑 454

王鹫 456

退后！ 458

打破世界纪录的鸟 460

和鸟一起工作 462

词汇表 464

致谢 476

恐龙

生活在远古时代的**恐龙**，曾经是地球上最强壮的生物。

有些恐龙**体形巨大**，比有史以来地球上生存过或

生存着的其他任何陆生动物都要大。

冥河龙

许多恐龙长着奇怪的**角、棘刺、颈盾**，用来吓退敌人，或者吸引异性。

蜥结龙

鲨齿龙

还有些恐龙长着恐怖的

尖牙和**利爪**，用来捕杀猎物。

始祖鸟

阿拉善龙

中华龙鸟

有些恐龙甚至身披**羽毛**，能够更好地保持体温。

迷惑龙（雷龙）

鱼鸟

似鳄龙

令人惊奇的是，科学家现在已经确认，**并不是所有的恐龙都已经灭绝了**。幸存下来的恐龙后裔就生活在我们身边，那就是鸟类。

11

生存故事

地球有着四十多亿年的历史，而**恐龙**只属于其众多生命故事中的一个篇章。在漫长的地质时代中，无数生命出现、进化、消亡，而生物的消亡主要集中在几次生物大灭绝时期内。

地质时代

地球的地质时代分为几个代，其下又分为若干个纪。

- 元古代
- 古生代
- 中生代
- 新生代
- 生物大灭绝

地球形成

前寒武纪
46亿~5.41亿年前

在几十亿年的时间里，地球上的生物只有细菌和单细胞藻类。

奇虾

寒武纪
5.41亿~4.85亿年前

出现于距今约6亿年前的多细胞动物，在此时的海洋中开始繁盛。

前进三格

奥陶纪
4.85亿~4.44亿年前

一些被覆坚硬甲骨的动物生活在此时的海洋中，早期鱼类开始出现。

全球性大灭绝
这个时期海洋中超过一半的物种消失了。

后退两格

泥盆纪大灭绝
生活在泥盆纪的物种超过3/4都灭绝了。

后退一格

石炭纪
3.59亿~2.99亿年前

树木、昆虫、蛛形动物及原始爬行动物出现了，整个陆地变得生机盎然。

鳞木

节甲鱼

泥盆纪
4.19亿~3.59亿年前

在这个时期，海洋中出现了许多全新的鱼类。

前进三格

志留纪
4.44亿~4.19亿年前

原始绿色植物，如顶囊蕨开始在陆地上生长。与此同时，鱼类已经进化成与今天的鱼类极为相似的模样。

顶囊蕨

新近纪

现代鸟类和哺乳类开始出现。非洲大陆上进化出了人类的祖先。

0.23 亿~0.02 亿年前

阿根廷巨鹰

第四纪

随着一系列冰期的降临，人类开始扩散到世界各地。

200 万年前至今

尤因他兽

你需要

- 一个骰子
- 一位或者多位朋友，可以一起玩游戏
- 每个人用一个小物件当作棋子

古近纪

鸟类幸存下来并开始繁盛，哺乳类开始快速进化，取代了陆生大型恐龙的生态位。

0.66 亿~0.23 亿年前

前进两格

大悲剧

大型恐龙全部灭绝了。

后退两格

白垩纪

最早期的开花植物出现，恐龙类群中出现了一些最为特化的种类。

古花

1.45 亿~0.66 亿年前

二叠纪

哺乳类的祖先出现。当时地球的气候为干燥的沙漠性气候，因此爬行类动物十分繁盛。

2.99 亿~2.52 亿年前

长棘龙

游戏规则

玩家分别掷骰子，点数最高的玩家先走。按照掷骰子的点数，顺着起点到终点的方向走相应的格数。如果来到标注着前进或者后退的格子中，按照指示走。第一个到达终点的人获胜！

侏罗纪

恐龙进化成数个大类，成为当时陆地上的霸主。

大灭绝

史上最严峻的一次生物大灭绝席卷了地球，当时几乎所有的生物都灭绝了。

后退到起点

2.52 亿~2.01 亿年前

蓓天翼龙

三叠纪

生命开始缓慢恢复。早期恐龙、翼龙、真兽类出现。

对手的灭亡

恐龙的绝大多数竞争者在此次大灭绝中消亡。

后退三格

2.01 亿~1.45 亿年前

冠龙

寻找化石

我们对于**恐龙**的一切了解都源于对**恐龙化石**的研究。许多化石是动物身体的**遗骸**（如**骨骼**和**牙齿**）深埋于地下，经过漫长的岁月变迁而变成的**石头**。化石的发现常常是**偶然**的。即使是富有经验的科学家，也会因为发现一块化石而倍感**惊喜**。

化石分为很多类型，都可以为科学家提供有关史前生命的重要信息。快来走一走下图这个迷宫，找到令人惊奇的化石吧！

起点

鲨鱼牙齿化石

蕨叶化石

模铸化石

模铸化石是由动物压进柔软的基质中后，显现出动物身体轮廓的基质石化形成的。左图中是**三叶虫化石**，这是一种在远古时期就已灭绝的海洋生物。

木化石

在木化石的横断面上，展现出**远古树木**年龄的年轮清晰可见。这些树木的叶片可能被恐龙吃掉过呢。

遗迹化石

上图中的三趾足迹显示这是由一只**肉食性兽脚类恐龙**留下的。这种由动物活动留下的痕迹形成的化石就是遗迹化石。

固在琥珀中

这只**蜘蛛**在几百万年前被固在了黏糊糊的松脂中。松脂逐渐变硬，最终形成了岩石般的琥珀，藏在里面的蜘蛛没有受到任何破坏，细节纤毫毕现。

身体化石

大多数恐龙化石是由身体部分形成的，如这具霸王龙**骨骼化石**。通常情况下，骨骼都呈现散开的状态，但有时也会有连接完好的骨骼化石出土，还保持着动物活着时的状态。

化石猎人

恐龙化石可以保存数百万年之久，这是因为它们封藏在岩石中。当岩石因为自然外力等因素破裂时，其中隐藏的化石就会重见天日。科学家组成特别考察队，远赴野外寻找化石，有时会发掘出从未发现过的恐龙类群证据。

发现

世界上有些地方因为其恐龙时代地层的岩石中含有上百个甚至上千个恐龙化石而很有名气，但还有大量埋藏恐龙化石的地点深藏于地下，等待眼光锐利的化石猎人去发现。

修复

有些化石嵌在质地较软的岩石里，很容易分离和清理。但还有些化石位于坚硬的岩石中，必须小心开凿。这些脆弱易碎的化石常常被连同周围的岩石一起切割下来，在彻底清理出来之前还会用石膏加固保护起来。

研究

回到实验室之后，科学家开始清理化石，并仔细研究它们。科学家通常能辨认出化石所属的种类，但有时发现的化石属于全新的种类，这是非常令人激动的事情。科学家有时会用恐龙骨骼化石的复制品搭建出完整的恐龙骨架，就像在博物馆中展出的那样。

牙钻

凿子

刮刀

锤子

工具

　　将化石从岩石上剥离出来时必须小心翼翼，而且可能需要花费数月时间。科学家首先会使用锤子和凿子，但最后必须用非常精细的刮刀和刷子，确保化石的细微部分不被损坏。

刷子

护目镜

甲龙化石

手套

头盔

复原

　　一具骨骼化石通常都是不完整的，科学家会利用已知类似动物的知识重建出这些缺失的部分。他们还能复原恐龙肌肉的位置和形状，最终重现出一只恐龙原本的模样。

恐龙科学

一直以来，科学家都在努力研究恐龙是如何生活的、它们的机体是如何运转的。如今，由于新技术的发展及对细节保持得非常完好的恐龙化石的研究，科学家有了更多的发现。

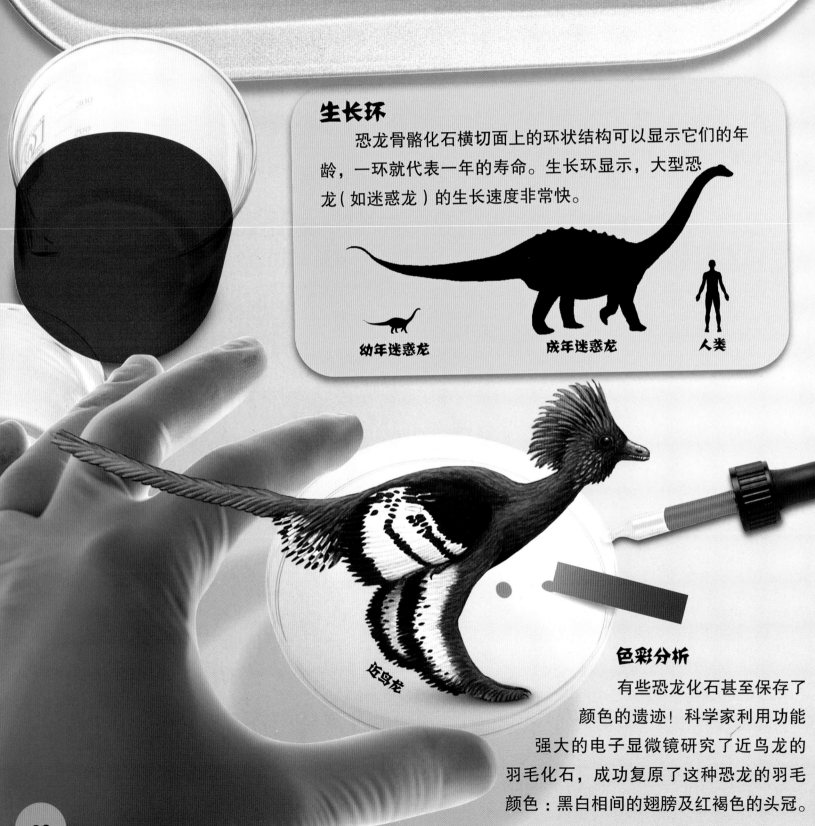

生长环

恐龙骨骼化石横切面上的环状结构可以显示它们的年龄，一环就代表一年的寿命。生长环显示，大型恐龙（如迷惑龙）的生长速度非常快。

幼年迷惑龙　　　　成年迷惑龙　　　　人类

近鸟龙

色彩分析

有些恐龙化石甚至保存了颜色的遗迹！科学家利用功能强大的电子显微镜研究了近鸟龙的羽毛化石，成功复原了这种恐龙的羽毛颜色：黑白相间的翅膀及红褐色的头冠。

活动模型

工程师能通过制作恐龙的机械模型来测试它们的运动模式。科学家利用这些测试结果研究恐龙的肌肉有多强壮——甚至包括这些体形庞大的猎手一口咬下去的咬合力。

机械霸王龙

身体上覆盖着一层绒状羽毛

中华龙鸟化石

骨骼是用坚固的金属制成的

超级化石

大多数有关恐龙的激动人心的发现，都来自对那些保存高度完好的化石的研究，如在中国辽宁省出土的一些化石。左图中的中华龙鸟化石保留着皮肤、羽毛，甚至还有它吃的最后一顿美餐。

胃内容物也保持完好

计算机建模

科学家通过医学扫描仪获得恐龙骨骼化石的三维计算机图像。他们利用这些图像建立恐龙的三维模型，然后让模型动起来，研究恐龙的运动模式。

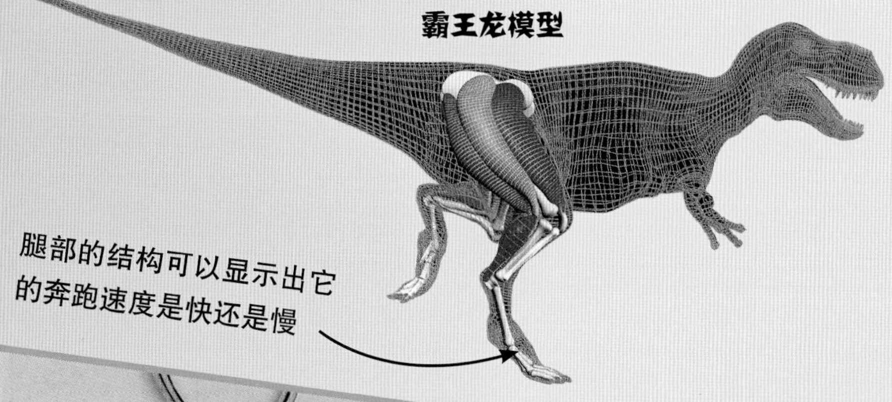

霸王龙模型

腿部的结构可以显示出它的奔跑速度是快还是慢

中生代

最早的恐龙出现于 2.3 亿年前，大约就在中生代初期。中生代这个漫长的地质时代可以分为三个时期：三叠纪、侏罗纪和白垩纪，在 6600 万年前因为一场地质灾难而结束。

始奔龙

大多数生活在三叠纪的恐龙体形都很小

2.52亿年前

三叠纪

地球内部巨大的力量迫使地壳板块不断地运动，将各个大陆聚在一起或者分离开来。在三叠纪，各大陆汇聚形成一个巨大的超级大陆，叫作盘古大陆。

盘古大陆　　　古地中海

劳亚古大陆　　劳亚古大陆

大西洋

冈瓦纳大陆

巨脚龙

2.01亿年前

侏罗纪

在侏罗纪，盘古大陆分裂形成两块小一些的大陆——劳亚古大陆和冈瓦纳大陆。从前超级大陆上的沙漠性气候转变为更温暖、更湿润的气候，使得森林茁壮生长。

在侏罗纪，恐龙称霸陆地，许多种类的恐龙体形非常庞大

中生代气候温暖，

1.45亿年前

白垩纪

在白垩纪，劳亚古大陆和冈瓦纳大陆又分裂形成了数块小一些的陆地，与我们今天地球上的各大洲很相似。许多地区的浅海此后转变成干燥的陆地。

阿拉善龙

在白垩纪，恐龙进化出了一系列不同的类群

劳亚古大陆

欧洲

北美洲

亚洲

西非

印度

非洲

南美洲

古地中海

澳大利亚

南极洲

两极只有**少许冰雪，甚至无冰。**

回到中生代

想象一下你能回到史前时代——距今超过 2 亿年的中生代早期，你就会发现一个与现在截然不同的世界：没有小草，没有鲜花，陆地上的统治者是巨大的爬行动物。不过，那时候已经出现了小型哺乳动物和昆虫，与今天生活在我们身边的种类十分相似。

哺乳动物

昆虫

植物

中生代早期只有不开花的树木和其他植物，如上图这种肋木，以及苏铁、松柏、苔藓和蕨类。开花植物在白垩纪出现，草类则在整个中生代末期才出现。

昆虫，如上图这只巨蜻蜓，在很久之前就已经出现，但是它们在中生代才开始繁盛，并进化出我们今天所知的大多数类群。它们是小型恐龙的重要食物。

摩尔根兽的体形仅为老鼠般大小，是一种典型的小型哺乳动物，以昆虫为食，生活在恐龙时代的角落里。它们与恐龙在同一时期出现，但是直到中生代末期之前，体形一直都非常小。

古生代

5.42 亿年前　　4 亿年前　　3 亿年前

开始

发射

让人眼花缭乱的恐龙

在漫长的起始阶段之后，中生代的恐龙进化成为一系列令人惊异的多样化类群。科学家已经发现了1500多个不同的种类，还有更多尚未被发现或者没有留下化石。

巨龙　　　木他龙　　　甲龙　　　五角龙　　　南方巨兽龙

爬行动物

恐龙

在中生代早期，恐龙第一次出现时，地球上最大的陆地动物是鳄鱼和类似的爬行动物，如波斯特鳄——一种体形庞大健壮、很可能以早期恐龙为食的猎手。然而，这些爬行动物大多数都在三叠纪末期灭绝了，之后，恐龙就登上了地质历史的舞台。

早期恐龙是体形娇小、身体修长的爬行动物，用两条后腿行走。已发现的早期种类之一是始盗龙，体形如火鸡大小，生活在2.3亿年前（接近三叠纪中期）的非洲南部。它长着锋利的牙齿和尖爪，说明它是一种捕食动物。

中生代

新生代

2 亿年前　　　1 亿年前　　　现在

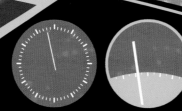

停止

波浪之下

在巨大的恐龙漫步于陆地上的时代，海洋中也游弋着类似的生物。这些海洋爬行动物与恐龙的亲缘关系不算近，但是其中许多种类也是体形庞大、令人惊叹的物种，它们张着大嘴，追逐海洋中的猎物。

幻龙

这种与鳄鱼长相类似的捕食者生活在三叠纪中晚期的浅海岸边，此时陆地上早期的恐龙正在演化之中。幻龙长着又长又尖的利齿，非常适于捕捉滑溜溜的大型鱼类。

鱼龙

与幻龙不同，鱼龙的一生都在海洋中度过，它们的生活习性很像海豚。鱼龙的体形呈流线型，游泳速度极快，以鱼类、乌贼及其他海洋生物为食，是侏罗纪早期海洋中的捕食者。

薄片龙

长脖子的蛇颈龙类，如薄片龙，都长着巨大的鳍状肢，用于划水，就像在海洋中"飞行"一般。这种生活于白垩纪晚期的海洋爬行动物在海床上搜寻贝类，并在开阔海域捕捉鱼类和乌贼。

脖子和身体其他部位一样长

克柔龙

蛇颈龙类的一个分支进化成了强大的捕食者，称为上龙类，它们长着较短的脖子、巨大的上下颌以及令人生畏的利齿。生活在白垩纪晚期的克柔龙是其中体形最大的一种，体长可达 9 米。

与鳄鱼类似的锋利牙齿使**沧龙**成为可怕的掠食者

沧龙

沧龙出现在白垩纪早期，并在中生代末期的 2000 万年间成为海洋中的顶级捕食者。其中体形最大的种类足以杀死其他海洋爬行动物。

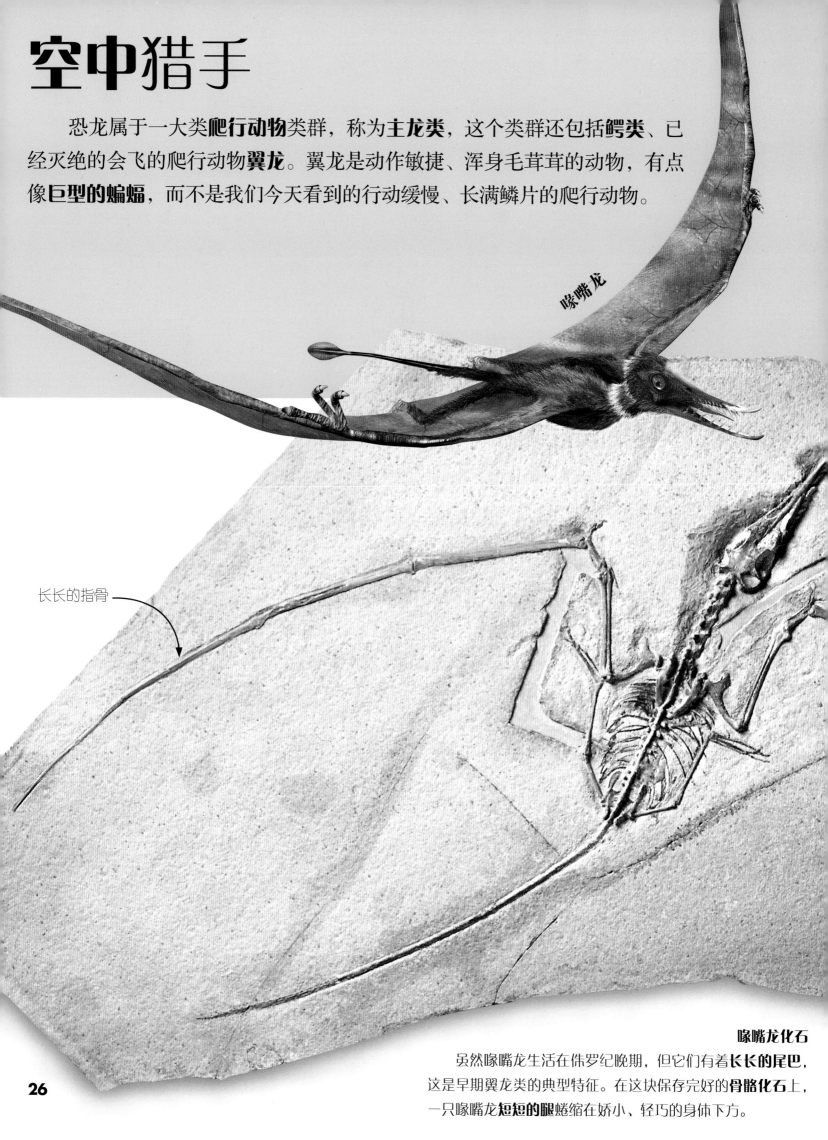

空中猎手

恐龙属于一大类**爬行动物**类群，称为**主龙类**，这个类群还包括**鳄类**、已经灭绝的会飞的爬行动物**翼龙**。翼龙是动作敏捷、浑身毛茸茸的动物，有点像**巨型的蝙蝠**，而不是我们今天看到的行动缓慢、长满鳞片的爬行动物。

喙嘴龙

长长的指骨

喙嘴龙化石
虽然喙嘴龙生活在侏罗纪晚期，但它们有着**长长的尾巴**，这是早期翼龙类的典型特征。在这块保存完好的**骨骼化石**上，一只喙嘴龙**短短的腿**蜷缩在娇小、轻巧的身体下方。

翼龙如何进化而来

最早期的翼龙出现于三叠纪晚期。它们的体形与乌鸦相仿，有着短脖子和长尾巴。随后在侏罗纪和白垩纪出现的种类则开始拥有短尾巴、长脖子、喙状颌，头上长着头冠。有些种类的翼龙体形非常庞大，如风神翼龙，它们的翅膀大小几乎与小型飞机相当。

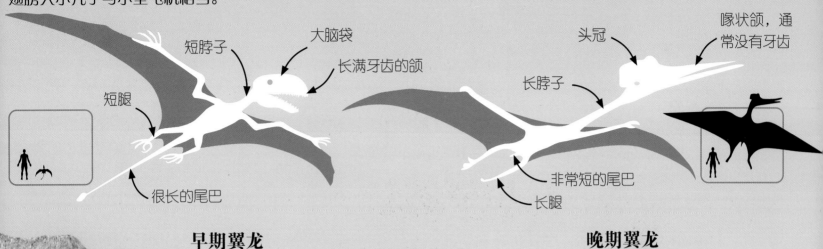

短脖子　大脑袋　长满牙齿的颌

短腿

很长的尾巴

早期翼龙

头冠　喙状颌，通常没有牙齿

长脖子

非常短的尾巴

长腿

晚期翼龙

适应性强的捕食者

有些翼龙能够飞到水面捕捉鱼类，但它们也能在陆地上捕猎——把翅膀折叠起来，与后腿一起着地，四足行走。

较大的大脑

翼龙的大脑较大，这是因为大脑上有用于控制飞行动作的特别发达的部分。

覆有皮膜的翅膀

翼龙的翅膀是通过延展的皮膜构成的，里面由非常长的指骨作支撑。

毛茸茸的身体

有些保存非常完好的翼龙化石表明，它们的身体上覆盖着一层厚厚的绒毛。

27

翱翔的翼龙

翼龙是有史以来天空中最壮观的动物。有些种类的翼龙体形非常庞大，远远超过今天的鸟类；还有些种类的翼龙头上长着引人注目的装饰性头冠。

飞翔的手指

翼手龙生活在侏罗纪晚期，是第一种通过化石鉴定种类的翼龙。它的拉丁文名称的含义是"飞翔的手指"，这是因为所有翼龙的翅膀都是由一根超长的指骨支撑的。

这种小型翼龙的翼展大约为1米宽

翅膀前端的3根指骨形成了一只"手"

长尾巴

真双型齿翼龙是一种乌鸦般大小的翼龙，生活在三叠纪早期。与所有早期翼龙一样，它们有着长长的尾巴。它们长着锋利的尖齿，这说明它们可能主要在近海或湖泊附近以捕捉鱼类为食。

长长的尾巴可能用于在空中急转弯

滤食动物

南翼龙修长、上翘的下颌上长着密密麻麻的刷状结构，这就像一台过滤器一样，帮助它从水中滤出微小的生物，这种取食方式与现代的火烈鸟非常类似。

向上弯曲的喙非常适于掠过水面，过滤其中的食物

上下颌长着成排的利齿，用于捕食鱼类

头冠看起来很大,
但非常轻

色彩鲜艳的头冠

雷神翼龙是一种非常美丽的动物,生活在白垩纪早期,如今巴西所在的地方。它的头上长着巨大的头冠,是由类似鸟类喙部的组织构成的。头冠中还有两块骨板支撑。

许多种类的雄性翼龙长着长长的、颜色艳丽的头冠

修长的翅膀非常适合乘着海风飞翔

无牙巨怪

风神翼龙生活在白垩纪晚期,是体形非常大的翼龙,翼展可达 6米。它长着长长的喙,没有牙齿,很可能在海面上捕食鱼类,如同现在的信天翁一样。

恐龙系谱树

恐龙在很早以前和翼龙同属一类爬行动物，后来在三叠纪早期演化成独立的分支。在三叠纪晚期，恐龙又分成两个基本类群：鸟臀类和蜥臀类，以此为基础再分为五大恐龙类群。

鸟脚类

鸟脚类恐龙是非常成功的恐龙类群之一。它们为植食性，多以两条后腿着地行走，这一点与肉食性的兽脚类恐龙相似。体形较大的鸟脚类恐龙，如弯龙，有时用四足行走。

戟龙

头饰龙类

这个类群由两大类植食性恐龙组成：头上覆有厚厚骨板的肿头龙类；以及面部长角、头后方长有巨大颈盾的角龙类，如戟龙。

覆盾龙类

全副武装的覆盾龙类恐龙属于早期的鸟臀类恐龙，这个类群包括背上长着成排的背板和棘突的剑龙类，以及如坦克一般粗壮结实的甲龙类，如埃德蒙顿甲龙。

鸟臀类

鸟臀类恐龙全是植食性的，脖子较短。它们用喙和牙齿切割、磨碎植物。它们的腰带骨与现代鸟类的腰带骨类似，不过它们与鸟类的亲缘关系并不近。

埃德蒙顿甲龙

鸟臀状腰带骨

30　**在中生代，**地球上生活着**1500多种**恐龙。

迷惑龙

蜥脚类

这一类型的恐龙包括一些真正的"巨怪"。它们是植食性的，四条粗壮的腿着地，支撑庞大的身躯。大多数蜥脚类恐龙有着非常长的脖子，有些还有同样长的尾巴。

弯龙

伊比利亚鸟

鸟类

兽脚类除了恐爪龙这样的恐龙，还演化出了鸟类，它们至今依然生活在我们身边。

蜥臀类

蜥臀类恐龙的脖子比鸟臀类恐龙的长。其中有植食性恐龙——蜥脚类，也有大部分的肉食性猎手——兽脚类。典型的鸟臀类恐龙的腰带骨与蜥蜴的腰带骨类似。

兽脚类

几乎所有的兽脚类恐龙都是捕食动物——以猎捕其他动物为食的肉食性动物。它们以两条后腿行走奔跑。一些兽脚类恐龙有着巨大的颌，而另一些则更像现代的鸟类。

蜥臀状腰带骨

恐爪龙

有些恐龙是有史以来陆地上**最大**的动物。

为恐龙命名

科学家是用拉丁文和希腊文来为恐龙拟定学名的。所有的动物都有学名。有些种类的动物有一个相同的"姓"（学名中第一个词，即属名），如孟加拉虎的学名为 *Panthera tigris*，非洲狮的学名为 *Panthera leo*。这两种猫科动物都属于豹属（*Panthera*），它们的亲缘关系很近。恐龙的命名法与此完全相同。

鹦鹉嘴龙

Psittacosaurus

鹦鹉嘴龙的嘴很像鹦鹉的喙。它的名字取自单词"psittacine"——这是包括鹦鹉在内的一类鸟类的统称，以及"saurus"——希腊文中的"蜥蜴"一词。所以，鹦鹉嘴龙的学名 *Psittacosaurus* 意思是"鹦鹉蜥蜴"。

伶盗龙

Velociraptor

伶盗龙的骨骼化石显示，它是一名奔跑速度很快的猎手。它的名字在拉丁文中的意思为"敏捷的盗贼"。就像非洲狮和孟加拉虎一样，这个"姓"下还有两个"名"，分别是 *Velociraptor mongoliensis*（蒙古伶盗龙）和 *Velociraptor osmolskae*（奥氏伶盗龙）。

似鸟龙

Ornithomimus

似鸟龙身体纤细，腿很长，还长着喙状嘴，让科学家联想起了鸵鸟及其他奔跑迅速的鸟类，因此给它命名为 *Ornithomimus*——希腊文中的意思是"鸟类模仿者"。

三角龙

Triceratops

三角龙的显著特征是眼睛上方的一对角和鼻子上的一只角。它的名字也体现了这种外形特征——学名 *Triceratops* 来自三个希腊文单词的组合，意思是"长着三只角的脸"。

猎手的身体内部

霸王龙是体形非常大的兽脚类（几乎全是肉食性恐龙）之一。这位猎手的身体有许多特化的构造，如巨大的颌和牙齿。

强健的**颈部肌肉**使霸王龙能够抬起沉重的头部和颌部

强健有力的**心脏**能够将血流通过长长的脖子泵入头部

前肢十分短小，每条前肢上有两指，上面长着锋利的爪

庞大的身躯里有着巨大的**胃**和长长的**消化道**

身体内部

恐龙化石一般只能保留它们的骨骼和牙齿，有时也可能有皮肤和羽毛被保存下来。但是科学家已经能模拟出它们的肌肉形状，甚至还研究出了它们是如何消化食物的。

植食者的身体内部

长脖子的蜥脚类恐龙，如腕龙，已经特化为主要从高高的树顶取食叶片。它们庞大的身躯与这种取食习惯完美契合。

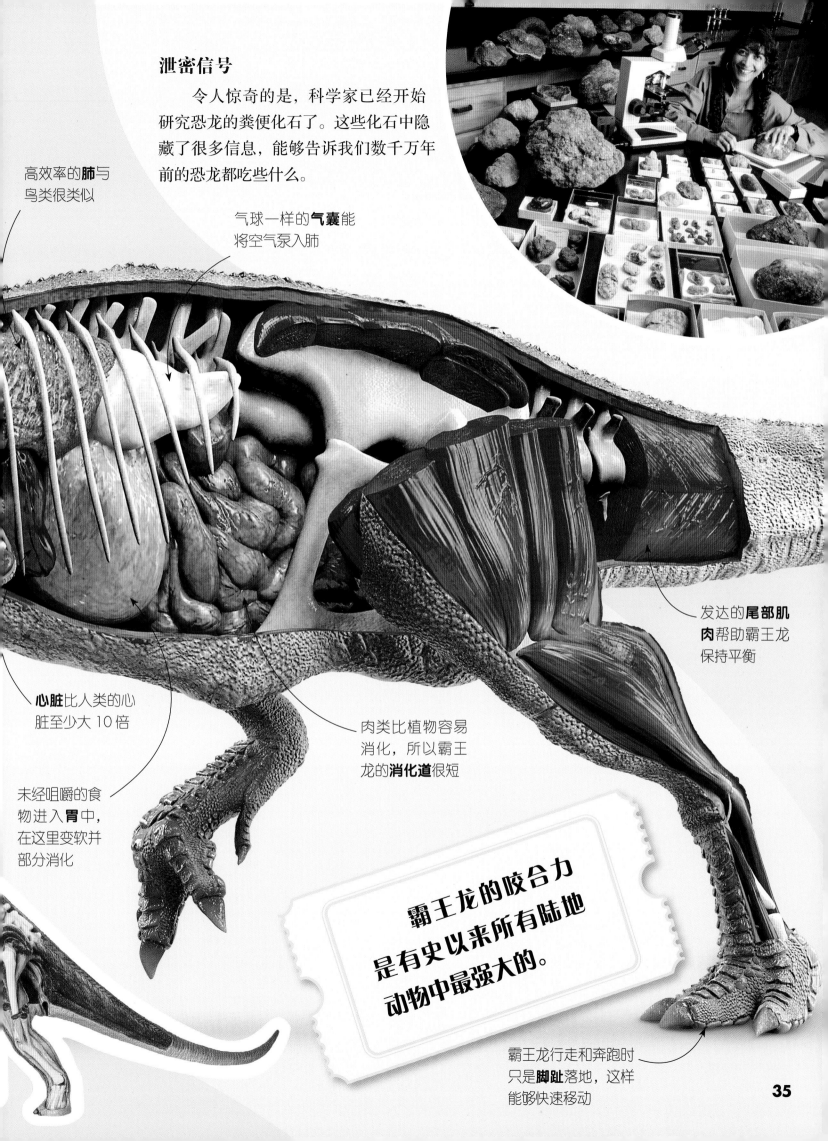

泄密信号

　　令人惊奇的是，科学家已经开始研究恐龙的粪便化石了。这些化石中隐藏了很多信息，能够告诉我们数千万年前的恐龙都吃些什么。

高效率的**肺**与鸟类很类似

气球一样的**气囊**能将空气泵入肺

心脏比人类的心脏至少大 10 倍

未经咀嚼的食物进入**胃**中，在这里变软并部分消化

肉类比植物容易消化，所以霸王龙的**消化道**很短

发达的**尾部肌肉**帮助霸王龙保持平衡

霸王龙的咬合力是有史以来所有陆地动物中最强大的。

霸王龙行走和奔跑时只是**脚趾**落地，这样能够快速移动

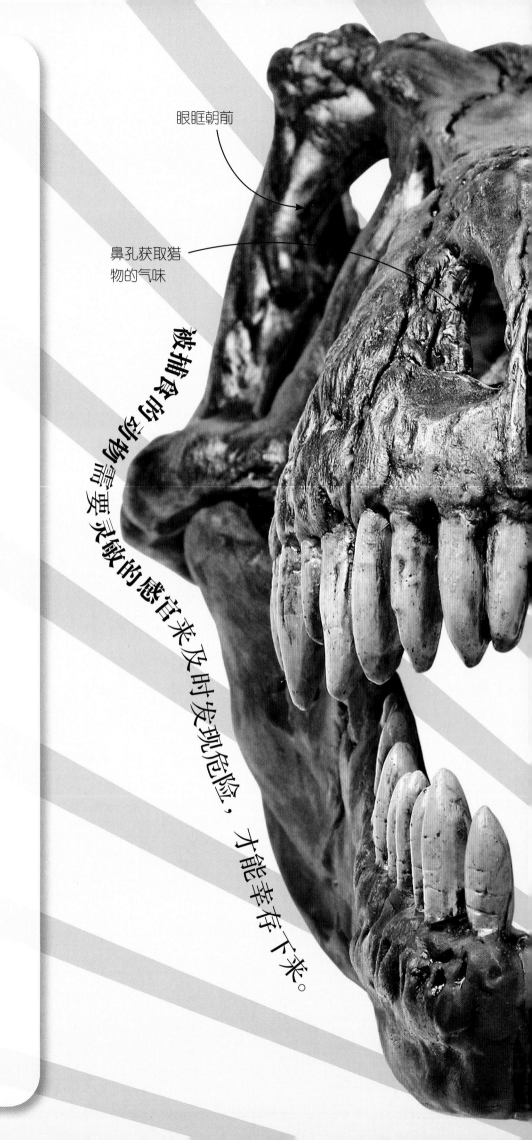

超级感官

无论是捕食者还是被捕食者，动物都需要灵敏的感官才能生存。化石证据，如发达的耳骨和眼眶，表明恐龙也不例外。

眼眶朝前

鼻孔获取猎物的气味

被捕食者与猎物都需要灵敏的感官来及时发现危险，才能幸存下来。

捕食动物需要敏锐的感官来寻找和捕获猎物。

视觉

大大的眼睛能在光线昏暗的环境中保持良好的视力

小型植食性恐龙雷利诺龙的眼眶很大，说明它们的眼睛也很大。这可能是因为它们的栖息地要经历光线十分昏暗的冬季，而使它们产生的一种适应性。科学家推测，一部分恐龙拥有良好的视力，是为了在夜晚外出活动，以及辨认出其他恐龙颜色鲜艳的头冠。

高高的骨质头冠是中空的

听觉

有些鸭嘴龙，如赖氏龙，头骨中具有空腔，可能是为了如同喇叭一样放大它们的叫声。这说明叫声对它们来说很重要，而且表明它们的听觉很好。捕食者也需要良好的听觉，用以听到猎物发出的声音。

灵敏的嗅觉至关重要

暴君之王

霸王龙的学名 *Tyrannosaurus rex* 意思是"暴君蜥蜴之王"。它是一位凶猛残暴的猎手。霸王龙的大脑形状表明它的嗅觉和视觉都非常敏锐，善于搜寻猎物。它的眼眶形状表明它的眼睛是朝前的，如同大多数捕食动物一样，这能帮助它准确判断出目标猎物的距离。

嗅觉

有些捕食动物依赖嗅觉寻找猎物，如犹他盗龙就有长长的口鼻部，说明它们的嗅觉十分敏锐。还有些捕食动物也吃腐烂的动物尸体，它们能够通过空气中飘散的腐肉气味找到动物尸体的位置。

大脑的力量

与庞大的体形相比，有些恐龙的大脑小得出奇。大多数恐龙的智力还不如鳄鱼，但是也有一些恐龙比我们过去想象得要聪明。

伤齿龙
问答测验主持人

肯氏龙的体形和公牛一般大小，但它们的大脑还没有一个核桃大。

伤齿龙

如果恐龙要举办一场智力测验，那么伤齿龙这位轻量级猎手将会当选为主持人。它的大脑所占身体的比例远超过一般恐龙，因此它一定是非常聪明的。这或许可以帮助它更好地捕获猎物。

肯氏龙

这只全身长满棘刺的恐龙属于剑龙类——一类植食性恐龙，与庞大的身体相比，它的大脑很小。不过，肯氏龙可能也不需要那么聪明，因为它的食物很好获得。

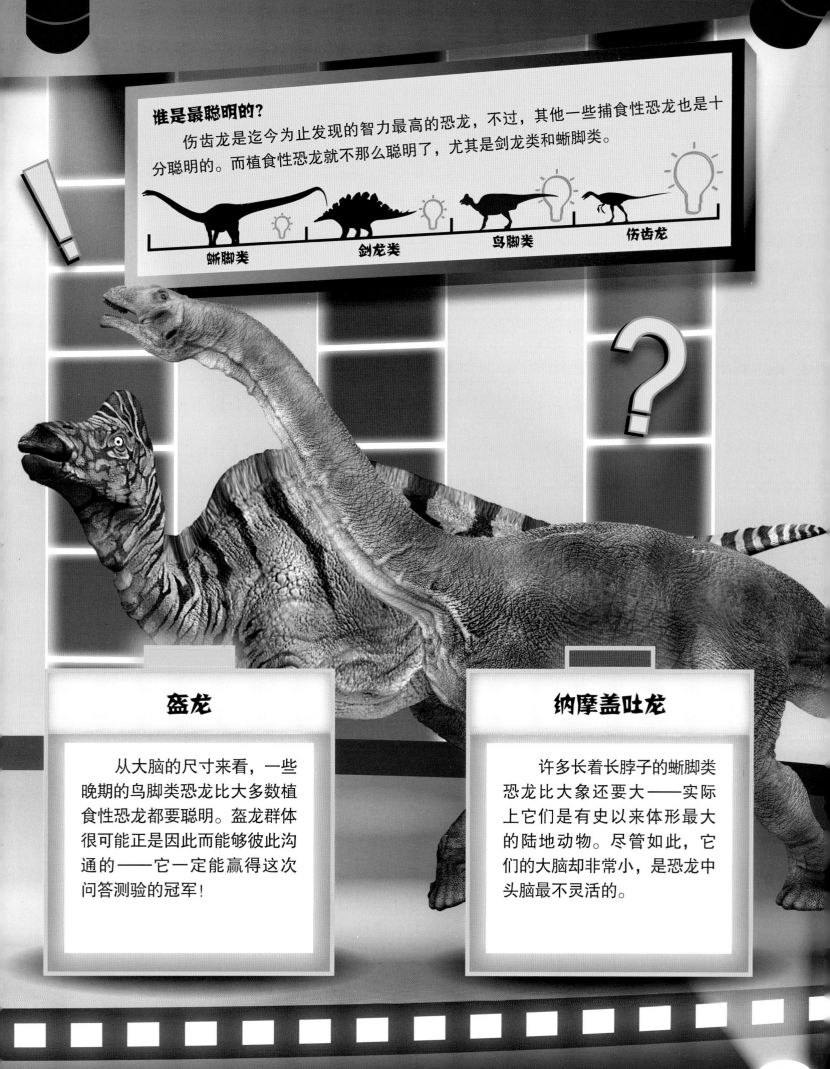

谁是最聪明的?

　　伤齿龙是迄今为止发现的智力最高的恐龙,不过,其他一些捕食性恐龙也是十分聪明的。而植食性恐龙就不那么聪明了,尤其是剑龙类和蜥脚类。

蜥脚类　　　　剑龙类　　　　鸟脚类　　　　伤齿龙

盔龙

　　从大脑的尺寸来看,一些晚期的鸟脚类恐龙比大多数植食性恐龙都要聪明。盔龙群体很可能正是因此而能够彼此沟通的——它一定能赢得这次问答测验的冠军!

纳摩盖吐龙

　　许多长着长脖子的蜥脚类恐龙比大象还要大——实际上它们是有史以来体形最大的陆地动物。尽管如此,它们的大脑却非常小,是恐龙中头脑最不灵活的。

终极捕食者

地球上有史以来最强大的猎手要数兽脚类恐龙。其中包括霸王龙这种体形庞大、凶残可怕的物种，也有一些体形更小、更轻，行动更敏捷的物种。

腔骨龙

主要特征：轻量级猎手

生存年代：距今 2.21 亿～2.01 亿年前（三叠纪）

体长：3 米

化石发现地：美国、非洲

　　体形很小的腔骨龙是早期的兽脚类恐龙之一，但它依然具有这一类群的全部关键特征，如强健的后腿、修长的脖子和一口匕首状的利齿。

异特龙

主要特征：尖锐的牙齿

生存年代：距今 1.5 亿～1.45 亿年前（侏罗纪晚期）

体长：10 米

化石发现地：美国、葡萄牙

　　生活在侏罗纪晚期的大型植食性恐龙是大型捕食者如异特龙的猎物。异特龙的牙齿具有锯齿状边缘，能轻松切割猎物的身体，使其受到致命的重伤而亡。

美颌龙

主要特征：小巧而机敏

生存年代：距今 1.5 亿～1.45 亿年前（侏罗纪晚期）

体长：1 米

化石发现地：德国、法国

　　火鸡般大小的美颌龙是行动敏捷的猎手，以蜥蜴、昆虫等小型动物为食。它的全身覆盖着柔软细密、毛发样的羽毛。

恐爪龙

主要特征：致命的利爪

生存年代：距今 1.2 亿～1.12 亿年前
（白垩纪早期）

体长：4 米

化石发现地：美国

　　恐爪龙是凶猛的猎手，两只后足上长着长长的、锋利的致命利爪，可以猛戳并撕裂猎物。它们强健有力的前肢上也长着利爪，可以抓握猎物。

棘龙

主要特征：鳄鱼状的颌

生存年代：距今 1 亿～9500 万年前
（白垩纪中期）

体长：16 米

化石发现地：摩洛哥、突尼斯和埃及

　　棘龙是体形非常大的兽脚类恐龙之一，这名巨型猎手的背部长着一面高高的背帆。它的牙齿与鳄鱼的牙齿十分相似，适于捕捉大型鱼类。它也会捕食其他恐龙。

伤齿龙

主要特征：很大的大脑

生存年代：距今 7700 万～6700 万年前
（白垩纪晚期）

体长：2.4 米

化石发现地：美国、加拿大

　　伤齿龙及其亲缘物种都有着占身体比例较大的大脑，可以帮助它们更好地捕获猎物。但是它们的牙齿结构表明，它们有时可能也会吃植物。

霸王龙

主要特征：足以咬碎骨头的颌

生存年代：距今 7000 万～6600 万年前（白垩纪晚期）

体长：13 米

化石发现地：美国、加拿大

　　霸王龙体形庞大，有着强健有力的上下颌和粗壮巨大的牙齿，能够一口咬碎猎物的骨骼。霸王龙属目前只发现了唯一的物种——霸王龙。

奇怪的兽脚类恐龙

典型的兽脚类恐龙是全副武装的猎手，不过也有一些兽脚类恐龙完全不同。这些"古怪"的兽脚类恐龙有的捕捉昆虫，有的喜欢吃植物。许多兽脚类恐龙都长有羽毛，而其中的一个类群——鸟类甚至发展出了飞行能力。

鸵鸟般的恐龙

有些兽脚类恐龙身体纤细，有着修长的后腿和长长的脖子。它们的头部很小，嘴呈喙状，牙齿也很小或者完全没有。左图中这只奔跑速度很快的恐龙看起来很像鸵鸟，很可能生活方式也与鸵鸟相似——以树叶、种子和小型动物为食。

似鸵龙

和其他恐龙一样，似鸵龙也有一个学名：*Struthiomimus*，拉丁文的意思是"鸵鸟模仿者"。

似鸵龙有着又长又健壮的后腿，简直就是为速度而生。

前肢很短，但非常强健。

鸟面龙

吃蚂蚁的恐龙？

和鸡差不多大的**鸟面龙**看起来像一只前肢短小的微型似鸵龙。它的每条前肢末端只有一个可以活动的趾，但趾上长着粗壮的利爪，很可能是用来挖掘蚁穴的。

葬火龙的头顶上有一个骨质头冠。

葬火龙

它前肢上的羽毛很可能只是为了展示。

镰刀龙很高，足以够到树顶上的枝叶。

镰刀龙

杂食动物

它们有着鸟喙般的嘴，前肢上还长着羽毛，看起来比似鸵龙更像鸟类。它的日常菜单可能包括小型动物、卵、种子和树叶。

素食爱好者

葬火龙是兽脚类恐龙中最"奇怪"的一员，因为它似乎已经不是肉食性动物了。它的牙齿很小，呈叶片状，消化系统的体积却很大，说明它很可能主要以植物为食。

始祖鸟

始祖鸟的飞行肌肉不发达，说明它们的飞行能力不强。

早期的鸟类

有些小型兽脚类恐龙的前肢较长，上面还长着装饰性的羽毛。其中一些可以利用这样的前肢在树丛间滑翔。最终，有些动物，如侏罗纪晚期的**始祖鸟**，进化出了飞行能力。

逃避敌害

体形硕大、饥肠辘辘、全副武装的捕食者在一旁虎视眈眈时，其他恐龙必须找到办法保护自己。它们不得不逃跑、躲藏、与同伴互相帮助，或者自卫反击！

长着长尾巴的恐龙可能会像挥舞鞭子一样将其横扫向敌人。

修长的后腿非常适于奔跑

快速逃生

体形轻巧的恐龙，如**奥斯尼尔洛龙**，可以依靠它们的快速奔跑和敏捷反应逃脱敌人的追击。更大一些的捕食者速度更快，但它们没有那么灵活。今天的猎豹在追捕体形小巧、行动敏捷的瞪羚时，就是同样的情况。

伪装

许多小型恐龙很可能具有保护色。暗褐色的皮肤和斑点图案可以让它们不易被捕食者发现，尤其是在茂密的地表植被中或者光线昏暗的森林里。

自卫反击

一些体形较大的植食性恐龙装备有"武器"，它们是"危险"的猎物。剑龙类，如右图这只**华阳龙**的尾巴末端长着锋利的棘刺，可以挥舞着刺向敌人。有些肉食性恐龙的骨骼化石上有受伤的痕迹，说明植食性恐龙确实能反击，给捕食者造成伤害。

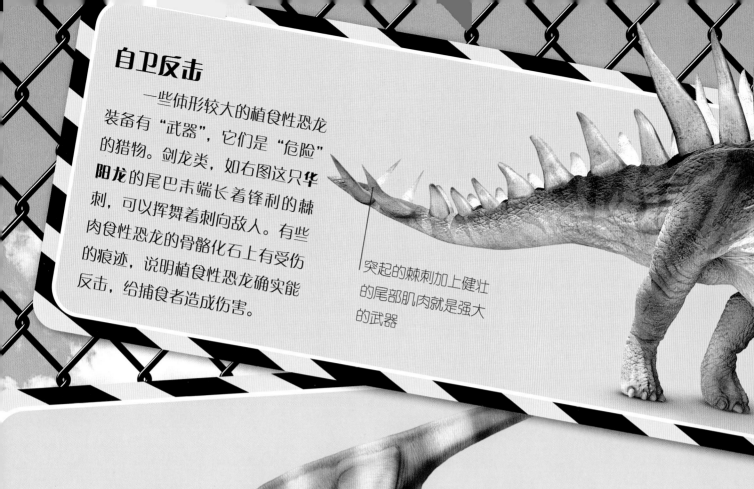

突起的棘刺加上健壮的尾部肌肉就是强大的武器

躲藏

有些小型恐龙，如左图这只**掘奔龙**，会在地上挖掘地洞。它们可以藏身于洞中，躲避捕食者。当它们感到危险时，可能会继续向深处挖掘，就像今天的兔子感受到威胁时一样。

"人多势众"

恐龙留下的脚印化石表明，有些植食性恐龙结成群体生活。生活在群体中比单独活动要安全一些，因为当恐龙群觅食时，总有一部分群体成员在提防天敌的来临。一群恐龙还可以同心协力将捕食者赶走，尤其是当这些恐龙长着锋利的角等自卫武器时，如右图的**尖角龙**。

特暴龙

　体形庞大的特暴龙有着强壮的颌及锋利的牙齿，一口就能咬断猎物的骨头。和镰刀龙一样，它也生活在中生代末期的亚洲地区。

肉食性动物

体长　11米

身高　4米

体重 5 吨

镰刀龙

　镰刀龙有着长长的、锋利的爪子，形状就像一把弯刀，因此这种身材高大的植食性恐龙是非常危险的猎物。只要准确地一击，它就可能杀死像特暴龙这样的捕食者。

杂食性动物

体长　11米

身高　6米

体重 5 吨

一场不可错过的格斗！

预备……跑！

许多用两条后腿行走的恐龙奔跑速度都很快。这是因为它们的骨骼和肌肉与今天能够快速奔跑的鸟类（如鸵鸟）非常类似。甚至一些体形庞大的恐龙，也可能像今天的大象一样活跃。

超级短跑运动员

似鸡龙是世界上奔跑速度最快的恐龙，长得很像现在的鸵鸟。它们修长的腿上长着健壮的肌肉，可以跑得飞快，逃脱捕食者的追击——即使是像霸王龙这样体形最大的捕食者。

昂首挺胸

　　身体笨重、有着长长脖子的蜥脚类恐龙，如重龙，长着四根柱子般粗壮的腿，就像大象一样。它们总是高高抬起头部和尾尖，而且可能还可以用两条后腿蹬地，抬起上半身去吃树木高处的叶片。

健壮的猎手

　　大多数捕食动物必须跑得快，这样才能抓住猎物。异特龙等肉食性恐龙的腿骨和肌肉显示出它们确实很善于奔跑。不过，体形小巧、轻盈的恐龙可能比这些体形庞大的恐龙跑得更快。

善于奔跑的植食者

　　在今天的自然界，一些跑得最快的动物是植食性动物，如瞪羚，它们需要躲避肉食性动物的追击。许多小型植食性恐龙，如莱索托龙，也跑得很快，这是出于同样的原因——逃避捕食者。

植食巨怪

地球上出现过的体形最大、体重最重的陆生动物就是令人惊叹的蜥脚类恐龙——这是一类长着**长脖子的植食性动物，取食高大的树顶上的叶片**。它们有着巨大的胃，可以消化大量的植物性食物。四条树干一样粗壮的腿支撑着它们庞大的身躯。

板龙

板龙是早期的长脖子植食性动物之一。它可以用后腿支撑身体站立起来，吃到树顶上的叶片；它还可以用有着长趾的前肢收集叶片。

28 米
体长

8 米
体长

7 米
体长

火山齿龙

这种生活在侏罗纪早期的蜥脚类恐龙之所以得名火山齿龙，是因为它们的化石出土于一片史前火山灰层之下。与其后进化出现的可以令大地"震颤"的庞然大物相比，它的体形要小得多。

腕龙

在侏罗纪时代，腕龙是体重非常重的恐龙之一，一只腕龙和六头大象差不多重。它们的前肢较长，非常高，就像体形巨大的长颈鹿一样，因此，它们能比其他恐龙吃到更高处的叶片。

重龙

这种生活在侏罗纪晚期的恐龙有着令人不可思议的长脖子，能吃到树冠高处的叶片。它的颌前端长着钉状牙齿，朝树枝一口咬下去，可以捋掉上面所有的树叶。

叉龙

与大多数近亲不同，叉龙的脖子较短，主要以低矮的树市和灌市的叶片为食。它们的脊椎骨上长有高高的骨质突起，可能是为了支撑引人注目的棘突。

23 米

体长

12 米

体长

12 米

体长

萨尔塔龙

大型蜥脚类恐龙主要生活在侏罗纪时期，但有一个分支——巨龙类——一直生存到了恐龙时代的最后。萨尔塔龙是其后期的幸存者之一，它们全身的皮肤上都被覆着具有保护作用的骨质板。

最小与最大

我们常常认为恐龙是巨型动物，有着可怕的牙齿和爪子。其实，在这些巨型动物周围还生活着许多小型恐龙，它们的体形和鸡差不多，有些甚至还要小得多。

阿根廷龙

这只阿根廷龙是一只名副其实的巨型动物，很可能是有史以来世界上最大的陆生动物。它的体重可达 77 吨，相当于 12 头大象的重量。阿根廷龙骨骼中有一个气囊系统减轻了其重量，避免因为它的重压而踩踏地面。

近鸟龙

近鸟龙生活于侏罗纪晚期，是目前已知体形非常小的中生代恐龙之一。它们的身上长有羽毛，体重只有 110 克，比一只乌鸦还要轻很多。像这样体形娇小、轻盈的恐龙在当时是很常见的种类。

近鸟龙	埃雷拉龙	阿根廷龙
体长 35 厘米	体长 6 米	体长 30 米

现存最小的恐龙

科学家认为鸟类就是恐龙，那么，现存最小的鸟类——古巴吸蜜蜂鸟，也就是目前最小的恐龙了。它的体重不到 2 克，甚至比有些甲虫还轻！

阿根廷龙的体长比一个标准网球场还要长。

非洲象是现存最大的陆生动物

非洲象

体长 3.5 米

人类

身高 1.8 米

披覆骨板的剑龙类恐龙

长相奇特的剑龙生活在侏罗纪时期的森林中，它们是一类体形笨重的植食性恐龙，身上从头到尾覆盖着骨板和棘刺。骨板可能用于展示，而尾部的棘刺则当作武器。

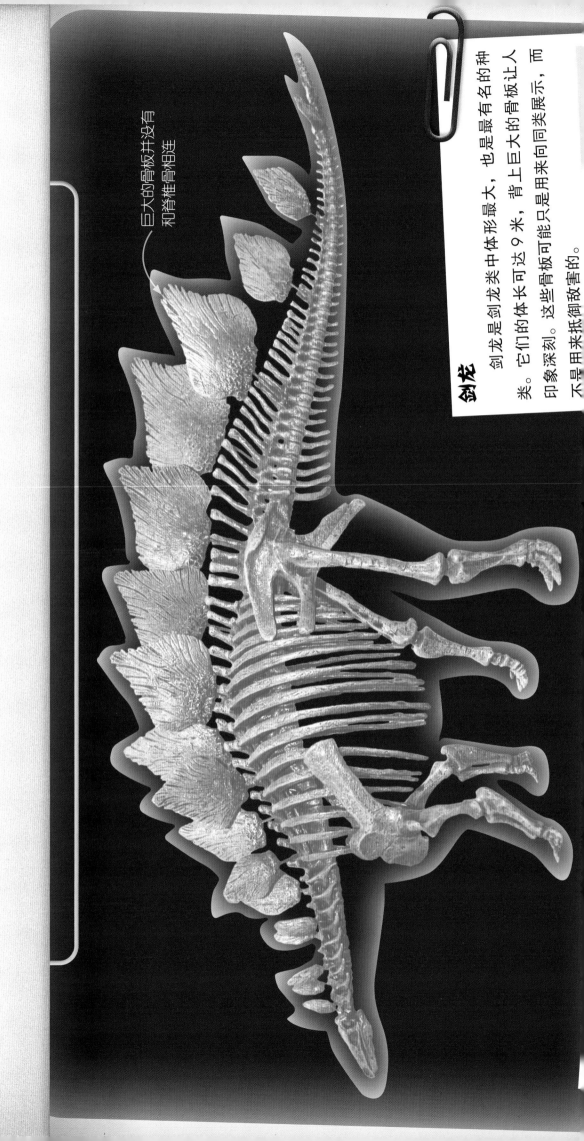

巨大的骨板并没有和脊椎骨相连

剑龙

剑龙是剑龙类中体形最大、也是最有名的种类。它们的体长可达9米，背上巨大的骨板让人印象深刻。这些骨板可能只是用来向同类展示，而不是用来抵御敌害的。

背部长着高高的、三角形的骨板

椭圆形的骨质突上覆盖着角质层——也就是构成我们的指甲的物质

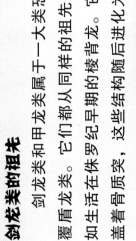

长长的后腿

沱江龙

沱江龙的化石发现于中国四川省，学名意为"沱江的蜥蜴"。它们的肩部和尾部长满了可怕的长棘，沱江龙的背部和尾部也长着骨板，与其他剑龙一样。

锋利的肩部骨棘可以抵御捕食者的进攻

肯氏龙

肯氏龙的学名意思是"长着尖刺的蜥蜴"，它们身体的后半部分长着又长又尖的棘刺，而有些剑龙只长着骨板。这些棘刺是它面对饥饿的捕食动物时自卫的武器。

长长的棘刺

剑龙类的祖先

剑龙类和甲龙类属于一大类恐龙，称作覆盾龙类。它们都从同样的祖先进化而来，如生活在侏罗纪早期的棱背龙。它的背上覆盖着骨质突，这些结构随后进化为剑龙类的骨板和棘突。

浑身装甲的甲龙类恐龙

体形笨重、如同一辆坦克般的甲龙类恐龙是植食性动物，用四条腿行走，大脑小得可怜。如果没有全身表面覆盖的骨质甲胄的保护，它们就会成为捕食者唾手可得的美餐。有些甲龙类恐龙用特化的棘刺作为武器；还有一些甲龙类恐龙尾巴末端长有骨质尾锤，可以给予捕食者足以粉碎骨头的重击。

头部和颊部
长着尖角

怪嘴龙

怪嘴龙是体形最小、出现最早的甲龙类恐龙，生活在侏罗纪晚期，体长约4米。它的头部和身体上长着尖角和长棘。

尾锤由密质坚硬的骨头构成

加斯顿龙

和几乎所有的甲龙类恐龙一样，加斯顿龙的牙齿很小，呈叶片状，可能不经咀嚼就将食物吞下。它的背部长着一排排刀刃状的棘刺，以抵御捕食者的进攻。

体侧长着
尖尖的棘刺

蜥结龙

这种外形奇特的恐龙生活在如今北美洲所在的区域，于白垩纪早期出现。它的背上覆盖着一大片犬牙交错的骨质板，可以保护自己，但是其巨大的棘突可能部分是为了展示。

肩膀上长着粗壮的棘刺

全身覆盖着厚厚的骨质板

甲龙

甲龙生活在白垩纪晚期，是体形最大的甲龙类恐龙，体长可超过 8 米，浑身被覆装甲。它的尾巴末端长着一个巨大的尾锤，可以对抗世界上体形最大的捕食者——霸王龙。

包头龙

与甲龙一样，这种体形宽扁的"重量级"恐龙在抵御敌害时，也会将它沉重的尾锤向捕食者的腿部横扫而去。由于浑身被覆厚厚的装甲，所以它的体重和一头大型犀牛差不多。

甚至连眼睛也被装甲眼睑保护起来

牙齿传奇

研究恐龙的牙齿（或者喙）就能知道它们吃的是什么。
我们甚至还能知道它们是如何收集食物，以及如何咀嚼食物并
吞进肚子的。

霸王龙

冰脊龙

牛排餐刀

大多数肉食性恐龙的牙齿都类似牛排餐刀——带有
锯齿状的边缘，可以割开猎物坚韧的表皮，并从骨头上
撕下肉。当牙齿磨损或者受伤之后，就会脱落并长出新
的牙齿。

压碎骨头

体形庞大、身强力壮的霸王龙有着一口同样粗大的牙齿。它的牙齿巨大而锋利，比其他肉食性恐龙的牙齿坚固得多，能够咬碎坚硬的骨头。

霸王龙有多达 58 颗牙齿，其中最大的约有 20 厘米长

重龙

树叶梳子

有些长着长脖子的植食性恐龙的牙齿仿佛一排粗短的铅笔。科学家推测它们利用这样的牙齿像梳子一样掠过枝条，将树叶捋下来，然后不经咀嚼就囫囵吞下。

埃德蒙顿龙

鸭嘴般的喙部后方还长着成排的颊齿，可以磨碎坚韧的植物

坚韧的喙

所有植食性鸟臀目恐龙的吻部都长着有锋利边缘的喙。其中许多恐龙，如上图这只埃德蒙顿龙，嘴里还长着高度特化的牙齿，能将植物仔细研磨成食糜。

恐龙的食谱

美味小吃

一些恐龙是杂食性动物——它们喜欢的食物很多样，因此获取的营养比较全面。异齿龙有几种不同类型的牙齿，足以应对它们品种丰富的饮食习惯。

- 嫩芽
- 多汁的根茎
- 酥脆的昆虫
- 蜥蜴

异齿龙

巨脚龙

新鲜沙拉

长着喙的植食性恐龙，如棱背龙，以容易吃到的低矮植物为食。它们喜欢取食植物幼嫩的部分，这些食物容易咀嚼和消化。

- 嫩叶
- 新生枝条
- 蕨类
- 苔藓

棱背龙

生食蔬菜

大型蜥脚类恐龙长长的脖子让它们可以够到树顶上的叶片。它们不会仔细挑选树叶，而且不加咀嚼就将叶片囫囵吞下。

- 松柏的针叶
- 苏铁叶片
- 树蕨
- 苔藓

不同种类的恐龙喜欢吃不同的食物。有些恐龙几乎什么都吃；有些恐龙以其他动物为食，甚至以其他恐龙为食；还有些恐龙是植食性的，常常需要吃掉大量的植物才能填饱肚子。

肉类大餐

大多数兽脚类恐龙都是肉食性动物，它们以其他动物为食。体形庞大的兽脚类恐龙，如南方巨兽龙，能用致命的牙齿杀死其他恐龙。

- **大型植食性动物**
- **小型肉食性动物**
- **动物尸体**

南方巨兽龙

恐龙会吞下石头吗？

一些鸟类会吞下小石子，这些小石子在它们的胃里帮助磨碎食物。有些恐龙很可能也会这么做。

似鳄龙

鱼类晚餐

似鳄龙和其近亲的牙齿与鳄鱼的牙齿近似。它们主要以鱼类为食，不过也会吃捕捉到的其他动物。

- **大型鱼类**
- **小型恐龙**
- **小型翼龙**

厚厚的头骨

肿头龙类是所有恐龙中最古怪的类群。它们的头骨顶部厚得令人不可思议，可达 25 厘米。科学家依然在研究它们为什么会有如此厚的头盖骨。

肿头龙
化石发现地
北美洲
生存时代
距今 7000 万 ~ 6600 万年前
食性
杂食性

超级坚硬的头骨

左图中剑角龙的头骨化石显示出：覆盖大脑的头盖骨增厚，形成了一个大大的圆拱形结构。这很有可能是为了在雄性竞争中与对手头对头顶撞时起到保护的作用，就像今天的野山羊为了群体地位而打斗一样。

不过，也有一些科学家认为这些恐龙可能是用头部侧面撞击对手的。

体长：5米

大脑袋

肿头龙是肿头龙类恐龙中体形非常大的一种——它的头部长达80厘米，头顶被一圈棘刺围绕。与其他肿头龙类恐龙一样，它也有几种不同类型的牙齿。这说明它是一种杂食性动物——会吃各种各样的食物。

顶级雄性

与许多生活在今天的动物一样，恐龙可能也会为了群体地位、领地或者交配对象而与同类打斗。现在的同类动物打斗，绝大多数都是在雄性竞争者之间进行的，恐龙很可能也是如此。

巡逻

在繁殖期，一只成年雄性祖尼角龙正在它的领地上巡逻。它发现了另一只雄性祖尼角龙闯入领地的迹象。它担心这只雄性竞争者会引诱它家庭中的雌性祖尼角龙。

打斗

两只雄性祖尼角龙头对头，犄角纠缠在一起。它们吼叫着，四条腿刨着地面。入侵者非常强壮，但是领地的主人也不会轻易放弃。

我觉得我比住在这里的这个家伙强壮，不过它看起来倒是很自信！

入侵

伴着一声怒吼，雄性入侵者突然出现了。它比领地的主人更年轻、更强壮，开始炫耀它那长长的角和夸张的颈盾。而领地的主人也开始做起同样的动作。它们彼此暗中比较各自的体形大小，如果有一方觉得不如对方强壮，就会赶紧离开，而不会冒险打斗！

胜利

入侵者不太自信，在打斗中它犯了个错误。领地的主人将它撞翻在地，然后发出一声宣告胜利的吼叫。它依然是这片土地的主人！

65

头冠和颈盾

许多恐龙拥有奇特的角和头冠，有些还长有巨大的颈盾。这些非常引人注目的部位看起来像是防御武器，实际上有些可能仅仅是为了展示。

肯氏龙

剑龙类，如左图这只肯氏龙，背上长有多排骨板和棘刺，可以帮助恐龙从远处识别对方。

每种剑龙的骨板形状都不相同。

可充气式的头冠重量比骨头轻。

木他龙

这种植食性恐龙的口鼻部扩大为一个中空的凸起，形成一个艳丽的头冠。这个头冠可以膨胀为一个可以产生回响的腔室，这样可以使它们的叫声更大。

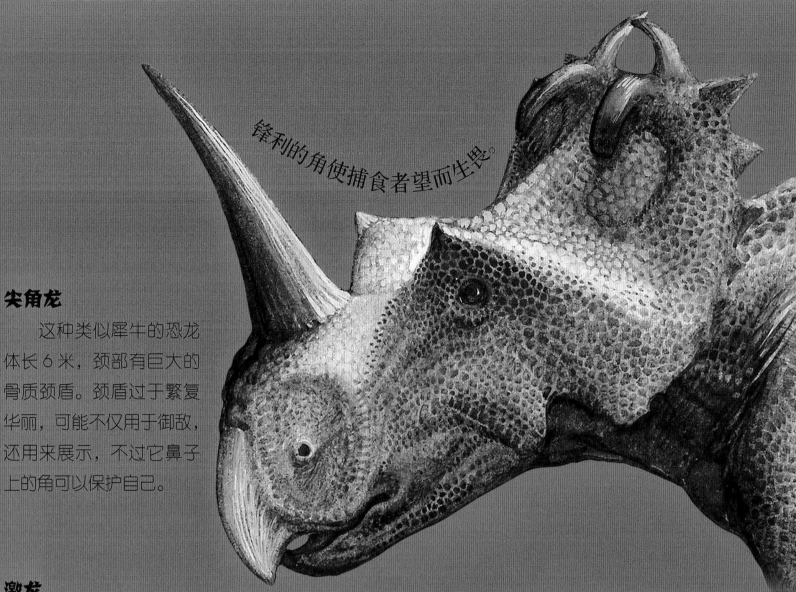

锋利的角使捕食者望而生畏。

尖角龙

　　这种类似犀牛的恐龙
体长6米，颈部有巨大的
骨质颈盾。颈盾过于繁复
华丽，可能不仅用于御敌，
还用来展示，不过它鼻子
上的角可以保护自己。

激龙

　　激龙背上长有巨大的如同风帆一样的
背帆，靠脊椎骨的延伸部分支撑着。背帆
使这种食鱼动物看起来体形更大，可以威
慑它的敌人和竞争对手。激龙的头部顶端
可能长有一个小的头冠。

中空的头冠发声时类似喇叭。

背帆可能有着鲜明的色彩。

副栉龙

　　一些长着鸭嘴般喙的恐龙
头部长有很长的头冠。副栉龙的
头冠是最长的，通过骨质管与气管
连通，这样可以放大它们的叫声。

长着尖角的角龙类恐龙

一些外形壮观的恐龙属于一类名为角龙类的植食性恐龙，它们身披重甲，长着喙状嘴。许多角龙类头上长有长长的尖角，结构繁复的骨质颈盾从头部后方一直延伸到颈部。这些特征除用于展示外，也能起到御敌的作用。

原角龙

原角龙的体形和现代的猪相当，生活在白垩纪晚期。科学家已经发现了至少两种原角龙的化石，这两种原角龙有着不同形状的颈盾，不过也有人认为这两种特征分别属于雄性和雌性。

爱氏角龙

爱氏角龙比原角龙体形更大、更重，它们的鼻子上长有一个酷似犀牛角的钩状角，颈盾上还长有两个长长的角。像其他角龙类一样，它长有一个鹦鹉喙状的嘴，通过上下颌末端的特殊骨骼来支撑。

戟龙

这种恐龙的学名意思是"长着棘突的蜥蜴"，它的颈盾周围长有引人注目的皇冠状长角。它那剪刀状的锋利牙齿非常适合切断坚韧的植物。

五角龙

五角龙的体形与大象相仿，它长有巨大的、令人印象深刻的颈盾，可能有着鲜明的色彩和图案。它生活在白垩纪晚期如今美国所在的地方。它的化石就是在美国新墨西哥州出土的。

三角龙

三角龙是名气最大的角龙，生活在恐龙时代最末期的北美洲。它拥有令人恐惧的尖角，用来抵御力量强大的霸王龙。

精致的羽毛

最新的化石研究表明，许多兽脚类恐龙都长着羽毛，其中有些恐龙的羽毛还很长。有些化石甚至还保留了羽毛上鲜艳的色彩和夺目的图案的痕迹。

没有牙齿的猎手

前肢上的羽毛
有着实际用途

生活在地面上的捕食者

四肢上长着长长的
装饰性羽毛

毛茸茸的恐龙

每根原始羽毛都酷
似一根细长的毛发

中华龙鸟

中华龙鸟是一种小型肉食性恐龙。对它们保存非常完好的化石研究表明，它们浑身长满毛发样的原始羽毛。这层羽毛形成了一层毛茸茸的保护性"外套"，就像猫的毛皮一样。

中国鸟龙

有一类被称为手盗龙类的兽脚类恐龙，它长长的前肢上覆盖着酷似鸟羽的羽毛，但是对绝大多数的这类恐龙来说，羽毛仅仅是用于展示的。

葬火龙

对葬火龙的化石研究表明，它用长着羽毛的前肢覆盖在巢上，为蛋保持温暖，就像母鸡孵小鸡一样。它那长长的羽毛可能也有鲜艳的色彩。

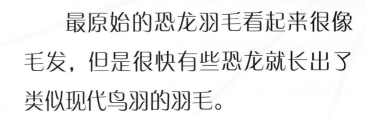

最原始的恐龙羽毛看起来很像毛发，但是很快有些恐龙就长出了类似现代鸟羽的羽毛。

长长的、由尾骨构成的尾巴上长着呈扇形散开的羽毛

奔跑迅速、长着羽毛的杂食性动物

前肢上长着强壮、弯曲的爪

树上居民

四肢可能都会起到翅膀的作用

翅膀上的羽毛与现代鸟类的很相似

早期会飞的手盗龙类恐龙

尾羽龙

这种火鸡大小的手盗龙类恐龙有着令人印象深刻的扇形尾羽。它的前肢上也长着长长的羽毛。因为它并不会飞，所以羽毛可能是用来向竞争对手和异性展示的。

小盗龙

小型树栖恐龙，如小盗龙，可能会利用长着长羽毛的前肢从一棵树滑翔到另一棵树上，这样能让它们避开来自森林地面上的危险。

始祖鸟

一些手盗龙类恐龙逐渐进化出飞行能力，成为鸟类。始祖鸟是其中已知最原始的一种，它的飞行能力并不强。此后，出现的鸟类越来越善于飞行。

盔龙

与其他生活在白垩纪晚期、长着鸭嘴般喙的鸟脚类恐龙一样，盔龙有一口非常适于研磨的牙齿，能够高效磨碎植物性食物。仔细咀嚼能使食物更易于消化。

成功生存的故事

鸟脚类恐龙是生存最为成功的一类恐龙。最早期的鸟脚类恐龙是体形很小、长着喙的植食性恐龙，以两条后腿站立、行走。此后出现的鸟脚类恐龙的体形增大了一些，有着高度特化的磨齿。

棱齿龙

棱齿龙体形修长，动作敏捷，是一种典型的小型原始鸟脚类恐龙。它以低矮植物为食，一旦发现危险，就能迅速飞奔逃走。

长长的后腿和后足说明它们的奔跑速度很快

尾巴非常长

上下颌长着叶状齿

禽龙

禽龙和大象差不多大，大多数时间都用四条腿行走。不过，它的两个前爪上长着长长的、可以活动的趾，拇指上还有锋利的棘突，可以防御敌害。

拇指上的棘突长约 14 厘米

泰南吐龙

泰南吐龙的体形比棱齿龙大得多，有时会以四条腿支撑庞大的身躯。它几乎没什么防御能力，因此可能集群生活，借以抵御饥饿的捕食者。

蛋和幼龙

据我们所知，所有的恐龙都生蛋。有些恐龙把蛋埋在**落叶堆里**，还有些恐龙把蛋产在**地下的洞穴中**。一些恐龙可能完全**不管刚孵化出来的小恐龙**，但还有一些恐龙则会**精心照顾自己的后代**。

恐龙蛋长什么样子?

恐龙蛋呈圆形或者椭圆形，有着坚硬、易碎的外壳，就像鸟类的蛋一样。最大的恐龙蛋和足球差不多大，但是和产下它们的"妈妈"相比就显得微不足道了。这说明恐龙的生长速度非常快。

恐龙蛋里有什么?

有些蛋化石里还有着恐龙胚胎。上图是一个完整的伤齿龙蛋的复原图，一只恐龙胎儿正蜷缩在蛋壳里，它那两条长长的后腿弯曲着，低垂的脑袋夹在两腿之间。

恐龙一次可以产多少枚蛋？

迄今为止发现的所有恐龙巢穴中都含有很多枚蛋——有时一窝甚至超过 20 枚。这说明恐龙的繁殖速度比现代的大型动物如大象和犀牛等要快得多。

恐龙蛋是如何保持温度的？

有些恐龙将蛋埋在落叶堆里孵化，是因为树叶腐烂时能释放出热量。有些小型恐龙，如葬火龙，蹲伏在巢中的化石遗迹说明，它们利用体温来孵蛋，就像大多数现代的鸟类一样。

谁会偷走恐龙蛋？

如果父母疏于照顾，恐龙蛋和无助的幼龙很有可能成为一些小型捕食者（如下图这些恐爪龙）轻易到手的猎物。古生物学家常常会在恐龙筑巢地附近发现这些"偷蛋贼"的化石。

抚育后代

你们看起来比我**可爱**多了!

巨大的筑巢地

在南美洲有一个恐龙筑巢地,那里有成千上万枚萨尔塔龙的恐龙蛋。数百只雌性萨尔塔龙产下蛋后,将它们埋在温暖的地表下,而且很可能在一旁等待蛋的孵化。

大多数**恐龙**的寿命不到**30**年。

有些恐龙，比如一些体形巨大的肉食性恐龙，会生活在独立的家庭群体中；还有一些恐龙则聚集成**繁殖群体**，在同一个地点、同一时期产下恐龙蛋，一起抚养幼龙。有些恐龙可能是**非常尽职尽责的父母**。

细心的父母

在如今的美国蒙大拿州发现了慈母龙组成的巨大的繁殖群遗迹，说明这种大型植食性恐龙为了安全会聚集在一起筑巢。幼龙化石显示，它们依靠父母获取食物。

一起长大

当幼龙可以自如行走时，它们就开始自己觅食了。不过它们会聚在一起集体行动，这是因为一只大型肉食性恐龙很容易就能抓住一只落单的小萨尔塔龙当早餐！

不断迁徙

一些恐龙**单独**或者**成对**生活，还有一些恐龙**集群**生活，群体规模**有小有大**。这些过着群体生活的恐龙大多数都是**植食性**恐龙，这样才能共同**分享美味的食物**。不过也有一些**肉食性**恐龙组成群体，共同**捕捉大型猎物**。

行迹

恐龙留下的脚印形成了**足迹化石**，成群的恐龙留下的足迹化石便构成了**行迹**，人们推测这些恐龙会组成**群体迁徙**。一些行迹显示，可能有几十只体形大小不等的恐龙朝着同一个方向前进。

埃德蒙顿龙

现代的植食动物群只有一直在草原上移动，才能保证**食物来源不会枯竭**。而且它们必须集体行动，这样比单独行动要**安全**一些。有些恐龙，如**埃德蒙顿龙**，可能也有着相同的生活方式。

埃德蒙顿龙组成的巨大的恐龙群体曾经在**北美洲**平原上四处游荡。

79

恐龙时代的终结

大约在 6500 万年前，一场突如其来的地质灾难导致了中生代的终结。巨大的恐龙和其他一些动物，包括令人惊叹的翼龙，因此而灭绝。但是鸟类和哺乳类等动物幸存下来，它们的后代现在就生活在我们身边。

最新消息！

全球灾难导致了恐龙灭绝

大灭绝的基本情况

什么时候？
中生代末期，距今 6500 万年前。

什么原因？
小行星撞击地球。

什么结果？
全球气候灾难性骤变。

谁受到了影响？
大约 70% 的动物灭亡。

希克苏鲁伯陨石坑
小行星撞击形成了一个直径约 180 千米的陨石坑，现在已经深埋于地下，在地表不可见。

灾难从天而降

在白垩纪末期，一颗巨大的小行星撞击了地球。撞击释放出来的能量，相当于最强大的原子弹爆炸时释放能量的 200 万倍。撞击摧毁了广阔的地区，导致全球性的气候混乱及大型恐龙的灭绝。

小行星撞击发生在今天的尤卡坦半岛

撞击地带
撞击地球的天体是一颗直径至少 10 千米的小行星。它撞击了如今墨西哥北海岸的尤卡坦半岛，接近现在一个叫作希克苏鲁伯的小镇。

是因为火山喷发吗?

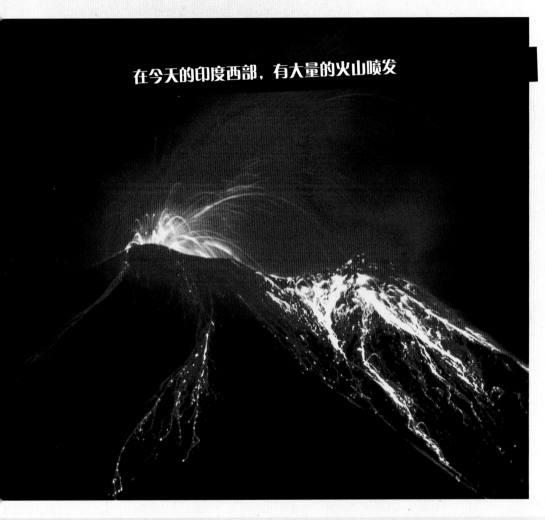

在今天的印度西部,有大量的火山喷发

有些科学家认为,小行星撞击地球主要导致了大型恐龙的灭绝,但是自然界已经因为另一个灾难——在印度持续了数千年之久的大面积火山喷发——而改变了。火山喷发形成了大量熔岩,同时还向大气层中喷出大量火山灰和有毒气体。

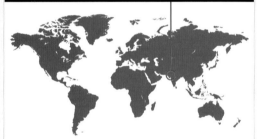

熔岩流造成了大范围破坏

灾难地带

火山喷发形成的熔岩,冷却之后形成一层厚达 2 千米的玄武岩层。这层岩石覆盖了印度的大片地域,这就是德干暗色岩。

幸存者播报

活下来的生命

大型海洋爬行动物全部灭绝了,如蛇颈龙类。不过,海龟、陆龟、蜥蜴、蛇及鳄鱼幸存了下来。

原盖龟

因为更好的适应性,鸟类得以幸存,如这只白垩纪出现的鱼鸟,而其他的恐龙全部消失了。

鱼鸟

与这只老鼠般大小的原始鼩(qú)鼱(jīng)类似的小型哺乳动物在灾难中幸存,它们的后代进化成了我们今天熟知的哺乳类动物。

原始鼩鼱

大灭绝之后的生命

灾难导致巨大的恐龙灭绝事件，让整个世界陷入一片混乱之中。然而多年之后，灾难带来的影响渐渐消退，生命再度开始繁盛，幸存下来的动物和植物进化成新的物种，取代了之前灭绝的那些种类。这就是新生代的开始。

热带雨林

气候改变

大灭绝之后，全球气候开始变冷，不过气温在大约5500万年前又开始显著升高。在这段气候温暖的时期之后，全球气候又开始变冷，在大约250万年前，地球两极开始被厚厚的冰雪覆盖。这就是冰川期的开始，这段寒冷的时期结束于距今12000年前。

北极冰原

植物变化

在新生代初期气候温暖的时期，热带雨林开始覆盖全球大部分地区，向北一直延伸到加拿大，代表树种如水杉。渐渐地，全球变冷使得气候更干旱，冬季更寒冷，许多森林被草原取代。

水杉的树叶

冠恐鸟

哺乳动物的时代

哺乳动物与恐龙出现得一样早，但是它们直到大型恐龙灭绝之后才开始兴盛繁衍，称霸地球。它们进化形成了许多不同的类群，包括蝙蝠、大地懒、猛犸象和长着短剑般犬齿的凶猛猫科动物——剑齿虎。

伊神蝠

剑齿虎

长羽毛的幸存者

一些鸟类在这场大灭绝中幸存，它们逐渐进化形成新的类群，包括体形巨大、不会飞的冠恐鸟，以及酷似秃鹫的阿根廷巨鹰。绝大多数现代鸟类类型出现于大约 2500 万年前。

阿根廷巨鹰

阿法南方古猿的一个家庭

我们的祖先

目前已知的世界上最早的类人物种，是阿法南方古猿，它们能够直立行走，在距今 500 万年前的非洲热带草原上生活。智人，也就是我们这样的现代人类，出现于 20 万年前，懂得制造工具，由此创造出了现代文明。

石器时代的斧头

★

鱼

水

水 可能是世界上**最常见的**化合物。地球上有 **13.9亿立方千米**的水，平均**每人**拥有 **215.8亿升**。如果把地球上所有的水都汇聚到一个球体中，它的直径将会是**月球**直径的1/3。有些水来自**数亿**年来许许多多的划破地球大气层的**彗星**；有些水则来自地壳下的"**湿岩石**"，在火山喷发时以**水蒸气**的形式释放到地面上。

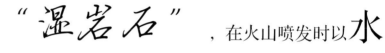

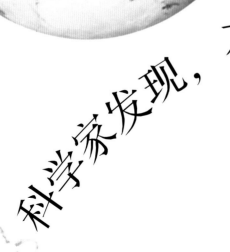

科学家发现，有难以计数的动植物

我们真的非常幸运，因为地球与**太阳**之间的距离不远也不近，正好让地球上的水保持液态。如果离得再近一点儿或远一点儿，海洋就会**沸腾**或是**冻结**，而脆弱的**生命**也将不复存在。地球上的生命可能起源于**海洋**，水是所有生命赖以为生的物质。人类的身体大部分由**水**组成。而且，人类可能是由**3.55**亿年前登上陆地的**鱼**类演化来的。

水孩子

人类在生命的前9个月是一种水生生物，因为在母亲怀孕期间，胎儿一直安安稳稳地蜷缩在母亲充满羊水的子宫里。

生活在地球上的水环境中。

开阔
海洋

海洋是地球上最大的生境。在远离大陆的海洋上层水域，成群结队的鱼儿和各种各样的水中居民在海水中畅游。而在更深处的海域，奇形怪状的深海居民在黑暗中等待着自己的美餐。

什么 动物生活在 开阔海洋中?

- **鲱鱼**：一种肉食性鱼类，人们很喜欢食用。
- **沙丁鱼**：它们游来游去，一直到被做成罐头为止。
- **金枪鱼**：以鲱鱼和沙丁鱼为食——然后自己被鲨鱼和人类吃掉。
- **剑鱼**：这种大型鱼类是很有名的垂钓鱼种。
- **海豚**：在开阔海洋集成小群捕捉猎物。
- **鲨鱼**：生存于世界上的任何海域。
- **鲸**：还有什么别的地方能让这个大家伙住下吗?

许多鱼类一生都在不停地游动。它们有时也会借助洋流小憩一下。水能够支撑它们的身体，所以它们不用消耗很多能量，也不容易感到疲劳。

巨藻
森林

巨藻森林就像陆地上的热带雨林，不过取而代之的是巨大的海藻。在茂密的藻叶中，鱼儿就像来到了一个安全的天堂。海獭把自己裹在巨藻丛中，以免在小憩时被海流卷走。尽管气候寒冷，这里依然是一个生物繁茂的生境。

什么 动物生活在 巨藻森林中?

- **海胆**：巨藻森林中的有害生物，它们啃食藻叶，切断藻茎，造成海藻的死亡。
- **蛛螺**：是你平常在花园中见到的蜗牛的漂亮亲戚，它们也会在海藻上啃出小洞。
- **矶蟹**：巨藻森林中的清洁工，负责清理死亡的藻叶。
- **蝙蝠海星**：在海床上慢慢挪动，吃掉上面覆盖的有机碎屑。
- **蓝平鲉**：成群生活在海藻丛中，以水母和浮游生物为食。
- **海獭**：当它们肚皮朝天地浮在海面上吃海胆的时候，看起来酷极了。

海胆和海蜗牛以海藻为食。你应该也吃过海藻吧? 甚至可能在用海藻刷牙，这是因为许多东西都是用某些种类的海藻制成的，包括冰激凌、果冻及牙膏。

海洋生物在各种各样的海域中安了家，以下是四种最受欢迎的水栖生境。

寒冷

极地

地球的两极覆盖着厚厚的冰川，这里有着世界上最寒冷的海域。冰层为饥饿的北极熊和熙熙攘攘的企鹅提供了落脚之地。令人惊奇的是，这些冰冷的水中竟然充满了生命——科学家已经在这里发现了成百上千个新物种。

什么 动物生活在寒冷极地?

- 磷虾：这种微小的甲壳类动物是鲸、海豹和鱼类的美食。
- 北极熊：能在海洋中长距离游动，去寻找食物。
- 巨型海蜘蛛：这种8条腿的动物能长到盘子大小。
- 企鹅：在水下的时间和在冰面上一样长，是在水下"飞行"的鸟类。
- 海参：这种软绵绵、黏糊糊的动物喜欢生活在寒冷、深黑的海床上。
- 海象：用它们长长的獠牙扎进冰层，借此把自己拖到冰面上。

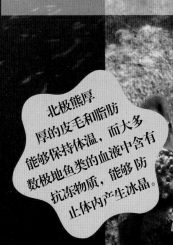

北极熊厚厚的皮毛和脂肪能够保持体温，而大多数极地鱼类的血液中含有抗冻物质，能够防止体内产生冰晶。

珊瑚

礁

多姿多彩的珊瑚礁上布满了可供鱼儿藏身的孔穴和缝隙。珊瑚有各种各样的形状和大小，有些长得像树木，还有些像莴苣、餐盘或是扇形，甚至还有一种布满褶皱的球状珊瑚，看起来就像人类的大脑一样。

什么 动物生活在珊瑚礁?

- 鲨鱼：在珊瑚之间巡游，寻找它的下一顿美餐。
- 海葵：这种美丽的生物看起来就像海洋中的"花朵"，伸展开长长的触手捕获猎物。
- 海星：有些种类的海星会吃掉珊瑚虫，毁掉珊瑚礁。
- 小丑鱼：人人都知道这种可爱的鱼儿最喜欢和海葵生活在一起，为自己找了一把有毒的"保护伞"。
- 管虫：具有类似珊瑚的骨质管，人们经常把它和珊瑚弄混。
- 章鱼：这种软体动物喜欢隐藏在珊瑚礁的缝隙间。

大型珊瑚礁可能经历了数百年时间才形成。世界上最古老的珊瑚礁已经有5000到10000岁了。澳大利亚的大堡礁是世界上最大的珊瑚礁系统。

水世界中的家谱

地球
上所有的动物
分为两大类：**无脊椎动物**和**脊椎动物**。这两个大类又分为许多小类，这里展示的是海洋生物的分类图。

漂浮水母

沙蚕
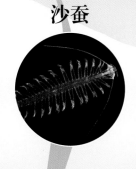

扁形虫

泳动水母

钙质海绵

珊瑚虫和海葵

管形虫

管状海绵

无脊椎动物的种类远远超过了脊椎动物——世界上有超过**1500万种**无脊椎动物，分为33个大类，这里列出的只是最常见的一些种类。

海绵动物

腔肠动物

蠕虫动物

无脊椎动物······

哺乳动物，比如鲸、
海豚、海豹和海象

蛤、牡蛎和扇贝

蛇尾海星

爬行动物，
比如海龟

海生昆虫

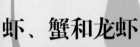

海蛞蝓
和海蜗牛

海参

鱼类，
比如鲨鱼、鳐鱼、
鲱鱼和三文鱼

虾、蟹和龙虾

海胆

海蜘蛛

章鱼、鱿鱼
和乌贼

海星

有些
脊椎动物是
海洋中**最大的**
生物。

节肢动物

软体动物

棘皮动物

脊索动物

以及更多的**无脊椎动物**……

脊椎动物

91

什么是

地球上最早的鱼出现在距今4.6亿年以前。这些最古老的鱼也是有史以来第一种拥有脊椎的动物。和鱼类相比，我们可是地球上的新居民！**世界上大概有25000种鱼**。流线型的身体、光滑的体表及遍体覆盖鳞片的鱼类，简直就是天生的游泳健将。

鱼类的特征

鱼

- **鳃** 呼吸器官，就像我们的肺一样。鳃由许多薄片状组织构成，上面布满血管，可以从水中吸收氧气。
- **鳞片** 覆盖在鱼类的体表，由非常薄的骨组织构成，防止鱼类体内的水分散失。
- **鳍** 帮助鱼类游泳，有时也用于保护自己（特别是鱼鳍上长满棘刺的种类），分为双鳍和单鳍。
- **变温** 大多数鱼类的体温和外界水环境的温度一致。
- **内骨骼** 鲨鱼和鳐鱼的骨骼是软骨质的，其余的鱼类都拥有硬骨骨骼。

鱼会喝水吗？

海洋鱼类喝下大量的海水，然后将多余的盐分排出体外。淡水鱼通过皮肤、口腔、鳃来吸收水分。

鳃盖覆盖并保护鱼鳃

鲸鲨

奇妙的"大"与"小"

虽然同属鱼类，可是体形的大小却相差悬殊。世界上最大的鱼是鲸鲨，有15米长。而最小的鱼是短壮辛氏微体鱼，只有7毫米长。

短壮辛氏微体鱼

涟漪效应

鱼类靠肌肉供能在水中游泳。此时，肌肉收缩并带动脊椎呈波浪状运动，尾鳍左右摆动，如同划桨一样向前推动身体。其他鱼鳍起着"掌舵"及"刹车"的作用。有些鱼类还能逆波浪而行，并向后游动。

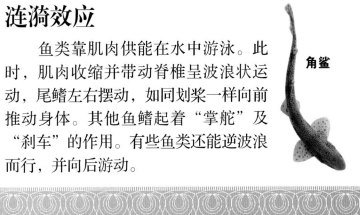

角鲨

细小的鳞片减少了水的阻力

背鳍能防止鱼体翻滚

尾鳍

成对的胸鳍用以保持平衡

这不是鱼……而是哺乳动物

人们很容易把一些海洋生物当成鱼，其实它们是哺乳动物，与我们人类的亲缘关系比鱼类还要近。海生哺乳动物包括鲸、海豹、海狮、儒艮、海牛等。这些动物都是胎生，并用乳汁哺育后代。

**凌近一点儿看看吧！
鲸连游泳姿势也不像鱼。**

鱼类左右摆动尾巴向前游动，而海生哺乳动物则采用上下拍打尾部的泳姿。

哺乳动物的特征

- **胎生** 哺乳动物直接产下幼崽。
- **内骨骼** 坚固的骨骼为身体提供了理想的支撑框架。
- **哺乳** 新生的幼崽通过吮吸母亲的乳汁生长发育。
- **肺** 哺乳动物呼吸空气，所以，海生哺乳动物必须定期浮到海面上来换气。
- **恒温** 哺乳动物通过消耗能量来保持自己的体温（高于周围水温）。
- **抚养后代** 哺乳动物会精心照料自己的幼崽。

海牛、儒艮
正如它们的名字，这些大型海生哺乳动物像陆地上的牛一样以水草为食。

一头鲸可以

"歌唱"超过30分钟！

鲸之歌

鲸和海豚是吵吵闹闹的生物。每个个体都拥有属于自己的声音，出生不久的小鲸和小海豚就能发出独一无二的声音。鲸和海豚用声波与其他成员"交谈"，有时也用来寻找配偶。这种声音在海洋中能传播很远。

海豚发出"嗒嗒"声，并通过回声来辨别四周环境、寻找猎物，这叫作回声定位（与蝙蝠在漆黑的山洞中飞行的道理一样）。海豚的回声定位精确得不可思议，它们不仅能知道一个物体的位置，甚至连大小和形状都知道得一清二楚。

我看见你了！

当海豚游泳的时候，会不停地发出"嗒嗒"声，这种声波随水传导，一旦在附近遇到障碍物，声波就会反射回来，海豚就能听见。

海豚

海豚是一类小型的齿鲸，大多数生活在海洋里，也有一些种类生活在淡水中。

海豹、海狮、海象

这些肉食性动物大多数时间都待在水中，不过它们还是要回到岸上产息。

鲸

这头虎鲸又叫杀人鲸，是齿鲸家族中体形最大的成员。

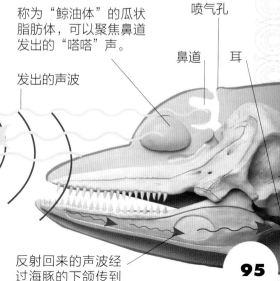

称为"鲸油体"的瓜状脂肪体，可以聚焦鼻道发出的"嗒嗒"声。

喷气孔

鼻道　耳

发出的声波

反射回来的声波经过海豚的下颌传到耳中

鲨鱼

鲨鱼不仅有着和我们一样的全部感觉——视觉、听觉、嗅觉、味觉、触觉，而且还拥有一种独特的感官，这让鲨鱼在水中所向披靡。

60

游得最快的鲨鱼是灰鲭鲨，游速能达到97千米/时。

鲨鱼体内能自己合成抗生素，抵抗有害的细菌和真菌。

第六感

鲨鱼具有能探测电场的"第六感"。所有的生物都会发出微弱的电信号，而鲨鱼可以凭借尖尖的吻部中充满黏液的微管接收到这些信号。轮船上的引擎和推进器也会发射出这种电信号，有时鲨鱼就把轮船错当成了猎物，并袭击它们！锤头双髻鲨利用电感受器搜寻埋藏在海床沙层中的鱼类。大多数鲨鱼则在靠近猎物、准备展开致命一咬的时候，利用这个电感受器定位目标。

鲨鱼一生脱落的牙齿能有8000~20000颗。

鲨鱼的咬合力十分惊人。有些种类的鲨鱼平均每颗牙齿的咬合力有**60千克**——足以撕裂猎物最坚韧的皮肉。

鲸鲨是世界上最大的鲨鱼。

白斑角鲨

是一种小型鲨鱼，寿命可达 **100 岁**。

黑鳍尖鲨

视觉

大多数鲨鱼的视力都很好，有些种类的鲨鱼还能看见颜色。许多鲨鱼都有着大大的眼睛，便于在昏暗的水下环境也能看清目标。所有的鲨鱼都有眼睑，但它们不能闭上眼睛。不过有些鲨鱼具有瞬膜，在伏击猎物的时候可以关闭，用来保护眼睛。大白鲨在猛冲向前、撕咬猎物的一瞬间，会转动眼球并藏在眼窝中，这时候它不得不依靠其他感官了。

嗅觉

海水中的一滴血液能引来数千米之外的鲨鱼，这种说法有一点儿夸张。不过鲨鱼确实能探测到数百米远的鱼类发出的气味。在鲨鱼尖尖的吻部下方长有一对鼻孔，当它们游动时，水流就会进入这对鼻孔。一旦鲨鱼觉察到了猎物的气味，就会来回摆动头部确定气味来源的方位。鲨鱼还利用嗅觉寻找配偶，甚至导航。

角鲨

触觉

鲨鱼的皮肤能感受触觉。它们常常先闻一闻或试着咬上一口，来判断猎物是不是可以吃。鲨鱼还能通过身体上的一排由特殊细胞组成的侧线感受水流的波动，从而精确地定位目标。

侧线

> 你千万别发现我呀！

牛鲨既能生活在淡水中，又能生活在**海水**中，所以有时候会在河流里发现它们。

听觉

虽然鲨鱼看起来没有耳朵，但它们确实能听到声音。鲨鱼对低频的声波特别敏感，甚至能听到海洋中几千米之外传来的声音。

味觉

鲨鱼的味蕾长在口腔里，而不是舌头上。有些鲨鱼什么活物都吃；而有些则比较挑食，还会把不喜欢吃的东西再吐出来。不过，无论哪种鲨鱼都会先咬猎物一口，这对我们来说可不是件好事。

一只成年鲸鲨能长达 15 米，比一辆公共汽车还长。

劈波
斩浪的 "鲨鱼皮"

紧身泳衣可以让奥运会
游泳运动员游得更快，比如加里·霍尔。
不过，紧身泳衣并不是唯一的秘密武器。

在显微镜下放大的鲨鱼皮肤显示出许多微小突起，这些突起叫作盾鳞。正是这些小突起帮助鲨鱼在水中快速游动。因为水流经粗糙的表面时不会产生涡流，周围的水能更迅速地流过，也就减少了水的摩擦力。

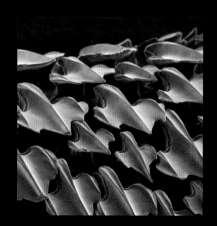

"鲨鱼皮"泳衣的表面布满了粗糙的纤维，与鲨鱼的皮肤非常类似。制造商说穿上"鲨鱼皮"泳衣可以让运动员的泳速提高3%。

游速最快的鲨鱼比奥运会游泳冠军快10倍。虽然我们游不过鲨鱼，但科学家已经发明了一种新型泳衣，能让我们游得更快。这种泳衣用特殊材料制成，通过模拟鲨鱼的皮肤表层，可以减少运动员在水中的阻力。因此，人们给这种令人不可思议的泳衣起了个响亮的名字——"鲨鱼皮"泳衣。穿上"鲨鱼皮"泳衣，运动员在一次比赛中能缩短1~2秒的时间，这看起来很少，但却常常是决定胜负的关键。

有些游艇现在也穿上了"鲨鱼皮"——其实是在船体上喷涂了一种模仿鲨鱼皮肤的新型涂层。这种新型涂层有着特殊的粗糙表面，让海藻、藤壶等海洋生物很难附着，保证了船体的清洁。

99

如果
没有牙齿，
你会怎么办？

有两种类型的鲸：
有牙齿的
没有牙齿的

没有牙齿

巨大的蓝鲸每天都要吃掉大量的食物，它们咽下海水，过滤出其中的小鱼小虾（比如磷虾），并将其吃掉。蓝鲸的嘴里长着许多长长的薄片，称为鲸须，能起到筛子的作用。利用鲸须滤食，一头蓝鲸每天要吃掉3600千克的磷虾。

的奇迹

一口吞！

开饭了

鲸张开嘴，吞下满口海水，然后闭上嘴，用舌推挤海水通过鲸须滤出，水中的小鱼小虾就被鲸须"截获"了。

要吃这么多

在夏季的觅食期，一头蓝鲸每天要吃掉 **400 万只**磷虾。

"嗨！我们就是磷虾。"

在6秒内吞进一卡车海水

毫无疑问，磷虾是地球上最繁盛的动物。雌磷虾每年有两次产卵期，每次产下大约 2500 枚卵。真是儿女满堂！

长须鲸是一种游速很快、胃口惊人的鲸，能在6秒内吞进足以装满一辆中型卡车的海水，滤食其中的磷虾。想象一下它含着这么多海水的时候，嘴巴该有多么巨大呀！

须鲸的种类

来看一看鲸须

鲸须由许多骨质板组成，每块骨质板都具有角质的薄片边缘，能够截获磷虾等小猎物。这些带有角质边缘的骨板能长达4米。有些鲸的上颌每侧长有700多块骨板。

小须鲸

北露脊鲸

塞鲸

4米

弓头鲸和露脊鲸——速泳健将，通过迅速上浮来追击小鱼虾群。这类鲸的咽喉部分能伸展开来，容纳大量的海水。

须鲸——有着巨大的头部，游速很慢。它们在大多数时间里，都一边张着大嘴一边缓缓游动，随时准备吞食小鱼虾。包括座头鲸和小须鲸。

灰鲸——不像其他的须鲸，灰鲸主要在海床上觅食，它们搅起泥沙，在浑浊的海水中滤食大量的小虾、海星及蠕虫。

潜入深海

你是一名勇敢的潜水员，马上就要潜入最深、最危险的深海海区。在经过5个海洋层的下潜过程中，周围变得越来越黑暗，越来越寒冷。你将会邂逅各种稀奇古怪的海洋生物（一定要带上一个强光手电筒）。记住，一定要采用正确的方式下潜，否则，你就会像一个乒乓球一样，被水下巨大的压力压扁。

自由潜水运
动极富挑战性和危险性。潜水员不携带氧气瓶，必须屏住呼吸尽可能深地潜入海中，甚至深达160米。在这个深度，人类的肺会被巨大的水压压缩到比拳头还小。

鲭鱼

绿海龟

镰状真鲨

狼鱼

200米

在微光带，必须做好水压保护措施。1934年，美国人威廉姆·毕比、奥蒂斯·巴顿乘坐他们设计的深海球形潜水器，下潜到923米的深度。现在，你可以穿上一种硬质的特殊潜水服，下潜到600米深处。

浮游海参

警报水母

1000米

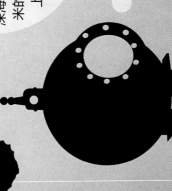

要想到达这黑暗带，必须乘坐巨大压力的小型潜艇。在过去的40年中，最有名、潜水次数最多的潜水器就是美国的"阿尔文"号，它一次可载3人，能下潜到4500米的深度。

阳光带

从海面到200米深处的海域称为阳光带。在这里，充足的阳光直射进来，浮游植物等海洋植物茂盛地生长。因为这里温度适宜、食物充足，是海洋中最热闹的地方。你能在这里发现数百种其他各种各样的鱼类及呼吸空气的海洋动物（比如海豚和海龟）。

巨章鱼

微光带

在微光带，只有少量昏暗的光能透射进来。在这里，你将会见到一些有趣的生物，比如鱿鱼、章鱼、水母、狼鱼及神秘的浮游海参（这是一种动物）。

在微光带，只有少量昏暗的光线透射进来，无法维持海洋植物的正常生长，比如鱿鱼

吞噬鳗

珠峰的高度

4000米

6000米

8850米

10910米

海沟是海底最深的地方，其深度最深可超过1万米，在海沟中。

黑暗带

这里似乎是漆黑一片，伸手不见五指。哦！还是有一些光亮的——深海生物自己发出的光。你可能会在这里不小心撞上一只巨型乌贼，或从海面下潜到此处捕食这些乌贼的抹香鲸。在有些地方足这里就是海底了，生活着深海海星、管虫等生物。

抹香鲸

深海蟹

等足类动物

在这个海洋带已经无法使用普通的潜水器了。离开"阿尔文"号吧，现在该登上持种的深海潜水器了，比如法国的"鹦鹉螺"号、日本的"深海6500"号就是不错的选择。"深海6500"号非常坚固，能耐受海面下6500米处的超高水压。

深渊带

在大多数地区，深渊带就是最深的海域了。海底上覆盖着黏稠的淤泥。你会看到微小的、像跳蚤一样的挠足动物及像巨型潮虫一样的等足类动物，还有会发光的深海怪鱼。这里的海洋动物主要以上层海域沉降下来的动植物残体、有机碎屑为生。

蛇鳚

鮟鱇鱼

只有一艘潜水器来到过这里——美国的"特里亚斯"号，它一次可载两人，曾在1960年下潜到了世界大洋的最深处，距海面10910米。不过这艘深潜器现在已经不能使用了。

超深渊带

继续下潜的话，你将会发现一条深深的海沟。这个陡然下落的深度区域就是超深渊带，在希腊语里的意思是"地狱"。这里有着令人难以想象的压力，但还是生活着一些顽强的生物，比如深海水母、蛤，比目鱼及长相奇特的鮟鱇鱼。

现在你看见我了……

我是一只隐藏在海底沙层中的
孔雀鲆，生活在加勒比海的多巴哥岛附近。

谁是最难看的呢？

在漆黑的深海里，美丽的外貌一点儿用处也没有，对于那些没有被大自然母亲赋予好看外表的生物来说，这应该是一件好事。这里是最丑陋海洋生物评选大赛，我们已经列出了前三名，你来评判一下吧！

鲉鱼

第二名

这位参赛选手不光是长得难看，还非常危险，它的背上长着有毒的棘刺。

毒蛇鱼

第一名

任何牙医都帮不了这个长着一口龅牙的家伙——它的尖牙实在是太大了，撑得它根本没办法闭上那张坑坑洼洼、会发光的大嘴。

五彩鳗

令人生畏的大嘴、竖起的鼻瓣，让这条鳗鱼看起来有些吓人。

红唇蝙蝠鱼

> 我比它们所有的鱼都要丑，看看我的鼻子！

世界上所有的化妆品都没法增加这位挑战者的魅力，还好它生活在漆黑的深海中。

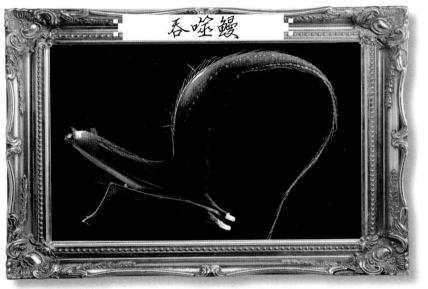

吞噬鳗

这条鳗鱼长着一个巨大的嘴巴，和细锥状的身体完全不成比例。

水滴鱼

塑身锻炼对这位参赛选手毫无意义，因为它几乎没有肌肉，由凝胶物质构成，整个身体就像一个软塌塌、湿乎乎的肉球。

璧鱼

这只浑身布满斑点和突起的小怪物生活在珊瑚礁上层的浅水区。

盲鳗

这条恶心的鳗鱼能分泌大量的黏液。

海洋生物的家

海洋生物常常生活在一些不同寻常的地方。

鲑鱼的皮肤

皮肤里的这些寄生虫常常会引起疾病，甚至导致鲑鱼死亡。

珊瑚礁

珊瑚礁里总是一番熙熙攘攘的景象，为海洋生物提供了丰富的食物和隐蔽所。

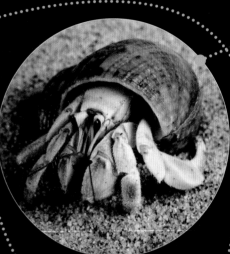

寄居蟹

当我长大一些后就要搬家了。

鲸的皮肤

这些"搭便车"的家伙紧紧地贴附在鲸的体表上，它们从海水中觅食。

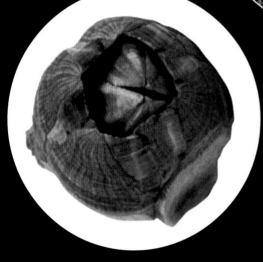

藤壶

我的家大极了，而且一直在移动。

你能把这些生物和它们的家连起来吗？

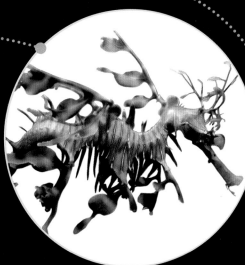

空螺壳
这个坚硬的外壳可以保护居住者柔软的腹部。

海龙
我的家是一个容易藏起来的好地方。

沙蚕
我住在自己挖的洞里。

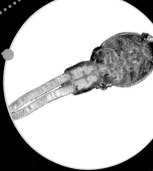

鱼虱
我不用费力寻找食物，直接在家里大吃大喝。

沙洞穴
沙堆下的洞穴。

海草
藏在这些长长的海草丛中的动物很难被发现。

主刺盖鱼
我的家非常多姿多彩。

惹来杀身之祸

早在史前时代，人们就开始捕杀鲸来食用了。但一直到17世纪至19世纪，捕鲸业才成为一项庞大的产业，每年有数千头鲸被捕杀。为什么要捕鲸呢？因为鲸脂可以炼成燃料油，用于工业和家庭照明。到了20世纪初，由于过度捕杀，有些鲸已经濒临灭绝。

怎样捕鲸

在19世纪，数百艘捕鲸船纵横大洋。船队常常连续航行数月，追踪捕杀抹香鲸和露脊鲸。一旦捕鲸船锁定一头鲸，就会派出一组船员乘坐小船靠近目标，他们用系着绳索的捕鲸叉猛击鲸，然后将尸体拖上捕鲸船。接着就开始了残忍的分割过程：船员把鲸剖开，切割下鲸脂，放进大炼油锅内加热，提炼出一桶桶的鲸油。

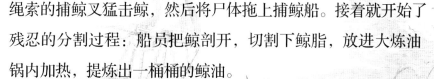

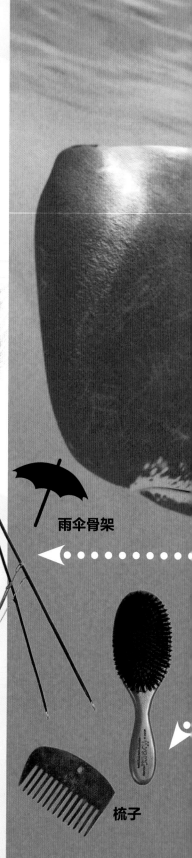

雨伞骨架

梳子

拯救鲸的人

1846年，亚伯拉罕·季斯纳发明了从煤中提取煤油的技术，煤油是一种比鲸油更清洁、更便宜的燃油替代品。在此后30年间，煤油逐渐取代了鲸油。捕鲸业这才开始衰落，鲸总算逃过一劫。

拯救鲸

油还是调料？

英国人约翰·朱伊特深深着迷于北美洲西北部地区努特卡人的文化。他在传记中记述了努特卡人把鲸油当作一种食品调味料——甚至连草莓都要搭配鲸油一起吃。

鲸油的用途

制作肥皂

鲸油 19世纪，最重要的鲸油来自抹香鲸的头部，用途非常广泛。

鲸肉和鲸脂 因纽特人及其他北部居民的传统食物，目前在日本依然是受欢迎的海味。

鲸油

在英语中，鲸油又被称为"火车油"，其实它与火车一点儿关系都没有，这个名称来源于古老的荷兰语，意思是"泪滴"。

鲸脂的用途

制成蜡烛

用于点灯

鲸须的用途

胸衣

龙涎香的用途

鲸须 像弓头鲸和露脊鲸这类的须鲸，主要是由于嘴里的鲸须而遭到捕杀。

硬质刷子

龙涎香 抹香鲸肠道里分泌的一种黑色的蜡状物。19世纪，龙涎香是制造高级香水的重要原材料。

111

在贝壳里面 有 什么呢 ？

身体柔嫩的动物必须找到保护自己的方法。有一些动物长着棘刺或含有毒素，以免被捕食者吃掉。还有一些动物则覆盖着坚硬的贝壳，当危险来临的时候，它们就把柔软的身体缩进贝壳，让天敌无处下口。

✳ 扇贝

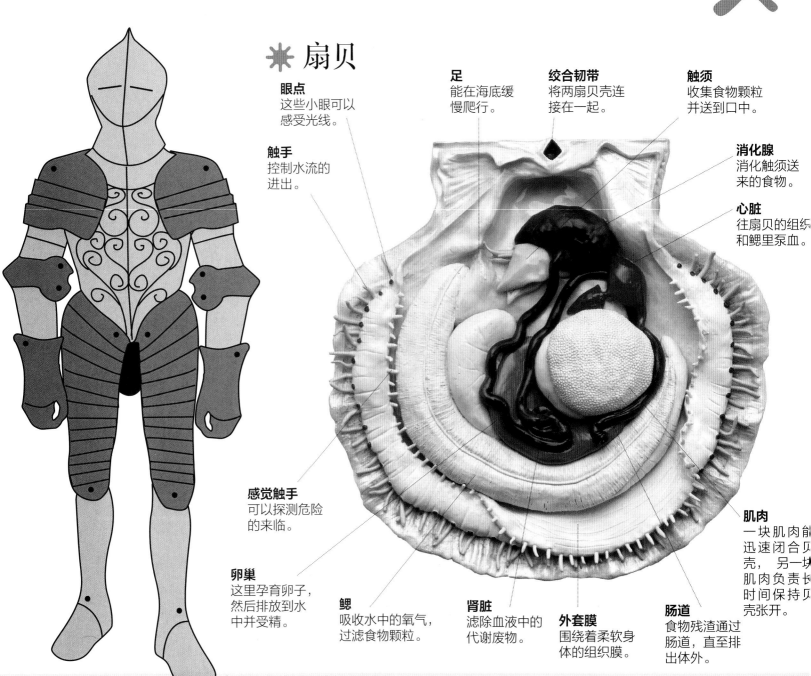

眼点
这些小眼可以感受光线。

触手
控制水流的进出。

足
能在海底缓慢爬行。

绞合韧带
将两扇贝壳连接在一起。

触须
收集食物颗粒并送到口中。

消化腺
消化触须送来的食物。

心脏
往扇贝的组织和鳃里泵血。

感觉触手
可以探测危险的来临。

卵巢
这里孕育卵子，然后排放到水中并受精。

鳃
吸收水中的氧气，过滤食物颗粒。

肾脏
滤除血液中的代谢废物。

外套膜
围绕着柔软身体的组织膜。

肠道
食物残渣通过肠道，直至排出体外。

肌肉
一块肌肉前迅速闭合贝壳，另一块肌肉负责长时间保持贝壳张开。

人类有着内骨骼，虽然在运动时很灵活，但暴露在外的皮肤和肌肉却容易受到伤害。几百年来，人类发明了许多在战斗中保护自己的装备，比如中世纪的骑士穿着厚厚的铠甲，看起来就像一只巨大的金属龙虾。

游泳好手
扇贝、贻贝及蛤蜊属于双壳类，都有两瓣顶端连接的贝壳。不过，扇贝不能完全紧闭贝壳。

虽然扇贝通常都是安安静静地生活在海底，但它们也能通过迅速地拍打两扇贝壳喷出水流，让自己游上一会儿呢！

✳ 海胆

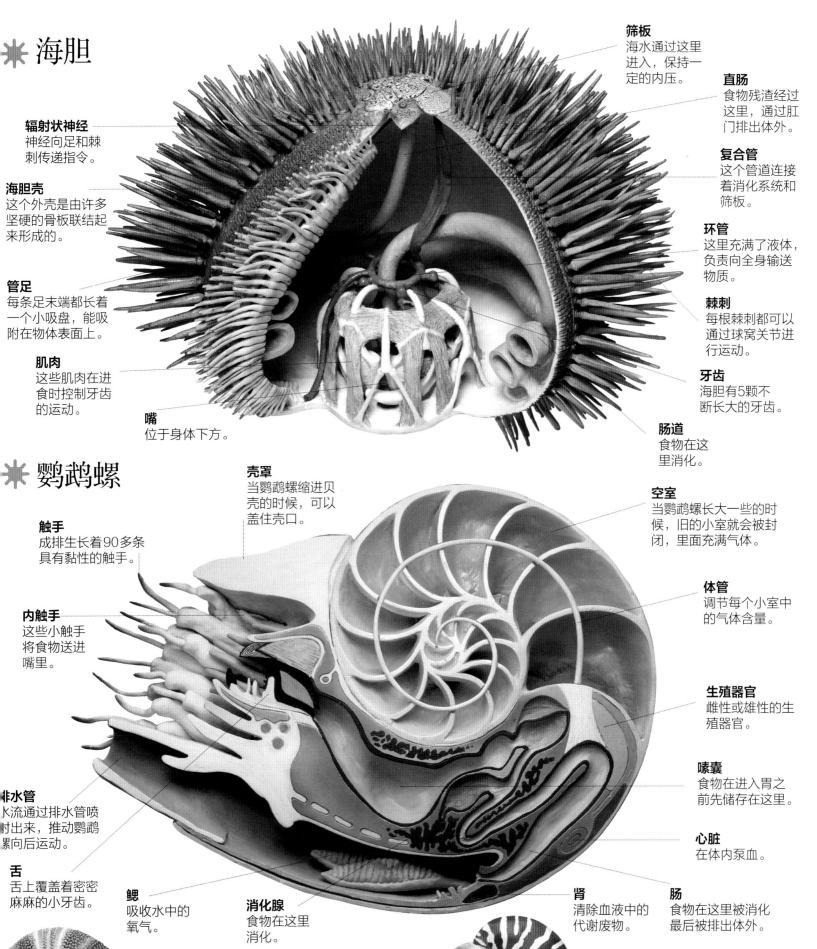

辐射状神经
神经向足和棘刺传递指令。

海胆壳
这个外壳是由许多坚硬的骨板联结起来形成的。

管足
每条足末端都长着一个小吸盘，能吸附在物体表面上。

肌肉
这些肌肉在进食时控制牙齿的运动。

嘴
位于身体下方。

筛板
海水通过这里进入，保持一定的内压。

直肠
食物残渣经过这里，通过肛门排出体外。

复合管
这个管道连接着消化系统和筛板。

环管
这里充满了液体，负责向全身输送物质。

棘刺
每根棘刺都可以通过球窝关节进行运动。

牙齿
海胆有5颗不断长大的牙齿。

肠道
食物在这里消化。

✳ 鹦鹉螺

触手
成排生长着90多条具有黏性的触手。

内触手
这些小触手将食物送进嘴里。

排水管
水流通过排水管喷射出来，推动鹦鹉螺向后运动。

舌
舌上覆盖着密密麻麻的小牙齿。

壳罩
当鹦鹉螺缩进贝壳的时候，可以盖住壳口。

鳃
吸收水中的氧气。

消化腺
食物在这里消化。

空室
当鹦鹉螺长大一些的时候，旧的小室就会被封闭，里面充满气体。

体管
调节每个小室中的气体含量。

生殖器官
雌性或雄性的生殖器官。

嗉囊
食物在进入胃之前先储存在这里。

心脏
在体内泵血。

肾
清除血液中的代谢废物。

肠
食物在这里被消化最后被排出体外。

"刺儿头"

要想保护自己，棘刺是个不错的办法，海胆正是这么做的。在海胆体表的棘刺之间，还长着一排排小小的管足，用来在海底缓缓挪动。海胆的嘴长在身体下方。在棘刺之间，还生有细小的毒钳。

"公寓房"

鹦鹉螺有着螺旋形的外壳，这个外壳分成许多小室，像排列紧密的出租公寓间一样，它自己就住在最外面、也是最大的那一间里。当鹦鹉螺长大一点儿之后，就会制造出一个新的、更大一点儿的"房间"。而被闲置的小"房间"则充满了气体，帮助鹦鹉螺在水中上浮。鹦鹉螺利用喷射出的水流游泳，可惜只能向后游。

鱼类的身体内部是什么样的？

所有的鱼类都具有内骨骼，与我们人类一样。大多数的鱼类，包括鳕鱼和金鱼，骨骼是硬骨质的；而鲨鱼和鳐鱼的骨骼是由软骨组成的，这样的骨骼更轻、更有弹性。

眼睛
大多数的鱼都有很好的视力，有些鱼还可以分辨色彩。

背鳍
使鱼类在游泳时保持平衡。

支鳍骨
这种骨骼支撑着鱼鳍。

第二背鳍
帮助鱼类更迅速地转弯。

上颌
上颌上长有的牙齿会逐渐延伸到嘴的边缘。

鳃盖
保护柔软的鳃。

头盖骨
保护大脑。

脊椎

下颌
和我们的下巴的作用一样。

胸鳍
控制左右方向、急刹、倾斜身体、向前或向后游动。

腹面支鳍骨
这种骨骼支撑着鱼体下方的鱼鳍。

前臀鳍
使鱼类在游泳时保持平衡。

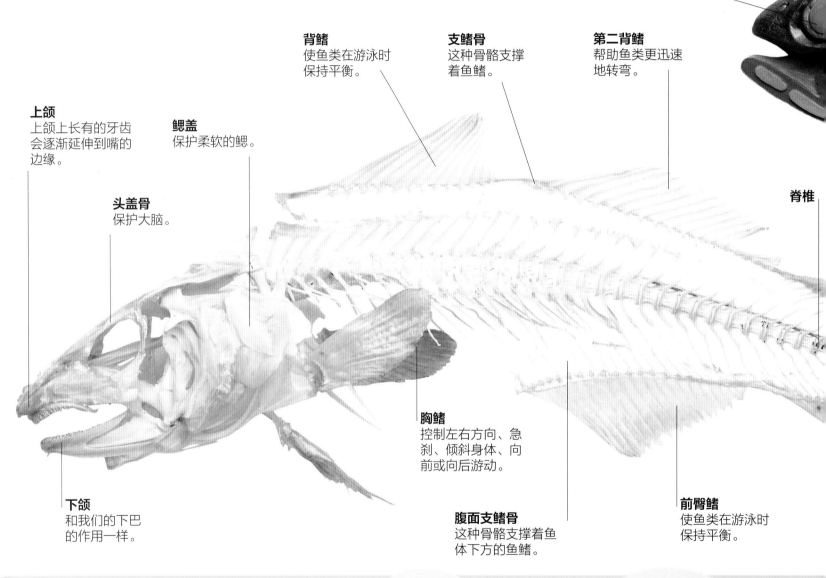

游泳的艺术

为了在水中活动，鱼类进化出了能够在水中下潜和上浮的本领。硬骨鱼类具有鳔，让它们不用向前游动，就可以停留在水中的某个位置。尾鳍提供了向前的推进力，其他鱼鳍则负责操控。软骨鱼类没有鱼鳔，它们在水中不得不一直不停地游动，才不会沉入水底。软骨鱼类都有着宽大的胸鳍，在游动时可以帮助抬起头部。

大多数的鱼类在水中以一系列的"S"形波浪运动的方式游动。

首先，鱼类将头部摆向一边，身体的其他部位也开始向同样的方向移动。

当鱼体在进行波浪运动的时候，尾鳍也开始摇摆，推动鱼体向前。

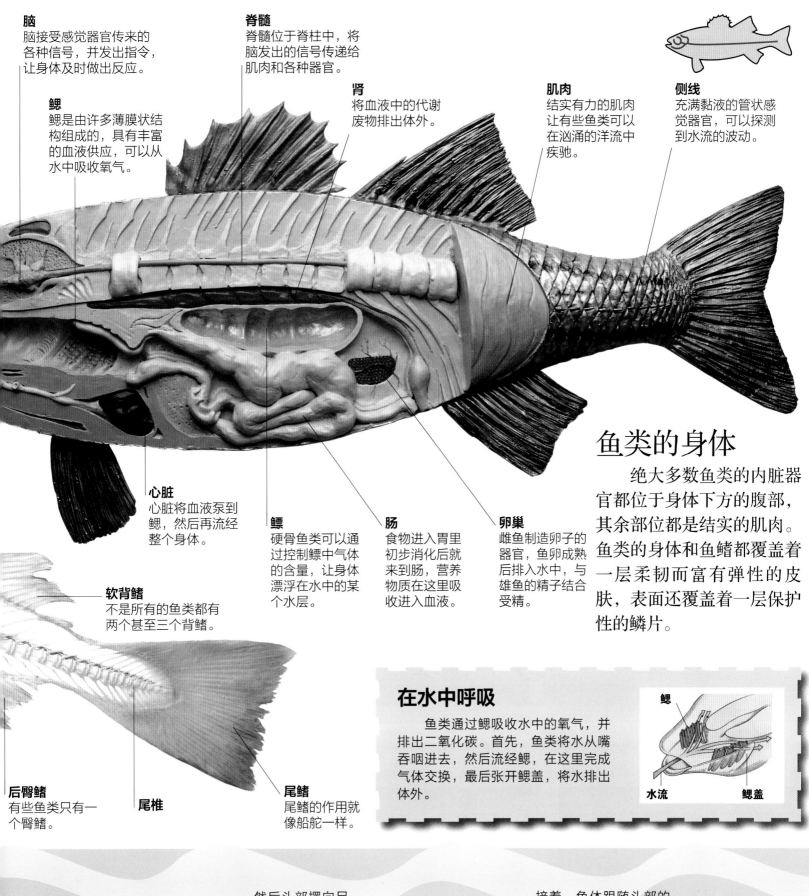

脑
脑接受感觉器官传来的各种信号，并发出指令，让身体及时做出反应。

脊髓
脊髓位于脊柱中，将脑发出的信号传递给肌肉和各种器官。

肾
将血液中的代谢废物排出体外。

肌肉
结实有力的肌肉让有些鱼类可以在汹涌的洋流中疾驰。

侧线
充满黏液的管状感觉器官，可以探测到水流的波动。

鳃
鳃是由许多薄膜状结构组成的，具有丰富的血液供应，可以从水中吸收氧气。

心脏
心脏将血液泵到鳃，然后再流经整个身体。

鳔
硬骨鱼类可以通过控制鳔中气体的含量，让身体漂浮在水中的某个水层。

肠
食物进入胃里初步消化后就来到肠，营养物质在这里吸收进入血液。

卵巢
雌鱼制造卵子的器官，鱼卵成熟后排入水中，与雄鱼的精子结合受精。

软背鳍
不是所有的鱼类都有两个甚至三个背鳍。

后臀鳍
有些鱼类只有一个臀鳍。

尾椎

尾鳍
尾鳍的作用就像船舵一样。

鱼类的身体

绝大多数鱼类的内脏器官都位于身体下方的腹部，其余部位都是结实的肌肉。鱼类的身体和鱼鳍都覆盖着一层柔韧而富有弹性的皮肤，表面还覆盖着一层保护性的鳞片。

在水中呼吸

鱼类通过鳃吸收水中的氧气，并排出二氧化碳。首先，鱼类将水从嘴吞咽进去，然后流经鳃，在这里完成气体交换，最后张开鳃盖，将水排出体外。

鳃

水流　　鳃盖

然后头部摆向另一个方向，开始新一轮的波浪运动。

接着，鱼体跟随头部的方向摆动，同时摇摆尾鳍来向前运动，并准备向另一个方向运动。

漫漫归途

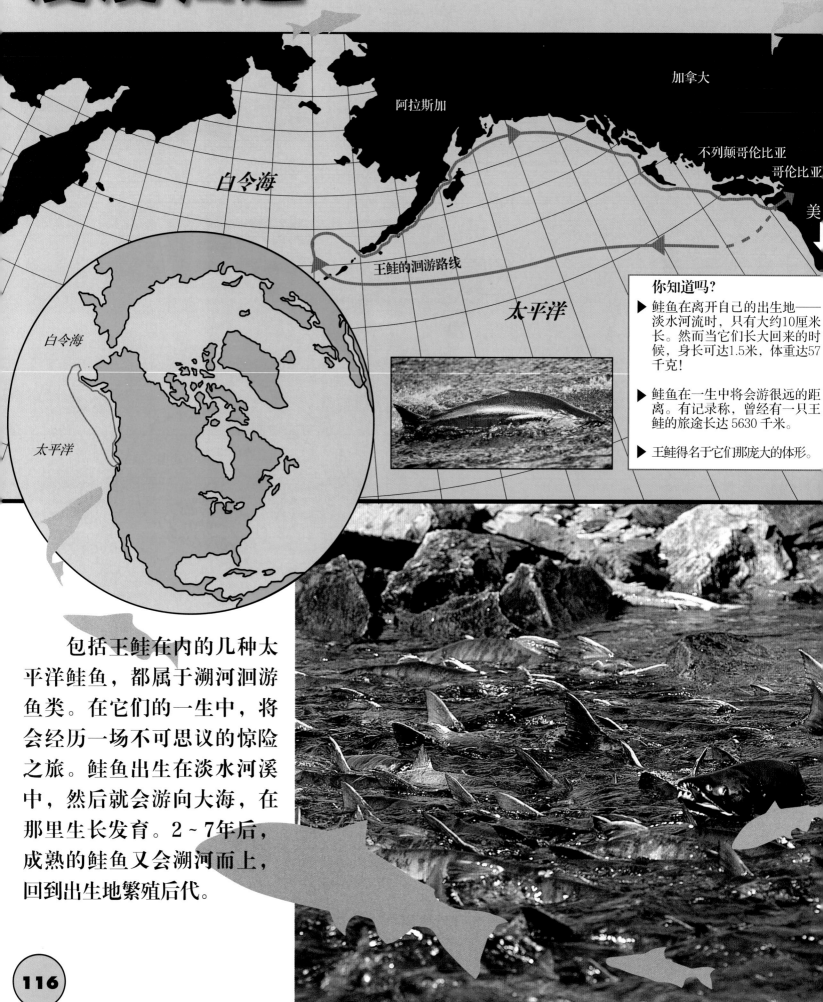

加拿大

阿拉斯加

白令海

不列颠哥伦比亚

哥伦比亚

美

王鲑的洄游路线

太平洋

白令海

太平洋

你知道吗?

▶ 鲑鱼在离开自己的出生地——淡水河流时,只有大约10厘米长。然而当它们长大回来的时候,身长可达1.5米,体重达57千克!

▶ 鲑鱼在一生中将会游很远的距离。有记录称,曾经有一只王鲑的旅途长达5630千米。

▶ 王鲑得名于它们那庞大的体形。

　　包括王鲑在内的几种太平洋鲑鱼,都属于溯河洄游鱼类。在它们的一生中,将会经历一场不可思议的惊险之旅。鲑鱼出生在淡水河溪中,然后就会游向大海,在那里生长发育。2～7年后,成熟的鲑鱼又会溯河而上,回到出生地繁殖后代。

① 我是一条雌性鲑鱼。现在我已经成年了，准备长途跋涉到遥远的出生地去产卵。没人知道我怎么找到回去的路——是根据洋流、星空、太阳的位置、地球磁场，还是靠灵敏的嗅觉？我只知道自己必须要上路了。

② 虎鲸（杀人鲸）一直在追杀我们，不过有很多兄弟姐妹逃脱了。同时，只要我们察觉到海狮靠近，就会立刻加速游走。我差一点儿就没命了，真是惊险！

③ 我们跟随洋流，每天要游超过56千米，就这样不知不觉中游了两个月。一路上我们会吃掉大量的食物，比如小鱼、小虾、乌贼等，把自己养得壮壮的。

放了我吧！

④ 一旦我们抵达河口，就开始动用储存的能量来游泳——没有时间去觅食了，我们必须一心一意地赶路。在淡水里，我的体色开始变暗，不过雄性鲑鱼的体色却变得明亮了。渔夫伺机守在河口捕捉我们。我被抓住了，不过我拼命地挣扎，终于挣脱啦！可有些伙伴就没那么幸运了……

⑤ 我用灵敏的嗅觉找到了通往河流上游的路。在拦河大坝里，人类特别修筑了"鱼道"，供我们通过。那些没有找到鱼道的同伴，就会在寻找出口的过程中因为精疲力竭而死去。

鱼类一级一级地跳上鱼道，最后通过水坝。

⑥ 太好了！尽管游了那么远，但我还拥有足够的体力跃过湍急的瀑布。可是，许多棕熊正在瀑布的顶端"熊"视眈眈。吃得大腹便便的它们，甚至只在抓到的鲑鱼身上咬一口，就扔掉再去抓另一条鱼了。白头海雕则是来自空中的危险——它们趁我们从水中跳起来的时候，猛冲下来抓住我们。

⑦ 在一阵头昏脑涨之后，我总算游过了一片浑浊的水域，这里由于漂流着被采伐的树木及挖掘自河底的泥沙，造成河水浑浊不清。万一有淤泥堵塞鱼鳃，我就会因为无法呼吸而死去。我还侥幸逃过了被工农业废弃物毒死、被漂流的伐木和搅起的碎石砸死的厄运。

⑧ 最终抵达目的地的时候，我简直是筋疲力尽了。我精心选择了产卵用的巢穴。在这里，大块的岩石是我们的遮蔽处，流水为后代提供了足够的氧气，多沙砾的河床让卵可以藏身其中，免于被捕食者吃掉。

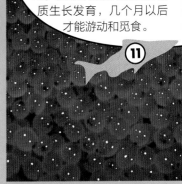

⑪ 我的鲑鱼宝宝在沙砾层下孵化出来，它们不吃不喝，仅靠卵黄囊内的营养物质生长发育，几个月以后才能游动和觅食。

⑨ 我不停地摆动身体和尾巴，在河床上挖出了一个浅坑，这就是我产卵的巢穴了。我产下大约8000枚卵，我的丈夫让这些卵受精。然后我用沙砾将这些受精卵盖好，保护我的小宝宝。

⑩ 我终于完成了一生中唯一一次繁衍后代的任务，几个星期后就死去了。

我是谁

如果你像
一只小虾一样大，
看到的水下世界是什么
模样呢? 右边的每
一幅图片都是什么
动物呢?

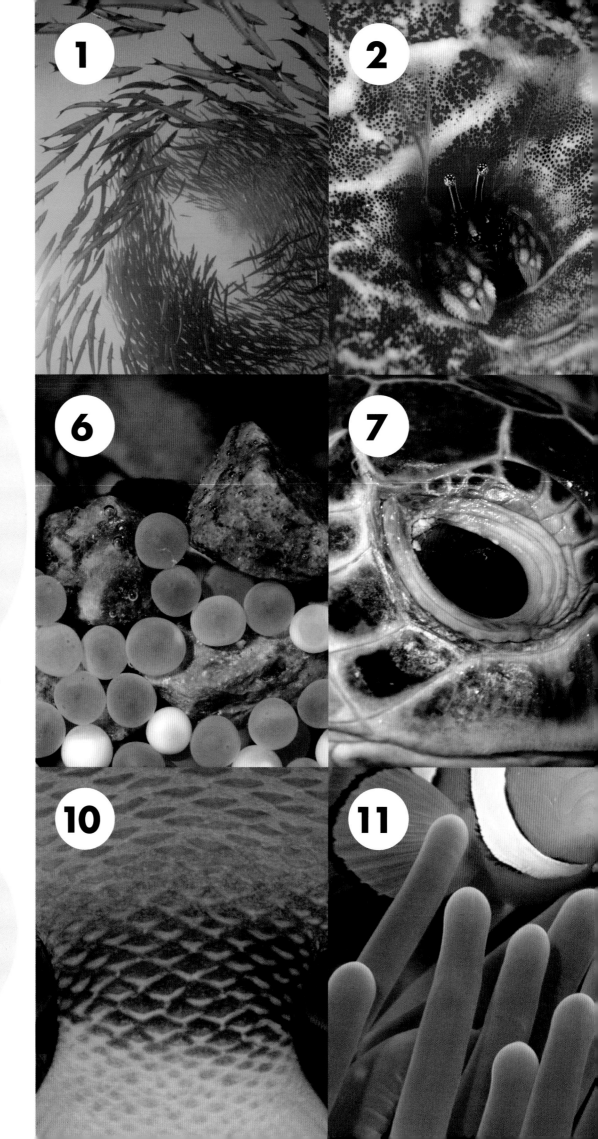

350伏

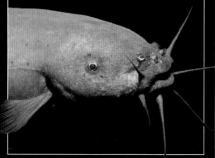

电鲶

这种鱼就像一个活电池。电鲶可以根据不同的需要控制放电的距离和强度，比如在黑暗中导航、寻找猎物或击退敌害。

200伏

电鳐

当古希腊人和古罗马人得了偏头痛时，医生开出的药方是一条电鳐。医生把活电鳐放在病人额头上，认为发出的电流能治愈头痛。实际上，电鳐电击带来的麻木感可以起到镇痛的作用，这种疗法也许真的有效。这种鱼的发电器官位于头部附近。

50伏

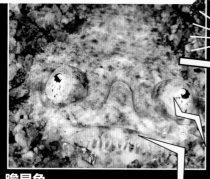

瞻星鱼

这种个头很小的鱼大部分时间都埋在海底的沙层中。虽然瞻星鱼的电压比较低，但最好别踩到它。它释放的电流（从眼睛后方发出）也足够让你跳起来。

触电的

一些鱼类的身体里有一种特殊的细胞，可以**产生电流**！它们用电流捕捉猎物、吓退敌害——也会让我们触电。

快来发现难以置信的秘密！

真相

电鳗

放电能力最强的鱼非裸背电鳗莫属了。不过，电鳗并不是真正的鳗鱼，而是属于弓背鱼。电鳗可长达2.5米，长长的、扁扁的尾巴占据了身体的大部分，发电器官就位于尾部，由三对"电池板"组成，宛如一串电池组。在搜寻猎物时，电鳗释放微弱的电信号探测，就像雷达一样。电鳗生活在光线昏暗、浑浊不清的河流中，能见度极差，好视力在这里可派不上用场。而电鳗随着年龄的增长，视力也在不断下降，更加依赖电信号探索水下世界。

高电压

650伏

电鳗释放出的强大电流比普通家用电压高出3~5倍。

海洋是"鱼吃鱼"的世界。看一看这些成对的鱼儿，找一找哪些是亲密伙伴，而哪些是彼此的仇敌。哪些鱼儿会帮助身边的朋友？又有哪些会吃掉自己的猎物？

棱皮龟与水母

敌人

咬一口
棱皮龟没有牙齿，但在咽喉处长着倒刺，用来磨碎水母等食物。

军舰鱼与僧帽水母

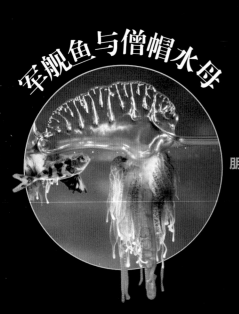

朋友

致命的触手
军舰鱼常常在僧帽水母的触须间游来游去，这样就吸引了其他鱼儿前来，成为僧帽水母的美餐。

朋友还是敌人？

鲫鱼与鲨鱼

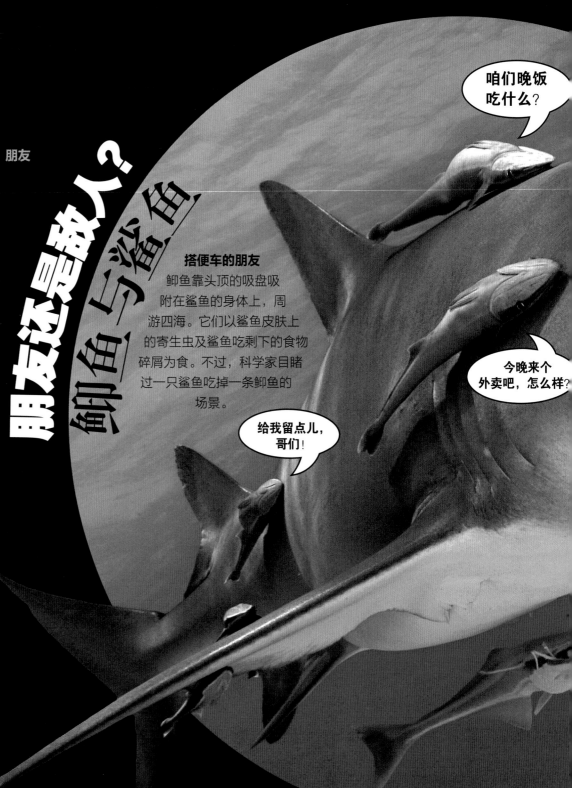

咱们晚饭吃什么？

搭便车的朋友
鲫鱼靠头顶的吸盘吸附在鲨鱼的身体上，周游四海。它们以鲨鱼皮肤上的寄生虫及鲨鱼吃剩下的食物碎屑为食。不过，科学家目睹过一只鲨鱼吃掉一条鲫鱼的场景。

今晚来个外卖吧，怎么样？

给我留点儿，哥们！

寄居蟹与海葵

朋友

活动的贝壳

一只海葵附着在一只寄居蟹的贝壳上，用自己有毒的
触手为它提供了保护；反过来，海葵也可以得到
寄居蟹吃剩下的食物碎屑，而且还能搭乘
免费的"出租车"。

帝王虾与海参

朋友

骑士向前冲

这只帝王虾趴在一只海参的背上，跟
随它从一个觅食地来到下一个觅食
地。不过，海参不能从这位搭便车的
骑手身上得到任何好处。

鲨鱼与章鱼

敌人

个头大小的问题

章鱼经常葬身饥肠辘辘的鲨鱼腹中。
不过，如果遇上一只潜藏起来的大章鱼，
就该鲨鱼小心一点儿了。大章鱼会出其
不意地袭击鲨鱼，并吃掉它们。

嗯嗯嗯嗯！
你看起来好吃极了。

虎鲸与蓝鲸

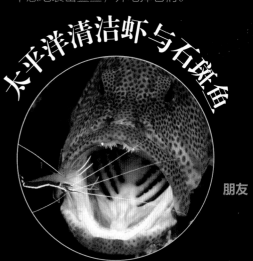

敌人

群体围猎

虎鲸没有被蓝鲸巨大的身躯吓退，它们
有时还会捕捉小蓝鲸。当虎鲸发现一对蓝
鲸母子后，就会想办法将雌鲸与幼鲸分开，
然后凶猛地攻击毫无抵抗能力的幼鲸。

太平洋清洁虾与石斑鱼

朋友

"死亡"之嘴

这只太平洋清洁虾正在石斑鱼的
嘴边爬来爬去，难道没有危险吗？
哦，原来清洁虾正在为石斑鱼清理
口腔，吃掉里面的寄生虫。

清洁站

在珊瑚礁里有一些特殊的"清洁站"，鱼儿常常是列队等待"清洁师"为自己做个全身"护理"，清除掉讨厌的寄生虫、坏死组织及黏液。而"清洁师"——那些特殊的清洁鱼和清洁虾，也在这个过程中填饱了肚子。真是两全其美的事情！

你想清洁哪里，女士？

蓝纹石鲈

请快点儿吧，寄生虫弄得我好难受！

"顾客"张大嘴巴、扑扇鱼鳍，吸引清洁鱼的注意，提醒它——"该到我了吧！"

四斑蝴蝶鱼

清洁鱼摆出特殊的姿势，表示已经准备好要开始工作了。

私人清洁师

这只小虾好像马上就要成为裸胸鳝的开胃点心了，但其实它非常安全，因为它正在全心全意地为顾客服务呢！小清洁虾会在海鳗全身上下搜索一遍，清除掉所有的寄生虫。

别担心，这张大嘴并不会闭上。其实这只巨大的石斑鱼正在让一只裂唇鱼清理它嘴里的食物残渣。裂唇鱼穿着一身黑白相间的醒目"制服"。

70%

在黑暗带海域中生活的海洋动物都能自己**发光**。

有时你看见我了，有时你又看不见我了

有些海洋动物的身体里具有发光器官，比如这只乌贼。乌贼以此躲避来自海洋深处的捕食者，当它们发光的时候，下方的捕食者会误以为这是太阳光而不是猎物。

幽幽绿光

这个烧瓶中装着一种可以发光的微小藻类。大多数会发光的海洋生物都会产生蓝绿色的光，因为这种颜色的光在水中传播的距离最远。

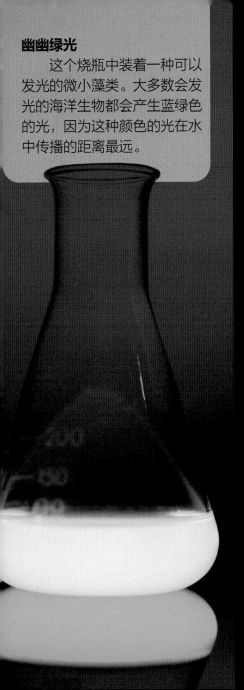

在漆黑一片的深海，很容易就能躲藏起来不让敌人发现你的踪影，不过也经常会不小心撞上其他生物。所以，生活在黑暗水域的动物们就进化出了独特的本领——拥有自己能随意控制的"灯光"，这个过程就叫作**生物发光**。

生物发光是一种叫作荧光素的化合物进行化学反应的过程。科学家认为，发光动物在黑暗中产生光亮有几个原因：有些动物利用这些光线进行交流，有些则用来吸引异性。一些鱿鱼和甲壳动物在遇到敌害时，会排出一团生物发光物质来吓退敌人。光线还能用于诱捕猎物。

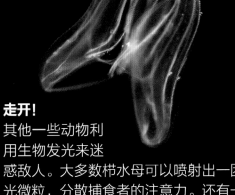

走开！

其他一些动物利用生物发光来迷惑敌人。大多数栉水母可以喷射出一团发光微粒，分散捕食者的注意力。还有一些水母的身体边缘生有成排的发光器官，突然闪烁时可以惊吓敌人，而它们在挥舞发光的触手时可以诱捕自己的猎物。

快来这儿吧！

除了四处觅食、寻找猎物，其实还有一个选择——让猎物来找你。比如深海里的鮟鱇，会利用自己身上一根发光的"钓鱼竿"或嘴里一个发光的亮点，来吸引毫无防备的鱼儿"上钩"。这种亮光也能用于寻找异性，闪烁的亮光能告诉对方自己是雄性还是雌性。

闪烁的海面

山海的水手常常在夜航时，发现船体周围的海面发出了奇异的亮光。这其实是海水中一种名为腰鞭毛虫的微小生物造成的。数以百万计的腰鞭毛虫让海水在白天看来是赤红色的（又称为赤潮），受到打扰时就会发光。到了晚上，航行中的轮船搅动了海面，刺激腰鞭毛虫发光，形成了美丽的海洋发光现象。这些生物在遇到敌害时也会发光，不过这时它们希望引来更大的捕食者，能够把危害自己的敌人抓住并吃掉。

在黑暗中生存

500米

1000米

1500米

2000米

2500米

大海深处是一个漆黑、寒冷的世界。深海的压强极大，潜水员如果没有保护措施就无法生存。这里的食物十分稀少，常常只有零星的一点儿有机碎屑。尽管如此，这里依然生活着一些十分独特的动物。

亮光

"钓鱼竿"

匕首一样
利的牙齿

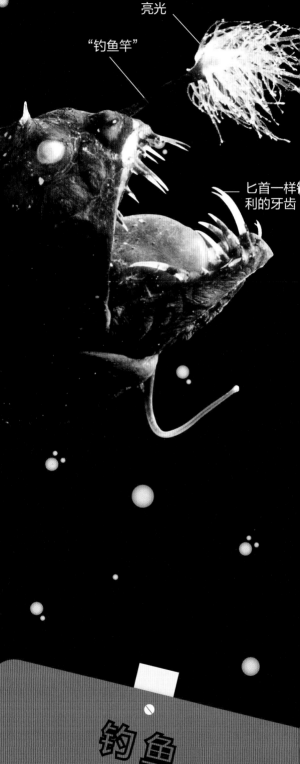

深海里的"渔夫"

　　这只长相奇特的动物叫作鮟鱇，它会用一根"钓鱼竿"及"诱饵"诱捕猎物。这根"钓鱼竿"是它头上一根突起的棘刺，末端有一盏发出蓝绿色光的"小灯"，这就是"诱饵"了。鮟鱇摇动着这团亮光，吸引不明所以的小鱼靠近，然后猛地张开大嘴将小鱼吞下。

这是美国
纽约的
帝国大厦，
高449米。

钓鱼

隐身衣

　　银斧鱼的身体两侧各有一排发光器官，发光面朝下，起到伪装的作用。原来，从海底向上看时，银斧鱼发出的光与水面上透射下来的微弱光线混为一体，让天敌发现不了它们的身影，就像"隐形"了一样。

大龅牙！

　　巨大的牙齿在深海世界算是一个优势，但这只模样恐怖的角高体金眼鲷（俗名：尖牙）显然陷入了极端。相对身体大小而言，这种动物拥有鱼类中最大的牙齿。它的下牙实在是太长了，当它把嘴巴合上的时候，下牙不得不藏在嘴里特殊的凹窝中。

海底吸尘器

　　深海海参是海洋里的清道夫，它们像吸尘器一样把浮游生物和有机碎屑扫进自己嘴里。它们也会用管足捡起海床上的残渣吃掉。这些小家伙几乎是无色的，但浑身闪烁着微弱的光。

特征

- 轻质骨骼、凝胶状组织和不发达的肌肉
- 缓慢的生活方式
- 巨大的嘴
- 具有伸缩性的胃，能装下大型猎物
- 又长又尖的牙齿，几乎可以吃掉任何东西
- 黯淡的体色，用于伪装
- 能发光，用于吸引猎物

可怕的猎手

　　这条丑得出奇的蝰鱼的脑袋和牙齿占身体的大部分，它的身体侧面和腹部布满成排的发光器官。这是深海世界中最可怕的捕食者，它会以高速向猎物扑去，并用尖锐的牙齿将其一口咬住。

辛劳的
鱼爸爸?

有些鱼类每年要产下超过200万枚卵。许多鱼卵就在海洋中随波漂浮，它们是安全地孵化成小鱼，还是被其他海洋生物吃掉，就完全靠运气了。也有些鱼父母产卵量比较少，但却精心地照料自己的后代。也许会令你大吃一惊的是，有些鱼爸爸要承担照料鱼卵的大部分重任。

爸爸"怀孕"了！
这只"怀孕"的海马不是妈妈，而是鱼爸爸。海马世界里的性别角色是颠倒的，只有雄性海马才有育儿袋。雌海马将卵产在雄海马的育儿袋里，雄海马则在孵化期间保护这些受精卵。在8~10天之后，雄海马挤压育儿袋口，生下自己的海马宝宝。

保卫家园

这只刺鱼尽职尽责地保卫自己的受精卵。它建造了一个舒适的巢穴，供一位或更多的鱼妈妈产卵。在之后的两个多星期的时间里，它不吃不喝，一直在巢穴附近"巡逻"，驱赶入侵者，直到幼鱼全部孵化出来。

含在口里

这只后颌鱼好像把自己的后代吃掉了！其实不是这样的。这种鱼类属于口育鱼。雄性后颌鱼把雌鱼产下的卵全部衔入口中，让受精卵在自己的嘴里安安稳稳地孵化。在幼鱼孵化出来之前，雄性后颌鱼完全不吃不喝呢。

头

尾

包裹起来

仔细看一看，你会发现这只隐棘䲁鱼用尾巴把鱼卵包裹得严严实实。雌鱼将卵产在雄鱼的尾巴上，然后雄鱼就会把尾巴弯折起来，精心保护这些卵，直到幼鱼孵化。

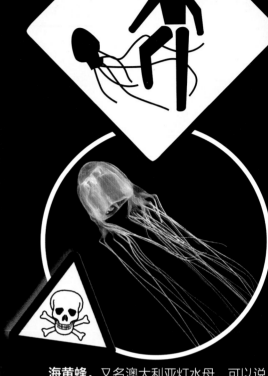

海洋生物造成的非常常见的伤害之一就是有人不小心踩到一只浑身是刺的海胆！在野外，被海胆刺伤通常会带来严重的疼痛或感染，如果有些刺留在了伤口里，情况会严重得多。

海黄蜂，又名澳大利亚灯水母，可以说是毒性最剧烈的海洋生物。它们生活在澳大利亚的河口与沿海水域，能长到水桶那么大，长长的触须可达3米。任何碰触了这些触须的生物，都会被注入一种毒液。这种毒液能引起剧痛、呼吸困难、呼吸骤停，甚至致人丧命。

火珊瑚其实并不是珊瑚——它看起来像是珊瑚，而且也生活在珊瑚礁里，但它实际上和水母是亲戚。这种动物长着小得几乎看不见的触手，潜水员常常会不小心触碰到它们。在四五分钟之内，碰到火珊瑚的部位就会又红又痒，有时还会感到全身都不舒服，淋巴结也会肿大，甚至还会引发严重的过敏反应。

蓝灰扁尾海蛇的毒性要比眼镜蛇高出好几倍。它们一般在夜间游到海岸边活动。大多数被蓝灰扁尾海蛇咬伤的人都是渔民，他们常常在清理缠在渔网上的海蛇时被咬伤。海蛇咬出的伤口很小，也不太疼，常常被人忽视，到发现的时候就已经太晚了。

水中的

有些海洋生物的自卫武器，会让被伤害者

世界上的鳐虹鱼类**超过250种**，其中虹类有10个科。这些虹鱼的尾部长有含剧毒毒液的棘刺。2006年，澳大利亚自然学家斯帝夫·欧文就是因为被一条虹鱼的毒刺蜇入心脏而去世。

蓝环章鱼通过咬啮并注入毒性极强的毒液杀死猎物——这种毒液也能在15分钟内杀死一个成人。好在这种章鱼并不是特别具有攻击性，只有在把它激怒了的情况下才会咬人。"蓝环"这个词可不仅仅是为了给这种章鱼起一个标新立异的名字，而是因为在受到威胁时，它的身体马上就会变成明亮的彩虹色，并布满一个个蓝色环状花纹，用来警示和吓退敌人。

人类对鲨鱼的伤害远比鲨鱼对人类的伤害多得多。已知只有少数鲨鱼种类会袭击游泳者和潜水员。其中最著名的要算大白鲨了，它们那满口尖锐的巨大白牙简直令人不寒而栗。大白鲨通常以大型海洋哺乳动物为食，但它们有时也会错把人当作自己的猎物。

棘冠海星是体形排行**世界第二**的海星，直径可达60厘米。它有13~16条触腕，上面覆盖着尖锐的毒刺。如果你不小心踩到了一只棘冠海星，脚上的伤口很快就会红肿起来，而且持续几天甚至几周也不消退——淋巴结也可能肿大，而且还会恶心、呕吐。

玫瑰毒鲉又叫石头鱼，得名于它与栖息环境中的石块完美融合的**伪装**本领。它的毒性强烈，背上尖锐的毒刺能扎穿坚韧的皮鞋！如果被刺伤后不进行治疗，毒液不仅会造成延续数月的剧烈疼痛，而且还会导致人体组织坏死，最后的结果就是截肢，甚至死亡。

危险

疼痛难忍，甚至危及生命！

蜇人的生物

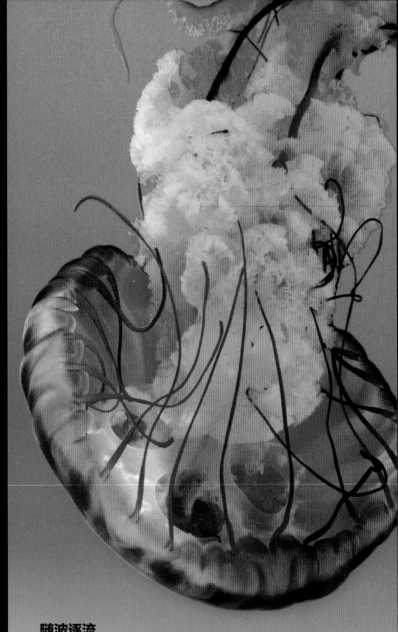

水母（以及它们的近亲——在海面上漂浮的僧帽水母）看起来都非常柔美、脆弱。不过，它们那长长的触须里其实包含着毒刺。虽然不是所有的水母都是致命的，但还是发生过因水母蜇人而致人死亡的事件。它们有时会聚集成大群，形成泛滥成灾的"水母潮"。

随波逐流

水母大多数时间都在洋流中漂浮。它们能通过收缩和扩张身体而喷射水流，从而推动自己前进。

我们是好朋友

非常安全

这些小鱼并没有被这只致命的水母毒杀——它们不是猎物，而是朋友。因为这些小鱼的身体表面覆盖着一层保护性黏液，因此能安全地碰触水母的触须而不受伤害。水母反而为小鱼提供了一个安全的避难所，谁还敢靠近这些小鱼呢？

警告 !

如果你在一片海滩上看见这个标志，说明"小心，此处有水母出没！"。甚至那些被冲上海滩的、已死亡的水母依然能蜇人。

灯水母的毒素能在几分钟的时间里致人丧命。

没有灭绝 水母已经在海洋中存在超过 5 亿年了。它们比恐龙出现得还早，而且至今依然存在！

没有大脑 水母没有大脑。但是，水母也有着原始的神经系统，帮助它们探寻猎物、躲避危险。

师子的鬃毛

狮鬃水母的有刺触须可以长达 30 米，看起来乱糟糟地绞缠在一起。如果一条鱼不小心撞上了狮鬃水母，它的触须就会立即释放出一种麻痹性的毒液，然后狮鬃水母就会吃掉失去知觉的猎物。

僧帽水母

这个剧毒的家伙是水母的近亲，不过它并不是一种动物，而是由许多小型海洋动物组成的群落。这些小生物聚集在一个漂浮在海面上的气囊下，随波漂荡。

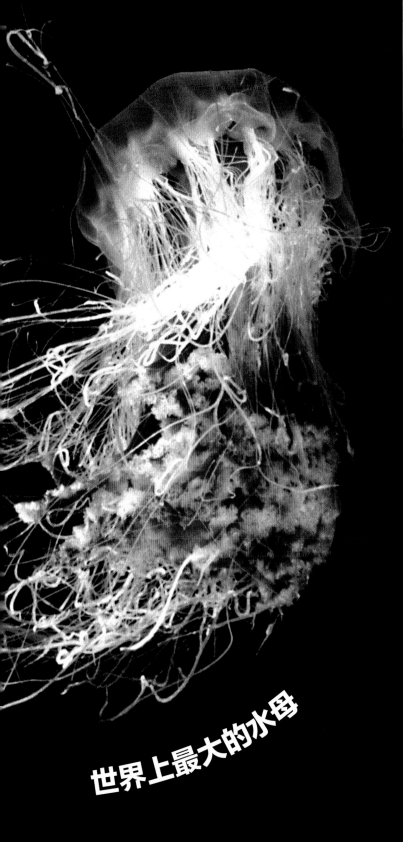

释放之前

表面细胞
盘卷的刺丝
刺细胞

释放之后

打开的刺丝
倒刺

致命的"飞镖"

水母有着微小的刺细胞（见放大图）。当碰触到猎物或敌人时，每一个刺细胞都会射出一条有毒的刺丝，就像一个微型的鱼叉一样，这些刺丝能刺入猎物或敌人的表皮。

世界上最大的水母

没有眼睛 水母没有真正的头或眼睛，但它们的伞体边缘处分布着一些感光细胞。水母能分辨光亮和黑暗，并向光亮处游去。

没有内脏 不仅如此，水母还没有心脏、骨骼和血液！水母的身体结构异乎寻常——它们似乎就是一袋子水！不过，构造如此简单的水母也会让游泳者和潜水员感到恐惧。

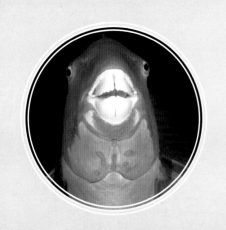

这个可爱的小家伙是谁？

鹦嘴鱼是一种**热带**鱼类。它们生活在红海、印度洋、太平洋、加勒比海的**珊瑚礁**区域。为什么叫鹦嘴鱼呢？原来它们的牙齿又长又大，而且排列得非常**紧密**，看起来好像就是上下两颗大板牙，如同**鹦鹉的喙**一样。有些**种类**的**鹦嘴鱼**可以长得非常**巨大**。

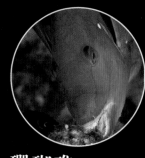

鹦嘴鱼过着忙忙碌碌的生活，它们大部分时间都在啃食珊瑚礁上的海藻。让我们来看一看吧！

珊瑚礁 鹦嘴鱼的主要食物是珊瑚礁表面的海藻，它那张鸟喙一样的嘴在刮取海藻的时候可派上了大用场。鹦嘴鱼成了珊瑚礁的海藻"清洁工"，防止藻类疯长、堵塞珊瑚礁。

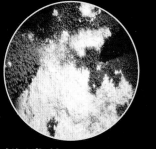
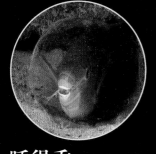
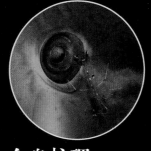

排泄物 隆头鹦哥鱼在觅食的时候，用坚硬无比的牙齿刮下小块珊瑚礁石咽进肚了。等到排泄出来的时候，这些碎礁石就成了细沙。加勒比海沙滩的形成也有这些鹦嘴鱼的一份功劳呢！

睡得香 有些鹦嘴鱼晚上睡觉时还会穿上"睡衣"！那其实是它们的分泌物形成的一个透明黏液袋，自己就舒舒服服地裹在里面。人们认为这件"睡衣"能保护睡梦中的鱼儿。

全身护理 和在珊瑚礁中生活的许多其他鱼类一样，鹦嘴鱼也会请清洁虾来为自己除去眼睛和嘴巴里的寄生虫、坏死组织。**这种清洁工作可以减少感染和疾病的发生。**

是男还是女? 鹦嘴鱼成熟的时候可以转换性别。如果一群鹦嘴鱼中的雄性首领死去了，其中的一只雌性鹦嘴鱼就会变成雄性。而在需要的情况下，**它还可以再变回来。**

美味 烹调之后的鹦嘴鱼是一道有益健康的美味佳肴。然而，由于人们的过度捕捞，已经打破了鹦嘴鱼种群的生态平衡。

隆头鹦哥鱼是世界上体形最大的鹦嘴鱼，它们对潜水员的造访总是泰然处之。

刺儿头

这只刺鲀有它御敌的秘密武器。在受到威胁时，它会迅速鼓成一只"刺球"——足以让任何天敌倒胃口。

我会喝下许多海水，让身体膨胀到日常状态的2~3倍大。这时我的表皮绷紧了，所有棘刺也就竖立起来了。

日常状态

在缓缓游动着休息时，刺鲀身上的硬棘平服地紧贴在身体上，让它看起来像毫无反击能力的"小可爱"。

但是捕食者可要当心哦！

一旦刺鲀被突如其来的天敌咬在嘴里，它马上就会鼓起身体，竖起硬刺。唉哟！

也许我看起来非常可爱、弱小······

膨胀起来

　　刺鲀并不是一下子就鼓成圆球，而是不停地吞咽海水，将富有伸缩性的胃撑大，在几秒钟之内变成一只圆鼓鼓的"气球"。在肚子膨大的同时，它的脊柱也随之弯曲。危险解除之后，刺鲀就吐出海水，还原成平时的模样。

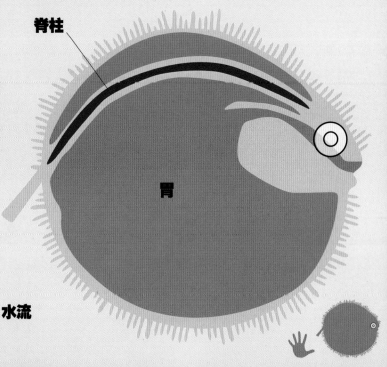

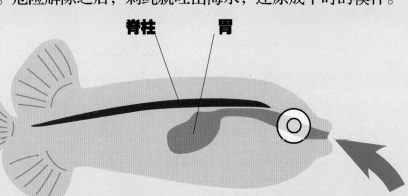

脊柱　　胃

水流

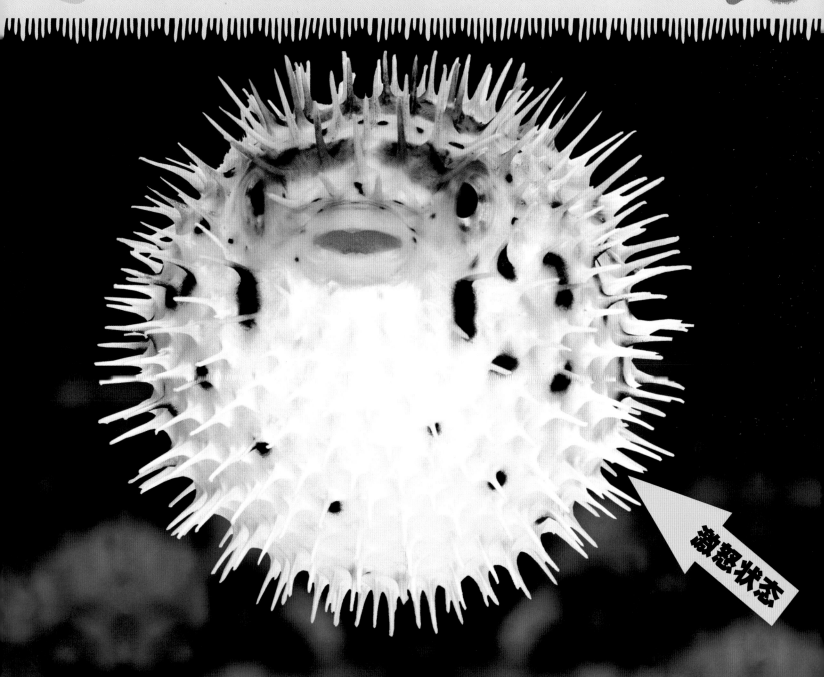

激怒状态

但是千万别惹我生气！

浮上水面
呼吸空气

鲸的呼吸孔位于头顶，能迅速吸入、呼出大量的空气。一头鲸喷出气流的速度可以达到480千米/时，其中蕴含的水蒸气转化成小水滴，能形成高达9米的喷水柱。

鲸会淹死吗？
虽然听起来有点不可思议，但答案确实是"鲸有可能淹死"。虽然海洋哺乳动物，比如鲸与海豚，终生生活在海洋中，但它们却依然需要浮出水面呼吸空气。鱼类通过鳃从水中获取氧气，而哺乳动物的呼吸器官则是肺。鲸和海豚间隔一段时间就会浮出水面呼吸空气，然后再潜入海中。

鲸在潜入水下时，呼吸孔周围的瓣膜紧紧关闭，防止海水进入。

鲸的呼吸中带有一股**刺鼻**的鱼腥味。

呼 呼 呼 呼 呼 呼 呼 呼 呼

自由潜水运动员泰雅·斯特里特可以在水下屏气 **6 分钟**！

屏住呼吸

你能屏气多长时间？
也许是 **30秒钟**？海洋哺乳动物中的屏气冠军是柯氏喙鲸，它可以一口气潜入 2000 米深的海底，屏气时间长达 **85分钟**。

大脑的控制

人类的呼吸运动由大脑自动控制，包括入睡以后。而鲸和海豚则必须加倍小心。它们不能睡熟，要不然就会停止呼吸。因此，当它们漂浮在水面上或在浅水处缓游时，就会抓紧时间打个盹儿。当鲸和海豚休息时，它们的左右大脑半球会交替保持清醒，以便控制呼吸运动。

空气供给

有些鲸（比如下图中的虎鲸）生活在极地地区，有时会因为海面结冰而不能浮上水面呼吸。它们不得不寻找冰面上的裂缝以供呼吸之用。生活在北冰洋的露脊鲸则很少遇到这种麻烦，它们有着庞大的头部，能穿破厚达30厘米的冰层，为自己开凿呼吸孔。

呼……我要上去透透气！

141

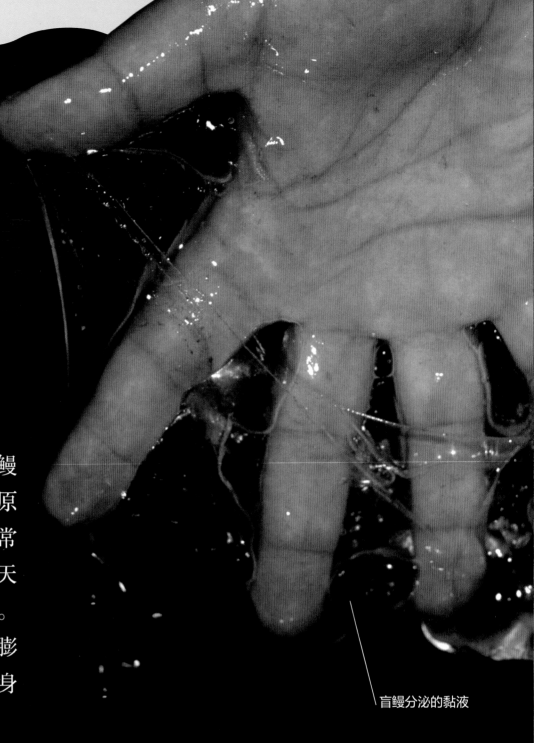

救命的黏液

盲鳗遍体白色，形似鳗鱼，几乎没有视觉，是一种原始的脊椎动物。它们有着非常独特的防身之道，一旦遭受天敌袭击，就会分泌一种黏液。这种黏液能迅速吸收海水，膨胀形成凝胶状物质，在它的身体周围产生一个黏液茧。

盲鳗分泌的黏液

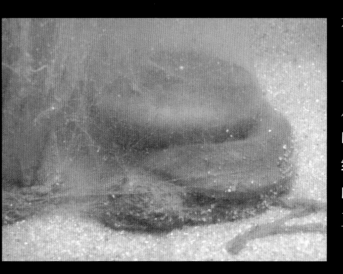

有多少黏液？

在短短几分钟之内，一只成年盲鳗就能分泌出足够将一大桶水变成凝胶的黏液。这种凝胶就像墙纸胶一样，能阻塞住天敌的嘴、眼、咽喉及鳃，甚至致其窒息死亡。

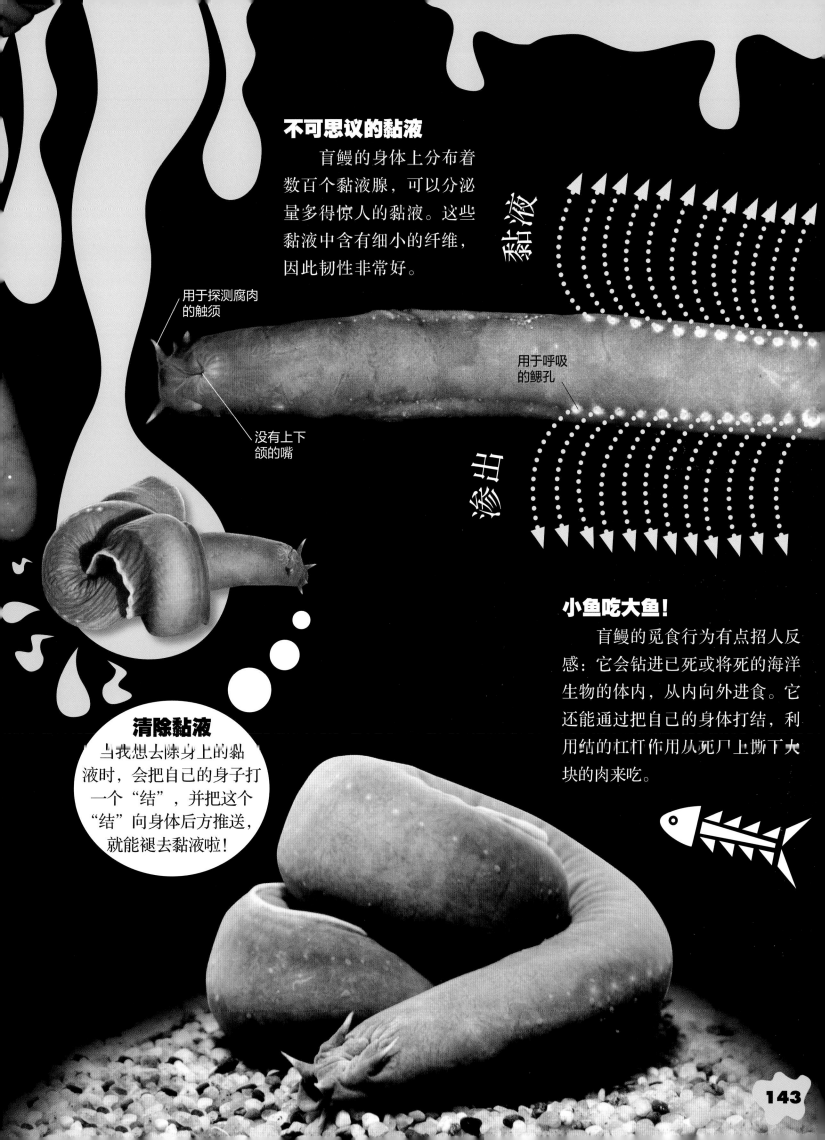

不可思议的黏液

盲鳗的身体上分布着数百个黏液腺，可以分泌量多得惊人的黏液。这些黏液中含有细小的纤维，因此韧性非常好。

黏液

渗出

用于探测腐肉的触须

没有上下颌的嘴

用于呼吸的鳃孔

小鱼吃大鱼！

盲鳗的觅食行为有点招人反感：它会钻进已死或将死的海洋生物的体内，从内向外进食。它还能通过把自己的身体打结，利用结的杠杆作用从死尸上撕下大块的肉来吃。

清除黏液

当我想去除身上的黏液时，会把自己的身子打一个"结"，并把这个"结"向身体后方推送，就能褪去黏液啦！

小心！

扣动扳机！

体色艳丽的扳机鱼（又名鳞鲀、炮弹鱼）是珊瑚礁里的常见鱼类。它们有着扁平的身体，高高长在头顶的小眼睛总在骨碌碌地转动着。顾名思义，扳机鱼得名于背鳍棘刺的扳机结构。

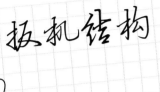

图1　图2　图3

当第一根大棘刺竖起时，小一点的第二根棘刺（"扳机"）就会提起，并把大棘刺牢牢地锁定在竖起状态（图1）。只有当"扳机"压下后，第一根棘刺才能活动（图2）。最后两根棘刺都放平（图3）。

被锁定的棘刺
这根粗大的背鳍棘刺被锁定在竖立的状态。

避难所
这条扳机鱼正在寻找一处安全洞穴。它的滑溜溜的身体能轻松挤入狭窄的裂缝内。

强壮的颌
扳机鱼有着异常强健的上下颌。

坚韧的体表
扳机鱼体表覆盖着坚韧的鳞片，如同一层装甲板。

为了躲避捕食者，扳机鱼会钻进岩石或珊瑚礁的裂隙和洞穴中。它们竖起背上的第一根棘刺，然后第二根棘刺作为"扳机"从后提起，锁定第一棘刺的位置。这些粗大的棘刺会把扳机鱼牢牢地固定在洞穴里，让捕食者无法将它们拖出去。

活动领域

困惑的小丑？
小丑扳机鱼好像无法对任何一种美丽的图案"忍痛割爱"，只好全部长在身上啦！

"气鼓鼓"
蓝纹扳机鱼为了捕食长满棘刺的海胆，会吹出水流，让海胆被水流冲翻，露出无刺的底部。

嘎吱嘎吱！
泰坦扳机鱼能咬碎贝类坚硬的外壳，吃到鲜美的贝肉。

禁止 入内

牙齿用来

潜水员经常在珊瑚礁附近遇到扳机鱼。他们需要小心的不是扳机鱼的棘刺，而是它们的牙齿。扳机鱼的嘴很小，但是牙齿可是异乎寻常的大！这些鱼类以长着坚硬甲壳的动物为食，比如海胆、螃蟹、龙虾、海螺等。所以，如果潜水员惹怒了它们，它们能轻而易举地咬穿潜水服。一些潜水员的耳朵、手指、脚上都留下了扳机鱼的牙印！

咬！

锥形领地

扳机鱼尽职尽责地守卫着自己的筑巢领地，领地起始于巢穴，并向上延伸，形成一个倒锥形区域。如果潜水员游经此处，会激怒扳机鱼，向上游的话可能会引起追击。最好的逃脱方法是向侧面游，远离巢区。

群游

大多数的鱼类都喜欢集群。有些鱼类还会组成一个庞大的群体，比如太平洋中的金梭鱼和六带鲹。在群体中更安全，毕竟超过 200 双眼睛要比一双眼睛更容易发现逼近的敌人。

苹果一样大的眼睛

座头鲸非常庞大，可以长到15米长，不过它游起泳来却非常敏捷。与身体相比，座头鲸的头特别大，而且还长着个又长又大的下颚。

尽管鲸体形巨大，但它的眼睛只有苹果般大小。

濒临灭绝的动物——谁

很多海洋生物的生存**正受到威胁，**从**濒危**到**灭绝**。

俗名：**海鬣蜥**
学名：*Amblyrhynchus cristatus*
受危状态：易危
　　这是世界上唯一生活在海里的蜥蜴，栖息在加拉帕格斯群岛。然而它们现在常常被岛上移民者带来的猫和狗捕食。

俗名：**大西洋鳕鱼**
学名：*Gadus morhua*
受危状态：易危
　　你吃过鳕鱼吧？这种著名的食用鱼曾经一度资源丰富，然而大规模捕捞造成了数目减少。20世纪90年代，过度捕捞使大西洋鳕鱼种群数目锐减，至今还没有恢复。

俗名：**大白鲨**
学名：*Carcharodon Carcharias*
受危状态：易危
　　尽管是海洋中最危险的鱼类，这种令人恐惧的顶级捕食者并不像你想象的那样所向无敌。大白鲨望而生畏的形象反而让它成了一些休闲钓鱼活动的活靶子，还有些人为了得到大白鲨的牙齿、下颌及鳍而捕杀它们。

俗名：**蓝鲸**
学名：*Balaenoptera musculus*
受危状态：濒危
　　这个星球上最大的动物——蓝鲸，差点在20世纪上半叶被人们捕杀殆尽。从20世纪60年代开始，蓝鲸受到法律保护，但只剩下不到5000头了。

俗名：**南美长吻海豚**
学名：*Sotalia fluviatilis*
受危状态：不明
　　南美长吻海豚生活在南美洲北部区域的海岸边和河口水域。这种小型海豚受到了渔网、旅游船只及河流污染的威胁。

即将消失？

原因包括**栖息地的丧失**、污染、**过度捕捞**、外来物种**入侵**等，归根到底都是由**人类**引起的。

俗名：**库达海马**
学名：*Hippocampus kuda*
受危状态：易危
　　这种生物正面临着过度捕捞的危险——为了满足观赏鱼贸易和传统医药市场的需求。

俗名：**矛尾鱼**
学名：*Latimeria chalumnae*
受危状态：极度濒危
　　1938年，在科摩罗群岛，人们发现了一只被制成标本的鱼类，经过鉴定就是腔棘鱼的唯一现生代表——矛尾鱼。这激起了人们寻找这种"活化石"的努力。目前，已有好几百条腔棘鱼遭到捕杀。人们还在印度尼西亚的苏拉威西岛捕到过它们。

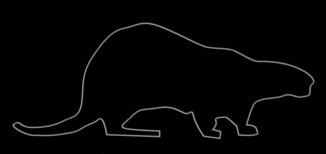

俗名：**海獭**
学名：*Enhydra lutris*
受危状态：濒危
　　海獭是生态系统中重要的一环。它们以海胆为食，而海胆是海洋中的"害虫"，会破坏其他生物赖以为生的巨藻林。

俗名：**玳瑁**
学名：*Eretmochelys imbricata*
受危状态：极度濒危
　　由于人们垂涎它们的肉和美丽的甲壳，这种海龟遭到大肆捕杀。漫长的生命周期和缓慢的繁殖速率更将它们推向灭绝的边缘。

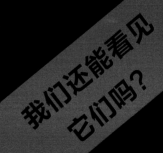

我们还能看见它们吗？

鱼儿的交流

谁在说话？

鱼类可能不会举办茶话会，但它们确实能通过一系列声音彼此交流。它们能告诉对方到哪里寻找食物、警告陌生闯入者、寻找配偶、确认其他动物是朋友还是敌人。

唧唧，唧唧，唧唧，唧唧。

黄鱼和斑高鳍石首鱼都属于石首鱼，在繁殖季节，这类鱼能发出响亮的"鼓声"。和雀鲷一样，石首鱼也是通过振动鱼鳔发出特异的声音。

有些种类的**扳机鱼**在受到威胁时，会发出"咕噜声"或"犬吠声"。

雄性雀鲷具有极强的领地性。当它们追赶入侵者（或争夺配偶的其他雄性）时，会发出"唧唧""啪啪"的声音。当它们想吸引雌性时，只会"唧唧"发声。当雌性雀鲷受到威胁时，也会发出"唧唧"和"啪啪"的声音。雀鲷是通过特殊的肌肉来振动鱼鳔（体内的空气囊，用来帮助鱼体保持平衡）发声的。

嗷嗷。

啪啪，啪啪。

噪音

石鲈通过摩擦两颗后牙，能发出像猪一样的"哼哼"声。这种鱼类的鱼鳔能起到共鸣腔的作用，把声音放得更大。

呼

轰隆隆

噜

哼哼。

呼

咯咯，
咯咯。

毒棘豹蟾鱼在求偶时，雄鱼利用一种响亮的"隆隆"声（类似轮船鸣笛的声音）吸引雌鱼。它们也是振动鱼鳔发声的。有些人觉得这种声音很像地铁经过时发出的噪声！

噜

呼

海马和海龙会发出"咯咯"声，这是求偶仪式的一部分。它们通过摩擦头部顶端的两块骨骼，发出这种声音。

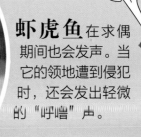

虾虎鱼在求偶期间也会发声。当它的领地遭到侵犯时，还会发出轻微的"呼噜"声。

鲱鱼将鱼鳔中的气体通过肛门排出体外（有点像把鱼鳔当作整蛊玩具放屁垫），发出高频的"放屁声"。鲱鱼只在天黑之后才发声，因此，它们发声可能是为了在看不见的情况下，利用声波寻找群体中的其他成员。

对不起！

改变

驾手

澳大利亚巨乌贼能长到近1.5米长。到了繁殖季节，它们就会集中在浅水区。这只雄乌贼为了吸引雌乌贼的注意，正在表演一场令人印象深刻的"色彩秀"。

乌贼的皮肤下面有特殊的色素细胞，能立即变换体色适应环境，还能展现出在我们看来简直是如梦似幻般的表演。雄性乌贼在争夺配偶时，体表会出现不断闪烁的鲜明彩色条纹。

1 一只乌贼天衣无缝地伪装在背景里。

2 现在它准备改变体色了……

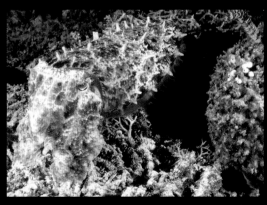

3 它的轮廓也渐渐清晰起来……

颜　色

这两只乌贼友好地依偎在一起，其中一只乌贼的触手仿佛正在轻轻"抚摸"另一只乌贼。不过，这些乌贼的外层触手下隐藏着一对"致命武器"——能伸长的触手，可以对毫无防备的鱼类和螃蟹发起突然袭击，把它们捉住并塞入口中。

乌贼不仅为了吸引异性而改变体色，它们还会为了……

伪装自己……

表现情绪……

迷惑敌人……

乌贼的视力很好，而且具有双眼视觉（立体），因此，它们主要靠眼睛发现猎物。乌贼在遇到威胁时会喷出一股墨汁，用来迷惑敌人，并让自己有逃跑的机会。

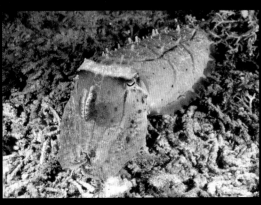

4 更加清晰……

5 更加清晰……

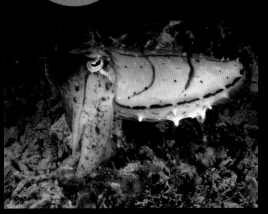

6 这场转变仅仅发生在几秒钟的时间里。

世界之最

游泳冠军 **虎鲸**和**无喙鼠海豚**在水中的游速都能达到56千米/时。它们是世界上游得最快的哺乳动物！虎鲸还拥有世界上最大的海豚类动物的头衔。

最深的　　　最小的　　　最吵的　　　最快的

游得最快的鱼

平鳍旗鱼 这是世界上短距离游泳速度最快的鱼类——经测定它们的最高时速可以达到110千米。相比之下，猎豹的最高时速才100千米。

最大的水母

狮鬃水母 这是世界上最大的水母，生活在北大西洋、北太平洋、欧洲北部海岸的寒冷水域。它们的伞盖直径可达2.5米，触手长度可达37米。

最大的甲壳动物

巨型蜘蛛蟹 这种螃蟹生活在日本附近的太平洋海底。它的足距通常在2.5~2.75米，而最高纪录为4米，重19千克。

蓝鲸能潜入水下200米深的地方。蓝鲸将巨大的尾巴抬出水面，然后利用强有力的背部肌肉推动自己下潜。

最大的无脊椎动物

大王酸浆鱿 大多数乌贼的体长在60厘米以下，而大王乌贼可以长到13米长。但更大的乌贼在2003年被发现了——大王酸浆鱿，这种巨型乌贼能达到14米长，成为现存最大的无脊椎动物。

活得最久的鱼 **阿留申平鲉** 人们很难知道野外生活的鱼类到底能活多少年——只能通过给它们做标记，或通过鱼鳞和耳骨上的生长环推测它们的年龄。通过这样的方法，人们发现，生活在太平洋的阿留申平鲉的寿命能达到205年。

阿留申平鲉

最吵的　最深的

最值钱的
鱼

欧洲鳇 这种鲟鱼的鱼卵经过清洗、晒干或盐腌，可以制成鱼子酱——世界上最昂贵的食品之一。1924年，人们捕到一条雌性欧洲鳇，用它体内的鱼卵制成了245千克的顶级鱼子酱，在今天价值超过100万英镑（约1000万人民币）。

最小的
鱼

胖婴鱼 这种世界上最小最轻的海生鱼类（同时也是已知最短的脊椎动物），生活在澳大利亚的大堡礁。目前一共只发现了6只。雄性只有大约7毫米长，雌性要稍微长一些。

最毒的
鱼

纹腹鲀 生活在红海和印度洋，它的肝脏中含有剧毒。在日本，这种鱼类的鲜肉被人们做成生鱼片，尽管品尝这种美味要冒着中毒、死亡的危险。

最深的
地方

马里亚纳海沟 位于日本附近的太平洋，深度达11千米。这里是全世界海洋的最深区域。

最长的　最大的

最大的
贝类

砗磲 1965年，人们发现了长达137厘米的砗磲。1917年也曾发现过长达120厘米，重达263千克的砗磲。

最远的
飞行

飞鱼 并不是真正在飞，而是利用宽大、强健的鳍划破水面、在空中滑行。借助风力和洋流，有些飞鱼能滑翔200米远，离开水面10米高。

最吵闹的
海洋生物

蓝鲸、长须鲸、北露脊鲸 这些动物发出的低频声波可以有186~189分贝，是地球上的生物所能发出的最大声音。相比之下，一架喷气式飞机起飞时的噪声才120分贝。

最长的
蠕虫

鞋带虫 最长的海洋蠕虫，也可能是世界上最长的蠕虫。它们生活在北海的浅水区。1864年，人们在海滩上发现了一只被冲上岸的鞋带虫，体长超过55米。

最大的
动物

蓝鲸 不仅是海洋中最大的生物，也是全世界最大的现存动物。1926年，人们在设得兰群岛附近捕获了一头蓝鲸，体长达33.6米。它的心脏有一辆小型汽车那么大，舌头上可以站足足50个人！

寿命最长的生物 **北极圆蛤** 2007年，人们在冰岛北海岸80米深的水下采到了一只圆蛤，经过测定，科学家估计这只圆蛤已经活了405~410年。它可能是世界上活得最长的生物了！

北极圆蛤

最小的　最快的　最长的　最大的

小小 漂流家

随波逐流

浮游生物的名字来源于希腊语中的"漂浮"。这也正是浮游生物的真实写照——在洋面上自由漂浮、随波逐流。

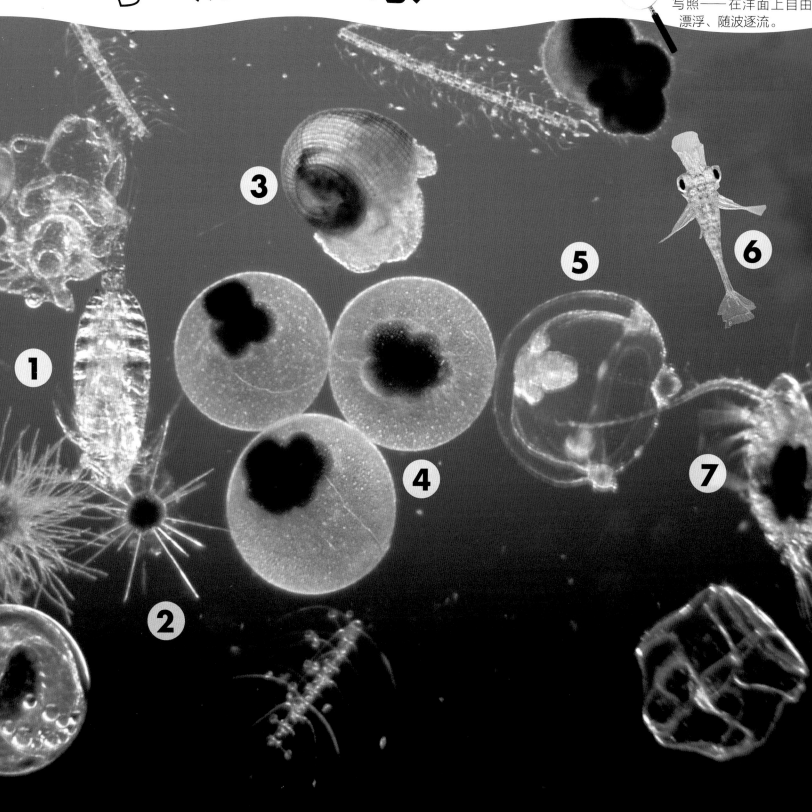

海洋中的阳光带生命繁多。在表层水域中，暗藏了**无数**你用肉眼**看不见**的微小动物、植物、微生物——统称为**浮游生物**。这些小生命一生都在洋面上漂游。

1. 海参幼体 **2.** 放射虫 **3.** 海螺幼体 **4.** 鱼卵 **5.** 水母 **6.** 虾幼体 **7.** 桡足动物

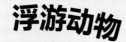

浮游植物

浮游植物是生活在海洋表层的微小植物。它们利用阳光进行光合作用，产生赖以为生的能量。它们也会从海水中吸取营养物质供自己所需。主要的浮游植物包括硅藻、甲藻和蓝藻。

浮游动物

浮游动物是随波漂浮的微小动物，从水母到单细胞动物都属于此列。浮游动物可以分为两大类：永久性浮游生物一生都过着浮游生活，比如磷虾和桡足动物；阶段性浮游生物则包括鱼类、甲壳类及其他海洋生物的卵和幼体，这些生物最终会长成自由游泳类或底栖类的成体。

浮游细菌

这些微生物在生态系统中扮演着重要的角色——它们能分解有机物、促进物质循环。

如果粉笔会说话

这些陡峭的悬崖竟然是由死去的浮游生物残体构成的！石灰石和白垩（用来制造粉笔的矿物）正是远古时期微小的动植物残骸形成的。当这些小生物死亡后，它们的残骸沉入海底。经过数百万年的时间，最终就形成了这些悬崖。

泛滥成灾

当海水中营养丰富时，浮游植物的数量就会猛增。大面积的藻华，甚至在太空中也能看见。右图为爱尔兰的西海岸，图中淡蓝色的区域就是藻华。

浮游植物

浮游动物

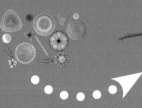

鲱鱼

海狮

虎鲸

环环相扣

浮游生物是海洋食物链的起点。浮游植物和浮游细菌从海水中汲取营养，供自己生长。然后它们被浮游动物吃掉。浮游动物又成为小鱼和鱿鱼的食物。小鱼和鱿鱼又被更大的动物吃掉，比如虎鲸或大白鲨。

159

虫

大约在4亿年前， 一些小虫从海洋登上了陆地，成为史上**最早的陆生动物**，它们就是今天的**昆虫、马陆**及**蜘蛛**的祖先。

从那之后又过了大约**3.98亿年，人类**才出现。即使有一天，地球上的人类和所有大型动物都**消失**了，这些体形微小的虫子仍会继续生存下去，延续生命的力量。

但是，如果**虫子**消失了，那我们的世界将会**崩溃**。没有蜜蜂或其他昆虫给**花朵**授粉，庄稼将颗粒无收，人类就会陷入**饥荒**；**没有**甲虫和苍蝇来**清除**垃圾，那么到处都将堆满动植物的尸体和**粪便**。那些在花园里**飞舞**的、从天花板上**爬过**的、**"嗡嗡"**地围绕在我们身边的小生物们真的**非常重要**！它们是地球生态系统中**必不可少**的一部分。

节肢动物
＝"附肢分节"动物

昆虫、**蜘蛛**及其他**令人毛骨悚然**的小虫都被**称为节肢动物**。

"节肢"的意思就是"分节的附肢"。

这些**动物**都有带可弯曲关节的附肢。

黑寡妇蜘蛛

节肢动物还具有以下特征：

· 身体和腿是分节的

· 身体分为头部、胸部和腹部，但胸部和腹部可能是连在一起的

· 其中许多都经历了从幼体到成年体的变态过程

· 寿命最短的只有几周，最长的能超过一百年

· 有的种类像一粒盐那么小，有的却有鲨鱼那么庞大（当然，这类物种已经灭绝了）

瓢虫

所有节肢动物**最重要的**特征就是**全身包被外骨骼**。几乎所有的大型动物，比如猫、狗及人类的**骨骼**都位于机体内部，而节肢动物的骨骼却**覆在体表**。如同盔甲一般的**外骨骼**由连接在一起的硬质甲片构成，甲片的连接处是可以活动的关节，这样，机体就能够灵活运动了。

　　保护性极强的**外骨骼**是节肢动物赖以生存的秘诀。不同部位的外骨骼进化成了不同的结构，从爪、颚到翅膀与棘刺，应有尽有。但这些看起来完美的装备也有不足之处，就是外骨骼不能随着身体的生长而**伸展**，所以节肢动物必须定期**蜕去**旧的外骨骼，取而代之的是一件大一些的新"外罩"。

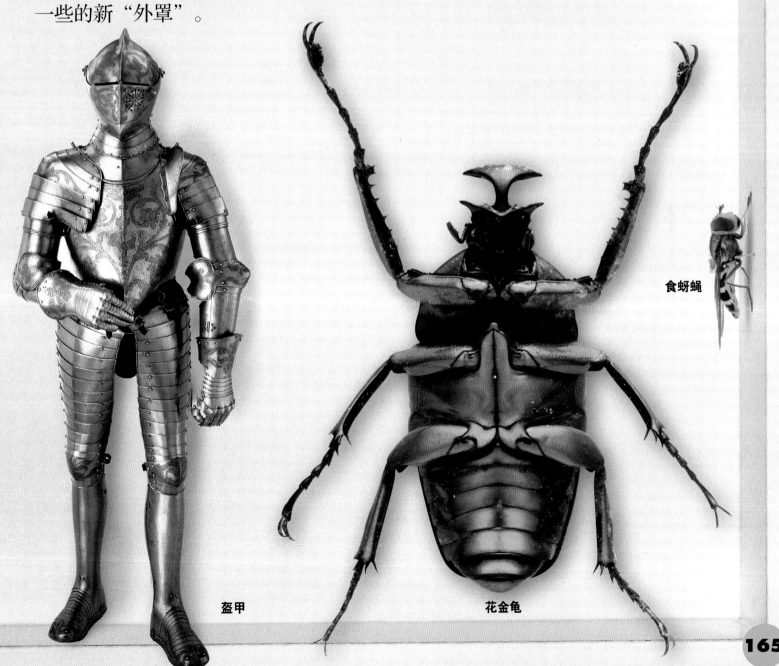

食蚜蝇

盔甲　　　　　　　　　　　花金龟

长长的腿、 短短的腿、 粗大的腿、 细瘦的腿、 多毛的腿、 光滑的腿、 多刺的腿、 柔软的腿、 强壮

有多少条腿？

6

象鼻虫

大蚊

六条腿——
可能是昆虫。

昆虫是地球上最成功的陆生
动物。大多数昆虫有六条腿、
一对触角、两双翅膀，身体分
为三部分：头、胸、腹。

10

八条腿——
可能是蛛形纲的动物。

蜘蛛、蝎子、螨和蜱都是蛛形纲动
物。蛛形纲的动物与昆虫不同，它们
没有翅膀和触角，身体也只分为两个部
分。它们大多都是肉食者。

捕鸟蛛

8

的腿、 细弱的腿、 真正的腿、 伪装的腿、 漂亮的腿、 难看的腿、 灵活的腿、 笨拙的腿、 残疾的腿

地球上可能生存着数百万种节肢动物，怎么给它们分类呢？数数它们有多少条腿就行了。绝大多数节肢动物可以归为四大类，腿的数目是这种分类的一个有效依据。

十条腿
（八个步足，一对螯）——
可能属于甲壳纲。

螃蟹、龙虾、水蚤和对虾都是甲壳类动物。大多数甲壳类动物生活在水中，用鳃呼吸。它们并不都有十条腿，其中有的种类有许多条腿，有的则一条都没有。木虱是一种陆生的甲壳类动物，有十四条腿。

螃蟹

蜈蚣

许多许多条腿——
可能是蜈蚣或马陆。

这些节肢动物的身体呈长条形，分成许多体节，每节上都有腿。蜈蚣英文名称的意思是"一百只脚"，而马陆则是"一千只脚"。其实它们的脚大约为30~750只。

马陆

0

30+

没有腿——
可能是鼻涕虫
（蛞蝓）、蜗牛或蠕虫，
甚至节肢动物的幼虫，
比如蛆。

这些滑腻腻的生物不是节肢动物。它们没有分节的腿，也没有外骨骼。

鼻涕虫

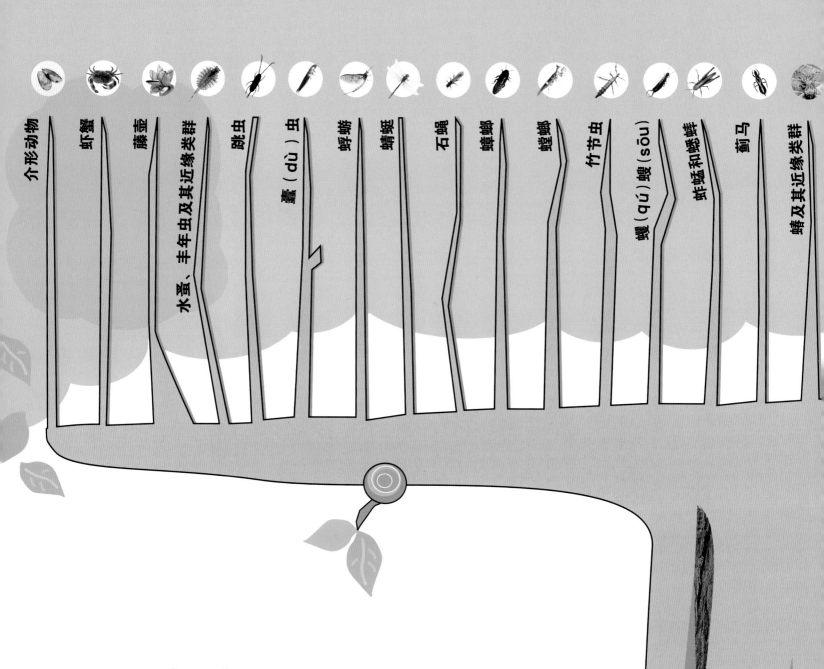

介形动物

虾蟹

藤壶

水蚤、丰年虫及其近缘类群

跳虫

蠹（dù）虫

蜉蝣

蜻蜓

石蝇

蟑螂

螳螂

竹节虫

蠼（qú）螋（sōu）

蚱蜢和蟋蟀

蓟马

蜻及其近缘类群

看看
这一大家子

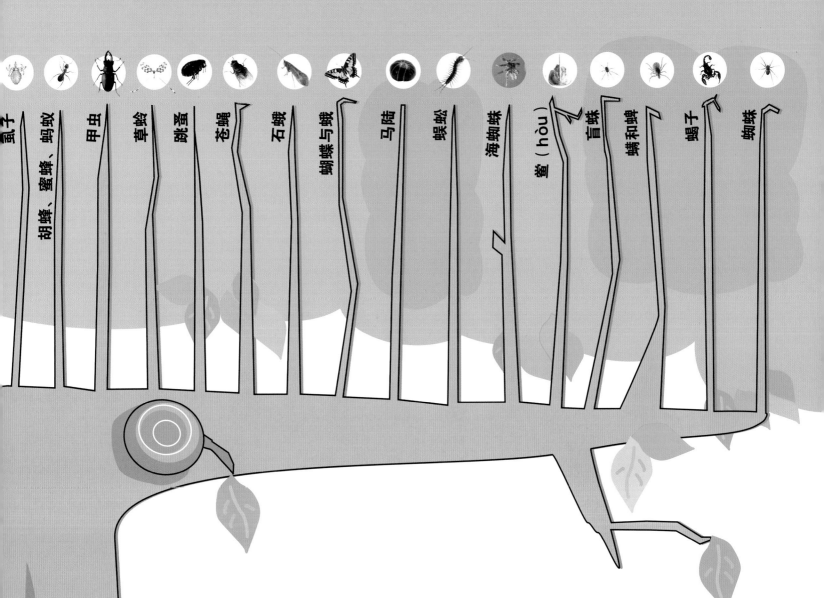

虱子　胡蜂、蜜蜂、蚂蚁　甲虫　草蛉　跳蚤　苍蝇　石蛾　蝴蝶与蛾　马陆　蜈蚣　海蜘蛛　鲎（hòu）　盲蛛　螨和蜱　蝎子　蜘蛛

这棵树的树枝代表了节肢动物的主要类群，相邻的物种亲缘关系最近。例如，昆虫是甲壳类动物的近亲，很可能是从生活在海洋中的甲壳类动物祖先演化而来的。

大约在五亿年前，某些种类的蠕虫是今天节肢动物的祖先。通过这棵系谱树我们可以清楚地看出，四大类节肢动物（甲壳动物、昆虫、多足动物和蛛形动物）又分化成了更多不同的种类。实际上，每根小枝的顶端都应当再分出数以百万计的末梢，每个末梢代表一个独立的物种。不过，即使这一页比现在再大一万倍，也画不下表示单独物种的全部树梢。

如果按照动物的数量来分配地球上的土地，那么节肢动物将占有除南美洲外的所有人类栖息地。

谁统治着地球？

地球上至少 **90%** 的

节肢动物是地球上生存最成功的动物。它们征服了**陆地、海洋**和**天空**，从海洋深处到高山山顶，无处不在。科学家已经深入研究并命名了超过160万种动物物种，其中的90%都是节肢动物。

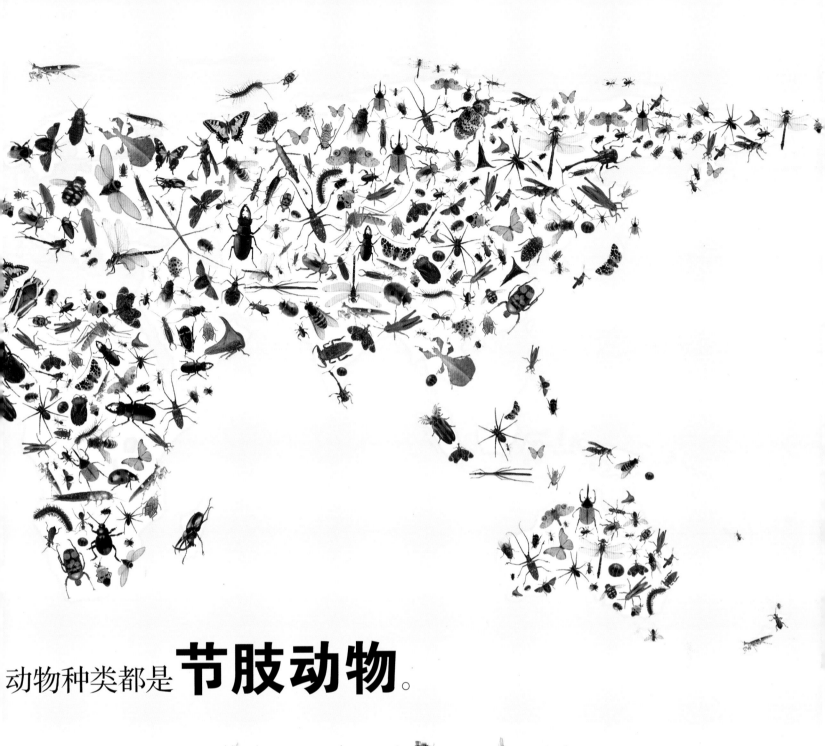

动物种类都是**节肢动物**。

但那些仅仅是分类过的物种，还有**无数**种类等着我们去发现。现在，平均每天有25种新的节肢动物被人们发现，还有积压了15年的大批新物种等待着正式命名与描述。所以我们只能猜测现今存在的节肢动物的真实物种数目，大概有**数百万**种之多。

昆虫是迄今最大的一个节肢动物群体，有超过100万个已经命名的物种。一份报告显示，生存在地球上的昆虫总数有$1.2×10^{17}$只。

换句话说，当今地球上生存着的**每一个人**，都对应着约2亿只**昆虫**。

5.4亿年前

故事从5.4亿年前开始， 除了在海床上生活着一些微生物和蠕虫外，那时的地球几乎没有任何生命。其中某些蠕虫演化出了外骨骼，体节上萌生出了腿，进化成了**节肢动物**！用不了多久，这些新生物将征服世界。

第1名
统治海洋

3.58亿年前

石炭纪时期，茂密的森林遍布大地。高耸的树木为动物提供了新的栖息地——但只有那些能够到达顶端的动物才能享受。于是，在征服了陆地和海洋之后，节肢动物开始进军天空……

第1名
登上陆地

5.2亿年前

在几百万年的时间里，节肢动物横扫了海底，在那儿称王称霸。其中**三叶虫**可以说是当时最成功的动物。三叶虫统治海洋将近3亿年，它们坚硬的外骨骼形成了数以百万计的化石。直到今天，我们还经常能找到这些化石。

4.38亿~4.08亿年前

史前节肢动物能长得相当大。体形最大的可能是**广翅鲎**，它是一种蝎形的海洋生物，体长可达2米，就像一条鳄鱼那么大。广翅鲎的尾部长有一枚棘刺，科学家猜测这是用来注射毒液的。

3.5亿年前

3.5亿年前，陆生节肢动物也进化成了巨型生物。那时，有2米长的马陆，蝎子则能长到1米长，像狼狗那么大！

4.28亿年前

4.28亿年前，节肢动物开始由海洋登陆。一种身长1厘米的**马陆**成为第一种踏上陆地的动物。

3.2亿年前

地球上**第一种会飞的动物**是昆虫，这种元老级飞行家长得像蜉蝣和蟑螂的混合体，有4只或6只布满美丽花纹的翅膀。昆虫当时是地球上唯一能飞的动物——直到1亿年后翼龙出现。

5.05亿年前

在鲨鱼进化出来的几百万年前，节肢动物是海洋中的顶级捕食者。三叶虫的头号敌人可能是**奇虾**，那是一种大而残暴的虾形生物，个头比人还要大，身前长有巨大的螯钳，用来抓住三叶虫。在那个时代，奇虾就是海洋中的大白鲨！

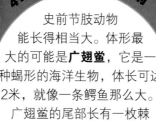

3亿年前

蠹虫是一种没有翅膀却能滑翔的昆虫，浑身闪烁着银色的金属光泽。自从3亿年前出现以来，它的外形几乎没有任何改变。

前寒武纪　　寒武纪　　奥陶纪　　志留纪　　泥盆纪　　石炭纪

6亿年前　　5亿年前　　4亿年前　　3亿年前

世界的？

第**1**名
飞向天空

我们是怎么知道这一切的？

节肢动物进化史中的点点滴滴，都是通过研究保存在岩石中的古生物残骸——化石了解到的。保存最完好的昆虫化石是在琥珀中发现的。琥珀是一种蜂蜜色的岩石，由松树流出的黏稠松脂经矿化形成。即使琥珀中包埋的是1亿年前的昆虫，看起来依然栩栩如生，肢体和翅膀上的每一点细节都纤毫毕现。
正是有了琥珀，我们才能了解9000万年前地球上主要的昆虫类型。

琥珀中一只4000万年前的苍蝇（当然，它已经矿化了）。

2.8亿年前

2.8亿年前，会飞的昆虫体形也变得巨大。一种模样酷似蜻蜓的生物统治着天空，名叫**原蜓**，它的翼展可达75厘米。

2.2亿~2.09亿年前

蜂在三叠纪末期出现，初期的蜂是小型的独居性昆虫，后来逐渐开始形成群体。

1.4亿年前

地球上第一批跳蚤可能以恐龙的血液为食。后来，鸟类和哺乳动物成了它们完美的寄主。

2.3亿年前

甲虫出现在三叠纪，大约与第一批恐龙同时出现。

恐龙
首次出现

1.45亿~1.33亿年前

1.4亿年前，某些种类的群居蜂丧失了飞行能力，最终进化成了**蚂蚁**。

0.92亿~0.73亿年前

在白垩纪晚期，一些种类的蛾子演化成了**蝴蝶**。

最后，

现代人类在大约10万年前才出现在地球上。这意味着节肢动物存在于地球上的时间比人类存在的时间长几千倍。

2.07亿~1.88亿年前

蛾子出现在侏罗纪早期。

二叠纪　　**三叠纪**　　**侏罗纪**　　**白垩纪**　　**新生代**

2亿年前　　　　　　1亿年前　　　　　　现在

什么是昆虫？

行走

典型的昆虫步伐是：先向前同时迈开三条腿，然后是另外三条，循环往复。因此昆虫总是至少有三只脚同时落地，构成一个三角形，这是最稳固的几何形状。因此六条腿是昆虫能协调运动的最小数量。现在的机器人已经能模拟这种运动方式了。

食蚜蝇

昆虫是所有节肢动物中最成功、最常见的类群。很多人在提到节肢动物时，会直接说成"昆虫"，因为昆虫实在是太普遍了。昆虫成功的秘诀在于它们的飞行能力，这使得早期的昆虫可以逃离敌人，并征服新的栖息地。今天的昆虫都具有某些从远古祖先那里传承下来的关键特征：一般来说，成虫都有六条腿、两对翅膀和分为三个主要部分的身体——头部、胸部和腹部。

美西光胸臭蚁
(*Liometopum occidentale*)

触角

复眼

颚

腿

大颚

和其他大部分节肢动物不同，昆虫具有突出头部外的口器。这只蚂蚁长着巨大的颚，咬合方式是像剪刀一样左右张合，而不同于人类的上下咬合。它那对大大的复眼和一对触角也是昆虫的典型特征。

飞行肌

有些昆虫飞行肌的工作原理是拉动翅膀基部，而另一些昆虫，比如这只胡蜂，飞行肌牵动的是胸腔壁，这样能让翅膀的挥动频率更快。

头部

和大多数动物一样，昆虫的头部有嘴、脑和主要感觉器官。触角不仅有触觉，还有嗅觉和味觉。几百只独立的小眼聚集成了复眼。

胸部

昆虫的所有附肢和翅膀都从胸部长出，胸腔内生有强健的飞行肌。大多数昆虫飞行时都是同时拍打两对翅膀，不过蜻蜓则是交替挥动的，这种飞行方式具有极强的灵活性，使蜻蜓像直升机一样能向后飞，甚至上下颠倒着飞。

腹部

昆虫的身体后端包含主要的消化系统、管状心脏及生殖器官。一些雌性昆虫的身体末端生有产卵管，蜜蜂和胡蜂的这条管道同时也是毒刺。腹部没有真正的附肢，但毛毛虫的腹面上长着伪足。

德国黄胡蜂（*Vespula germanica*）

复眼

触角

毛茸茸的身体

爪

凑近看看，许多昆虫浑身都长满了毛，不可思议吧！这些纤毛能保持飞行肌的温度。腿上的纤毛还是一种感觉器官，能分辨出碰触到的东西的味道。

翅膀

翅脉

膜质

无论是从昆虫的角度还是人类的角度来看，昆虫的翅膀都非常重要。为什么这样说呢？对昆虫来说，翅膀能让它们逃脱捕食者，寻找食物，吸引异性；而对人类来说，翅膀是昆虫分类的重要依据。

仔细观察翅膀

所有昆虫的翅膀都是由薄膜构成的，上面密布着具有支撑作用的网状翅脉。但不同类型的昆虫翅膀区别很大，昆虫学家根据这些差异给一些有翅昆虫分类。

令人吃惊的本领！

食蚜蝇的翅膀振动频率可达每秒1000次！它们能在空中悬停，这门"特技"可不是所有昆虫都会的。

翅膀有多少种类？

希腊语中"pteron"的含义是皮毛、翅膀或是羽毛。当这个单词用到昆虫身上时，就是翅膀的意思。全世界有很多昆虫类群，其中种类最多的是鞘翅目、膜翅目、双翅目和鳞翅目。此外还有直翅目、脉翅目等。

我是哪一类的？

你是膜翅目的。

草蛉

蜜蜂

花萤

食蚜蝇

蝴蝶

蝗虫

脉翅目
具有两对大小一致、非常精致的翅膀，上面布满翅脉，比如草蛉。

膜翅目
在飞行时，前后翅能通过细微的小钩连接在一起，好似只有一对翅膀在扇动。这样的结构让飞行更平稳，并能更好地控制方向，包括胡蜂和蜜蜂。

鞘翅目
前翅演化成了保护盖，真正的飞翅折好收拢在下方，包括甲虫类，比如瓢虫和萤火虫。

双翅目
只有一对翅，第二对翅退化形成缰绳状的小棍，用来保持平衡和改变飞行方向，包括蚊蝇类，比如大蚊、食蚜蝇、马蝇。

鳞翅目
翅膀上覆盖着细微的鳞片，包括蝴蝶、蛾。

直翅目
具有形状笔直的外翅，包括蚱蜢、蟋蟀。

直翅

微小鳞片

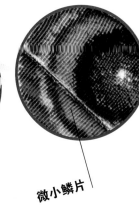

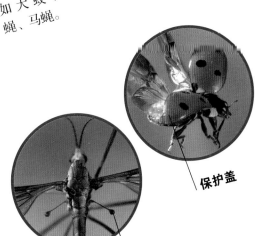

平衡棒

保护盖

脉翅

小钩

昆虫在飞行前必须预热它的飞行肌，甲虫是通过反复张开、合拢翅鞘的方法来做到这一点的。

上下颠倒

你看到过苍蝇或是别的昆虫停在天花板上吗？你希望自己也能做到吗？它们到底是怎么对抗万有引力的？

天花板看起来那么高，现在想想真是可笑。请告诉我吧，苍蝇先生，你是怎么四脚朝天地走路的？

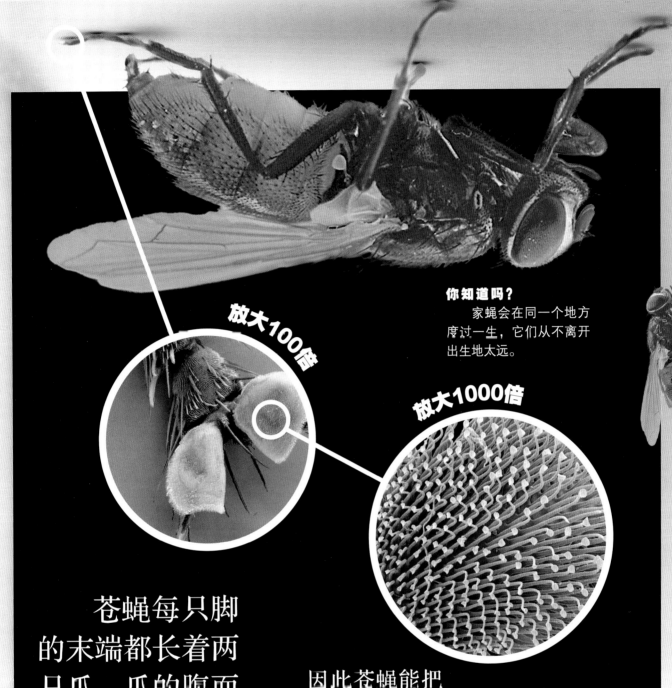

放大100倍

放大1000倍

你知道吗？
家蝇会在同一个地方度过一生，它们从不离开出生地太远。

苍蝇每只脚的末端都长着两只爪，爪的腹面生有黏性爪垫，每只爪垫上生有一层微小的刚毛。这些刚毛上覆盖着爪垫分泌的黏性物质。

因此苍蝇能把自己牢牢地"黏"在天花板上，爪则能协助它们蹬腿解除黏着，离开天花板。正是这些黏性爪垫和多毛的腿，使家蝇成为各种病原微生物的携带者。

苍蝇是怎么在天花板上着陆的？苍蝇并不会四脚朝天地飞行，而是在降落前的一瞬间伸出两条前腿，"捉"住头顶的天花板，然后立即敏捷地翻一个筋斗，掉转全身，剩下的四条腿也瞬间触到天花板。成功着陆！

它怎么下来呢？轻轻一拧，微微一推，它飞到了空中！当苍蝇在天花板上走过时，会留下有黏性的足迹。

昆虫的身体里是什么样的？

昆虫的骨骼位于体表，而不是在体内。看看我们自己的身体——骨骼是包被在组织中的，那么昆虫的身体究竟是什么样的呢？

观察一只蝗虫

和人类一样，昆虫也需要进食、消化、呼吸、循环，并感知外界环境。它们小小的躯体具备这一切功能。

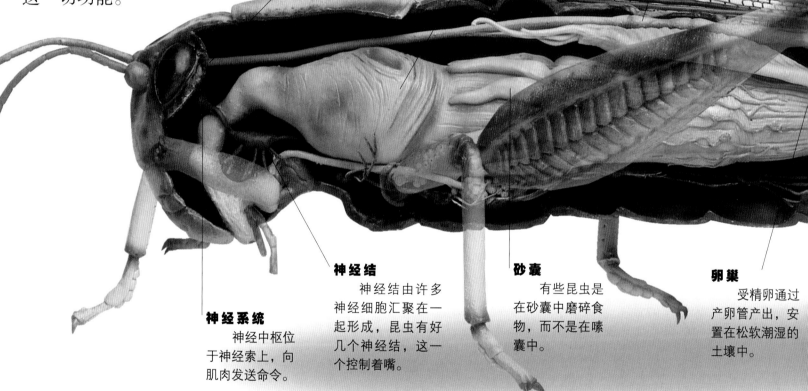

脑腔
位于眼睛后方内侧的脑是昆虫的控制中枢。

嗉囊
昆虫的胃又叫嗉囊，食物在其中进行初步消化。

心脏
昆虫的管状心脏位于身体的上半部分。心脏把血液输送到全身。

神经系统
神经中枢位于神经索上，向肌肉发送命令。

神经结
神经结由许多神经细胞汇聚在一起形成，昆虫有好几个神经结，这一个控制着嘴。

砂囊
有些昆虫是在砂囊中磨碎食物，而不是在嗉囊中。

卵巢
受精卵通过产卵管产出，安置在松软潮湿的土壤中。

蚱蜢、蟋蟀及蝗虫都属于直翅目。这一大类包含的物种很丰富——至少存在2万种不同的蚱蜢和蟋蟀。下面是其中很小的一部分。

蝗虫　　蚱蜢　　蚱蜢　　蚱蜢　　蝗虫　　蚱蜢

蝗虫强健的后腿让它能跳出超过自身体长50倍的距离。

气孔

后肠

后肠将食物中的营养物质吸收到身体中，其余转化为排泄物。

肛门

昆虫将小液滴状的排泄物从肛门排出体外。

在显微镜下，你会发现昆虫的外骨骼上有许多小的孔洞，这就是气孔。

气孔是什么？

哺乳动物用肺吸进氧气，呼出二氧化碳。昆虫没有肺，它们通过一种叫气管的管道吸收氧气。气孔就是与气管相连、让气体进出的呼吸孔。

气管

空气通过外骨骼上的气孔进入气管。

神经

脑发达的信号通过神经传导到身体各处。

直翅目都有长长的腿，有些腿上生有棘刺，其中一些种类的刺起装饰作用，另一些则用来御敌。如果你被一只直翅目昆虫的腿扎过，就会知道那真是挺疼的！

螽（zhōng）斯

蝗虫

蚱蜢

蚱蜢

蚱蜢

眼睛

看东西

你不会相信的！

昆虫有几只眼睛？

　　一些昆虫有两只眼睛，但大多数昆虫都有五只眼睛！比如蜜蜂有两只多棱镜一样的复眼，还有三只独立的小眼，又叫单眼。蚱蜢和蜻蜓也是如此。单眼用来感受光线和运动的物体，复眼则用于更细致地观察。

昆虫复眼的视力不像人类的眼睛那么好，如果人类也是复眼，就必须比现在的眼睛大50倍，才能达到正常视力水平。

昆虫没有眼睑，它们用前肢

它们看见了什么？

复合影像

昆虫眼中的世界是什么样的？没有人能真正知道，但我们已经了解了昆虫眼睛的工作原理。人类的两只眼睛各为一个透镜系统，而大多数昆虫的复眼是由数以千计小透镜般的小眼构成的，每个小眼向大脑传送的影像都略有不同。

每个小眼面都是六边形。

捕食性昆虫看不见静止的猎物，哪怕猎物就停在它面前。

复眼由成百上千个微小结构组成，这种结构叫小眼面。每个小眼面的角度和邻近的小眼面都稍有不同，这使昆虫对运动物体非常敏感，却不擅长观察细节。

我的眼睛是毛茸茸的！
这只蜜蜂的眼睛表面长满了毛，如果弄脏了，蜜蜂必须把它们梳理干净。

我的眼睛最大了！
蜻蜓巨大的眼睛为它提供了良好的视力，它在飞行时可以运用360°的视野来捕捉猎物。

我的眼睛像两管炮筒！
这只达氏曲突眼蝇（*Cyrtodiopsis dalmanni*）的眼睛位于细柄的顶端，约5毫米长。

擦拭眼睛表面来保持清洁。

饿了吗？

　　世界上很多人会把一些**无脊椎动物**视为美味佳肴，你大概也吃过龙虾、对虾、牡蛎、螯虾、螃蟹或是贝类吧？这些食材是非常常见的。然而那些喜欢**吃烹制好的昆虫和蜘蛛**的人，却被认为有些奇怪，还有个特殊的称号——**食虫族**。

当早餐、中饭，午饭和下午茶的**虫子**。　这是给你的，给我留点儿吧！

在**哥伦比亚——的首都波哥大**，作为看电影时的零食，烤切叶蚁蚁腹比爆米花受欢迎多了。

184

世界各地的人们都吃什么虫子呢？

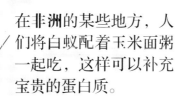

美国原住民

各种各样的昆虫是美国原住民的传统美食，其中包括毛虫。但现在这种饮食习惯在北美（或欧洲）已不再普遍。

在非洲的某些地方，人们将白蚁配着玉米面粥一起吃，这样可以补充宝贵的蛋白质。

在中国，蚕茧抽去了蚕丝之后得到的蚕蛹是一种家常美食。

在日本，人们将水蝇幼虫用糖和酱汁炒着吃。

在加纳，有翅白蚁能用来油炸、烘烤或是磨碎做成面包。

在泰国，一些农贸市场出售袋装的油炸昆虫。

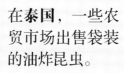

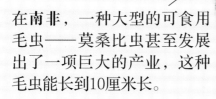

在南非，一种大型的可食用毛虫——莫桑比虫甚至发展出了一项巨大的产业，这种毛虫能长到10厘米长。

在拉丁美洲，人们喜欢吃蝉、狼蛛、红腿蚱蜢、食用蚁及甲虫的幼虫。

在巴厘岛，你会发现这样一道菜：一堆浸泡在椰奶中的蜻蜓，还辅以生姜和大蒜调味。

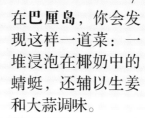

在澳大利亚和新几内亚岛，蛴螬是传统的"丛林食物"。另一道受人欢迎的"丛林食物"是沽蚂蚁。

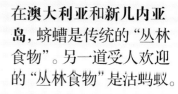

为什么？

人们之所以吃昆虫和蜘蛛，首先是因为味道很棒——有人说炸昆虫吃起来就像酥脆的熏肉；其次，昆虫还能补给维生素和矿物质；最后，它们到处都是，数量那么多！

185

现在，看见我了吗？

又看不见了吧？

一些昆虫是伪装高手，毕竟它们不想被捕食者吃掉。
看看它们伪装得多么巧妙吧！

第一排：叶蜂、螳螂、尺蛾、竹节虫、刺蛾

第二排：天蛾、纺织娘、纺织娘、叶螽（xiù）

第三排：纺织娘、尺蛾、兰花螳螂、角蝉、竹节虫

90%的动物物种都是昆虫，其中 1/3 是甲虫。

鞘翅目昆虫（也就是甲虫）是动物界最大的目。

怎样才算是一只甲虫？

甲虫属于昆虫，有六条腿及分为三部分的身体。大多数甲虫有两对翅膀，但其中一对并不是用来飞的，而是演化成了坚硬的外壳，保护真正用于飞行的翅膀。全球共有超过36万种已经命名的甲虫，还有更多有待发现的种类。

人们把研究甲虫的学者称为鞘翅目昆虫学家。

除了海洋和极地附近，地球上的绝大多数角落都能发现甲虫的身影。

米多多奇趣图画

① ②

7万只萤火虫能发出相当于一只白炽灯的光量。

在仲夏的夜晚，萤火虫（②）在丛林里飞来飞去，闪烁着魔法般的光亮。它们通过荧光的闪烁来向异性传递信号。世界上有几百种萤火虫，每一种都有不同的闪烁密码。一些肉食性萤火虫甚至用欺骗密码来引诱、捕杀其他种类的萤火虫。

萤火虫通过腹部的化学反应来发光，该反应的效率几近完美。白炽灯发光时，90%的能量以热能的形式浪费掉了，而萤火虫能保持低温，将几乎100%的能量转化成光。萤火虫的幼虫（①），或是没有翅膀的雌性萤火虫也能发光。幼虫发光不是为了吸引异性，而是警告捕食者它们不能吃。

还有什么动物能发光？

除了萤火虫之外，还有一些能发光的小飞虫、发光跳虫，以及许多能发光的海洋动物。大约90%的深海生物都能发光，而且至少有一个用途。一些生物，比如琵琶鱼通过发光来诱捕食物，另外一些生物，包括这些发光鱿鱼，能喷出一大片发光的液体来惊吓敌人，自己趁机逃之天天。

植物能在黑暗中发光吗？

一些蘑菇能发光，可能是为了吸引小昆虫来帮助传播孢子。蘑菇能发出奇异的光，被称为"狐火"（foxfire），在人类最早的潜艇上用于便携式照明。

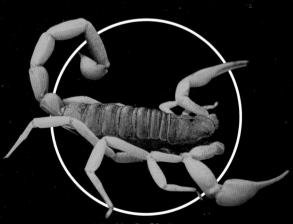

蝎子是怎样发光的？

蝎子本身不能发光，但是在紫外线灯（一种黑光捕虫灯）的照射下能发出蓝绿色的光。这种光来自蝎子壳中的荧光物质，科学家也不知道这有什么作用。也许唯一的好处是，当你拎着紫外线灯走夜路时，就能很容易发现蝎子，不会不小心一脚踩上去了！

光从哪里来？

萤火虫、鱿鱼及蘑菇都用类似的方法来发光：使用一种叫作虫荧光素的物质和氧气发生反应，从而产生荧光。科学家已经找到了编码这一化学物质的基因，也找到了将这一基因嵌入癌细胞中使癌细胞发光的方法。这可能使我们在对癌细胞扩散的研究中取得重大突破。

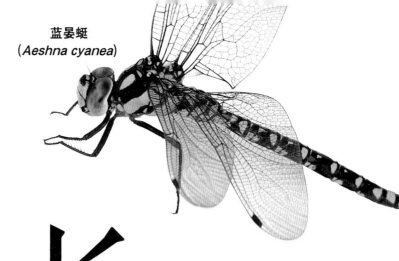

蓝晏蜓
（*Aeshna cyanea*）

成 长

昆虫的生长发育和人类完全不同。多数昆虫从幼虫到成虫需要经历一个戏剧性的转变，变化大到成虫和幼虫的外形完全不一样，这一过程称为变态发育。

我是一只马上就要成年的蜻蜓若虫。首先，我从池塘中爬到芦苇上，紧紧地抓住它。

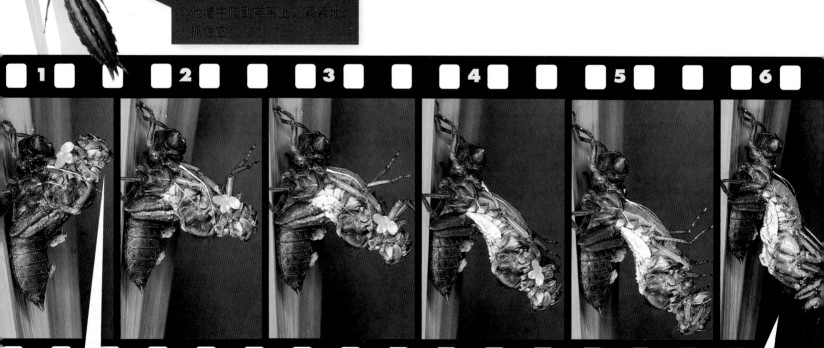

1   2   3   4   5   6

我划破了我的外壳，开始扭动。

我的新外皮已经形成了，但一开始它很柔软，所以我能从旧的外壳里面挤出来，大约一个小时后，新的外皮就变硬了。

完全变态

燕蝶

蛹（茧）

幼虫（毛虫）

成虫（蝴蝶）

大概90%的昆虫幼虫和成虫完全不一样，幼虫没有翅膀，没有触角，也没有复眼。毛虫是蝴蝶的幼虫，幼虫的使命就是吃、吃、吃，然后生长。接着，幼虫变成蛹，进入休眠期。在蛹内部，它的身体结构重建成成虫的样子。

简单生长

蠹虫

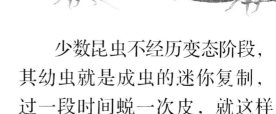

少数昆虫不经历变态阶段，其幼虫就是成虫的迷你复制，过一段时间蜕一次皮，就这样简单地长大。

不完全变态

豆娘

腮

稚虫

豆娘、蟑螂等多种昆虫都是阶段性地生长，幼年个体叫作若虫、幼虫或稚虫，看起来很像成虫，但是没有翅膀，每一次蜕皮后就会更像成虫，直至最后一次蜕皮才长出翅膀。蜻蜓和豆娘的稚虫生活在水中，它们最后一次蜕皮时变化非常大。

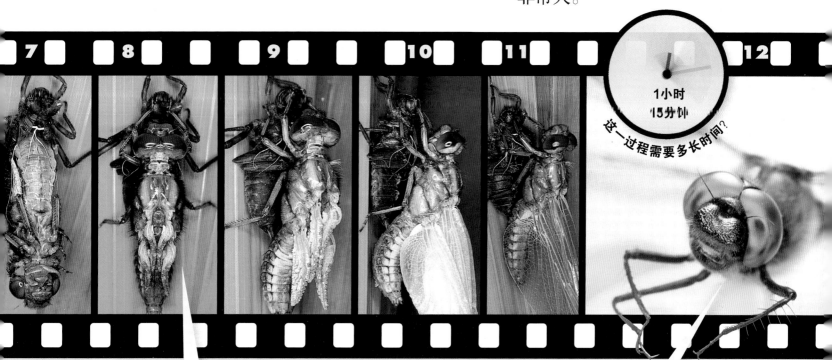

7 8 9 10 11 12

1小时15分钟

这一过程需要多长时间？

我的翅膀现在皱缩着，但是会慢慢地展开，然后我将开始第一次飞行啦。

离开水大概一个小时后，我开始飞向我的成年生活。

蓝色页面上的所有节肢动物都是成虫，白色页面上的是它们变态前的幼体形态（若你可以在比较成虫和幼虫后写下你认为是一对的数字及字母，正确答案见第195页。虫）。

亲子对对碰！

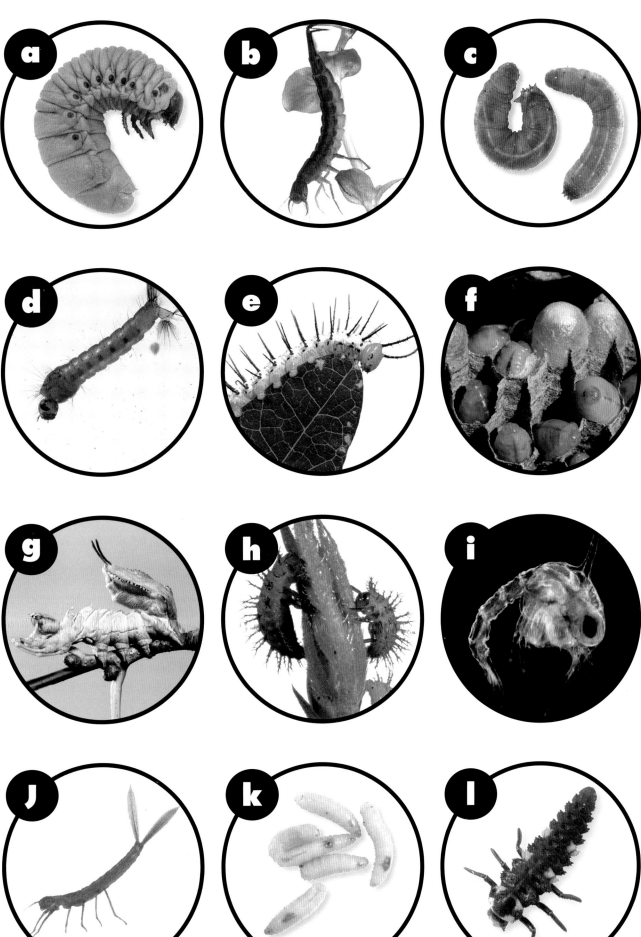

答案：

1l 瓢虫和它的幼虫
2k 家蝇和蛆
3j 豆娘和它的稚虫

4i 螃蟹和它的幼体
5d 蚊子和它的幼虫
6c 大蚊和它的幼虫

7b 龙虱和它的幼虫
8a 南洋大兜虫和它的幼虫
9h 墨西哥豆甲虫和它的幼虫

10e 帝王斑蝶和它的毛虫
11f 胡蜂和它的幼虫
12g 龙虾蛾和它的幼虫

哎哟！你踩到我的翅膀了！

在北美的一些地方，几乎每年都会出现不同种类的蝉群，不过，规模最大、最壮观的称为"周期蝉（brood X）"，最近的一次是在2021年春末出现的。

打个呵欠……

第1天

我是一只蝉的若虫，我住在地下，以植物的根为食。那里黑漆漆的，还不能动，而我一待就是17年，太枯燥了！

17年过去了，我慢慢长大了，是时候逃离地下的藏身之处了。午夜时分，我挖好了一条逃生通道，爬到外面的空地上。数以百万计的同伴会相继出来，在附近的树木等植物上为自己即将发生的惊人改变寻找一个安全的地方。

该蜕皮了，挣脱旧外壳之后，成年的我爬了出来！

给我让路！

第5天

现在，森林中有上百万个"我"，虽然捕食者抓住了其中很多，但我们的数量还是远远多于敌人吃掉的，我们中的大多数都存活下来了。

第8天

我是一只雌蝉，我听到了雄蝉的歌声，它们在召唤我。雄蝉通过快速地里外振动鼓膜来发出巨大的声音。

第10天

千载难逢

日记的日期

2021
5月

周期蝉是一个不可思议的物种，它们要在地下度过13年或17年暗无天日的少年时光。然后在深夜爬上地面，开始短暂的成年生活。每隔13年或17年，北美的森林中就会一夜之间布满数目庞大的蝉群，它们几乎占据了每一根树枝，到处都充斥着响亮的鸣叫声，这简直是一个自然界的奇迹。

纹黄蝶
(Colias eurytheme)

红灰蝶
(Lycaena phlaeas)

蝴蝶

日本纹白蝶
(Pieris rapae)

黄斑黑弄蝶
(Euschemon rafflesia)

北美大黄凤蝶
(Papilio glaucus)

日间活动

绝大多数蝴蝶在白天飞行，也有一小部分在黄昏时活动，但没有一种会在晚上出现。阳光能提高它们飞行肌的温度，便于飞行。

触角
绝大部分蝴蝶具有细长的触角，每只触角顶端都有一个小的圆棍样结构。

躯干
蝴蝶的躯干通常是圆滑、瘦小的。

取食
蝴蝶用它们像卷曲的吸管一样的口器来吸取花蜜。

休息
绝大多数蝴蝶在休息的时候，翅膀会合拢竖立于背上。

蛹
蝴蝶的蛹也叫蝶蛹，有着保护性的坚硬外壳，通常挂在一片叶子下面。

伊眼灰蝶
(Polyommatus icarus)

艺神袖蝶
(Heliconius erato)

绿鸟翼凤蝶
(Ornithoptera priamus)

云上端红蝶
(Anthocharis cardamines)

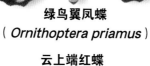

黄边蛱蝶
(Nymphalis antiopa)

亚历山大女皇鸟翼凤蝶
(Ornithoptera alexandrae)

黑脉金斑蝶
(Danaus plexippus)

蓝闪蝶
(Morpho menelaus)

蝴蝶和蛾都属于一类昆虫——鳞翅目。

还是蛾？

蝴蝶是由蛾演化而来的。它们有许多共同的特征，但还是有一些特征能帮你区分它们。

晚上飞行

绝大部分蛾是在晚上活动的，虽然也有一些在白天出现，它们靠振动飞行肌来保持体温。

一对触角

许多蛾有着像羽毛、刷子一样的触角，这使它们在晚上能够通过嗅觉来辨别方位。

躯干

和蝴蝶相比，蛾的身体更浑圆，且毛茸茸的，这些绒毛能在夜晚帮助它们保温。

取食

蛾在夜间很难找到食物。许多成年的蛾没有口器，根本不吃东西。

休息

在休息时，蛾通常张开翅膀，平铺着或是略微向下耷拉。

蛹

蛾的蛹藏在茧里，般能在地表或土壤中发现茧（但不是所有的蛾都能结茧）。

黑白汝尺蛾
（ *Rheumaptera hastata* ）

雌性蝙蝠蛾
（ *Hepialus humuli* ）

雄性蝙蝠蛾
（ *Hepialus humuli* ）

灰绿尺蠖蛾
（ *Geometra papilionaria* ）

黑带二尾舟蛾
（ *Cerura virula* ）

红裙斑蛾
（ *Zygaena filipendulae* ）

圆翅天蚕蛾
（ *Callosamia prometheae* ）

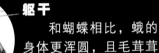

豹灯蛾
（ *Arctia caja* ）

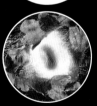

绿天蛾
（ *Euchloron megaera* ）

圆掌舟蛾
（ *Phalera bucephala* ）

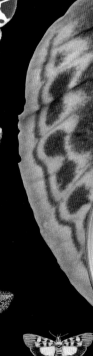

枯球箩纹蛾
（ *Brahmaea wallichii* ）

芳香木蠹蛾
（ *Cossus cossus* ）

螟蛾
（ *Vitessa suradeva* ）

也就是说它们的翅膀上都覆盖着一层细小的鳞片。

看看这一大群

"帝王"

黑脉金斑蝶的非凡旅途

多彩的黑脉金斑蝶（又名帝王蝶）体形很小，因此这场长途旅程就更加令人惊叹。第一片秋叶掉落时，成千上万的黑脉金斑蝶从加拿大南部及北美洲其他地区聚集起来，向南方迁徙。其中一些将飞行近4800千米，到达气候温暖的美国加利福尼亚和墨西哥。

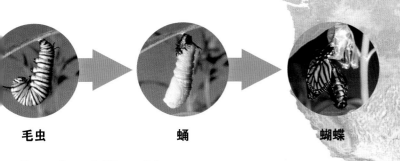

毛虫　　　　　　　蛹　　　　　　　蝴蝶

黑脉金斑蝶在北美的几条迁徙路线之一。

生存模式

① **三月至四月**：第一代蝴蝶出生。它们经历了完全变态，从卵到毛虫，到蛹，再到蝴蝶，然后交配、产卵，最后死亡。

② **五月至六月**：第二代出生。它们的经历和第一代一样。

③ **七月至八月**：第三代出生，同样经历变态和死亡。

④ **九月至十一月**：第四代蝴蝶不会很快死去，而是经历一段漫长得难以置信的向南迁徙的旅程，然后在墨西哥或加利福尼亚南部冬眠五至七个月。它们在来年春天的二月和三月苏醒并交配，接着又经过漫长的旅程飞回北方产卵，最后死亡。年轻的蝴蝶凭借着本能回到第一代生长的地方——它们的父辈并没有告诉它们这条回去的路！

在墨西哥安加圭镇附近的一个栖息地，每年估计有一亿只黑脉金斑蝶从美国北部飞到这里。空中回荡着它们扇动翅膀的声音。

黑脉金斑蝶有毒，味道也很糟糕，所以捕食者很快就学会了不去招惹它们。

四代蝴蝶会共同完成这令人惊异的旅程，其中第四代完成了大部分任务。

蚕的故事

首先你要知道的是，我不是一条蠕虫，我是一种中国蛾的毛虫，人们从我的茧中抽出丝、纺成丝绸，至少已有4000年的历史了。

雌性蚕蛾不会飞，而雄蛾的飞行技术也很糟糕，所以雄蛾需要待在雌蛾近旁，不然它将找不到雌蛾。成年雄蛾在交配后就会死亡，雌蛾在产完卵后也会死亡。

实际上，我们完全依赖人类来生存和繁衍。我是雄性蚕蛾，通过羽毛样的触角来识别雌性蚕蛾的气味。

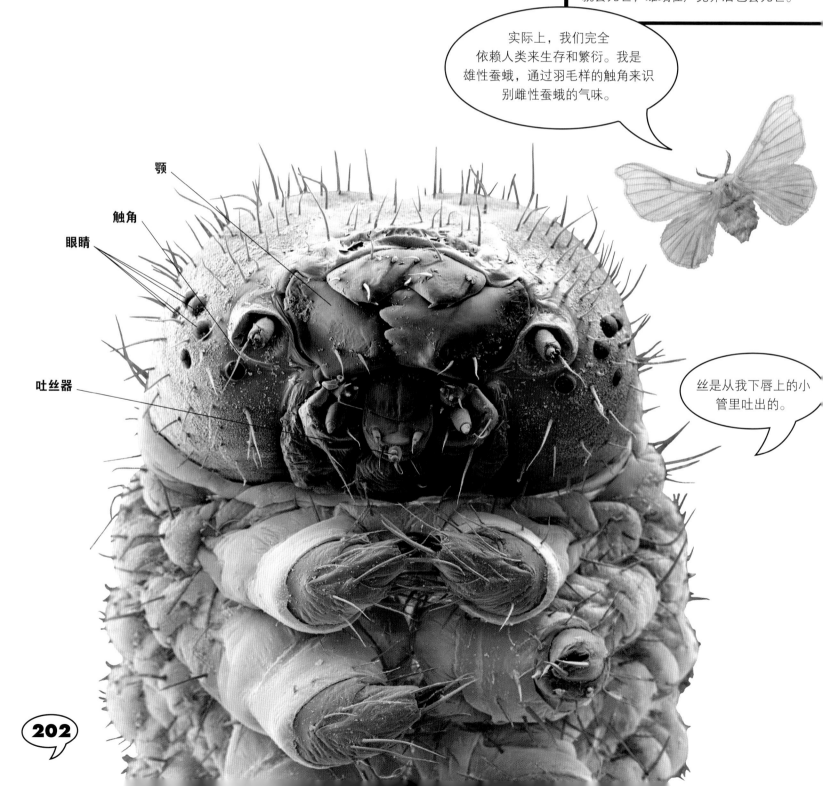

颚

触角

眼睛

吐丝器

丝是从我下唇上的小管里吐出的。

作为幼虫，我唯一要做的就是吃东西。我只吃桑叶，不过会吃掉很多。我至少要花26天的时间来蜕四次皮。我的外皮是不会生长的，所以我不得不蜕皮。

我准备要结茧了，我用从下唇上的小管吐出丝将自己的身体缠绕包裹起来。

茧可能是黄色或白色的，你知道为什么吗？

非常简单，不同品种的蚕会结出不同颜色的茧。

织一件丝绸衬衫需要1000个茧。

经过挑选后，好的茧用于抽丝织布，一些不好的，比如有斑点或小孔的茧将被剔除。

在热水中，茧才能煮软。

这是从茧中抽出连续丝的唯一方法。

现今，丝绸是在大工厂中制造的，但依旧要把茧放在热水中，只是改用纺织机来抽丝了。

6至10根细丝捻在一起成为一股丝，这个过程是用大机器来完成的。每个茧能产出超过1千米长的细丝。

这就是我们工作的成果啦。

蝗灾

蝗虫带来的毁灭性灾难

只有在群体中才会这样……

沙漠蝗通常都是独居的，但是它们能变得完全不同。只要有足够的食物，大量若虫就会孵化出来。在过于拥挤的条件下，它们的外表会发生极大的改变：身体变得短小，颜色也会改变。

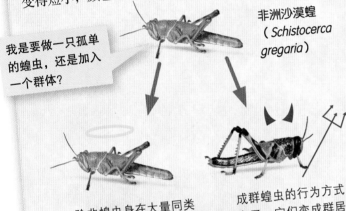

非洲沙漠蝗
（*Schistocerca gregaria*）

> 我是要做一只孤单的蝗虫，还是加入一个群体？

除非蝗虫身在大量同类组成的群体里，否则这些独居的蝗虫将会一直是绿色的，破坏力也相对小得多。

成群蝗虫的行为方式也改变了：它们变成群居性的动物，一大片一大片地毁坏农作物。

通缉令

声名狼藉的蝗虫帮——它们是大害虫！

巨额奖金悬赏
只要你能找到阻止沙漠蝗肆虐的方法。

有什么解决方法吗？

很不幸，一旦沙漠蝗开始侵袭，农民就只能眼睁睁地看着庄稼被贪婪的蝗虫吞噬。科学家试图通过预报可能的蝗灾暴发地区来帮农民早做准备，但是飞蝗群太过庞大了，它们很快就能占据上风。

> 我只是肚子饿了要吃东西，这难道有错吗？

乌云来袭

起飞的蝗虫群像一片乌云一样从地平线出现，它们每天可以飞行130千米，所以停下时就会非常饥饿，几分钟就能吃光整片农田，只留下光秃秃一片。而且它们分布很广，至少有60多个国家曾报道过飞蝗群。

上图：蝗虫在进食
右图：庄稼上的蝗虫群

午餐吃什么？

蝗虫全身都有传感器，能快速辨别它接触到的植物能不能吃。

85p

国际报道

卷土重来的灾难

据当地农民报告，东非大部分地区的蝗虫数量在不断增加。几千年来，非洲和亚洲大部分地区的农民都害怕这种昆虫，蝗虫非常贪吃，每天能吃掉相当于自己体重的食物。蝗群能覆盖几百平方千米的范围，每平方千米内有8000万只蝗虫。索马里的一次蝗灾中，蝗虫吃掉了能供40万人吃一年的食物。

蝗群飞过

谁的宴席？

你能想到的最恶心的东西是什么？

无论是什么，对于节肢动物来说都是美味的。节肢动物能吃下并消化我们星球上几乎所有的有机物。

这些都是在人身上进餐的节肢动物：**虱子**在头发间爬动，叮咬皮肤、吸食血液；**蚊子**落在人身上，叮咬一口，吸满血后就飞走；微小的**疥螨**会在你的皮肤内钻开一条隧道，造成剧烈瘙痒；**马蝇蛆**钻入肌肉层，在里面"住"上几个星期取食血肉。

果蝇喜欢腐烂水果的味道，里面含有天然产生的酒精。和人类一样，它们喝多了也会醉，但是它们从不会上瘾。

可怜的**蚕蛾**在成年后不吃任何东西，它们不能用嘴，也没有嘴来吃东西，几天后它们就会死于饥渴。

没有多少动物能消化木纤维，除了**白蚁**。如果它们进入你的家里，会吃掉它们一路经过的地板、房梁，直到整个房屋坍塌。

蠹虫很喜欢书，但它们可不读书，而是忙着吃将书粘起来的胶水和书页。蠹虫并不贪吃，它们只需要一点儿食物就能存活，甚至什么都不吃还可以活一年。

衣蛾能吃用动物毛发制成的织物，羊毛袜、皮大衣和地毯都是它们的食物。在野外，这些蛾以动物尸体的皮毛为食。

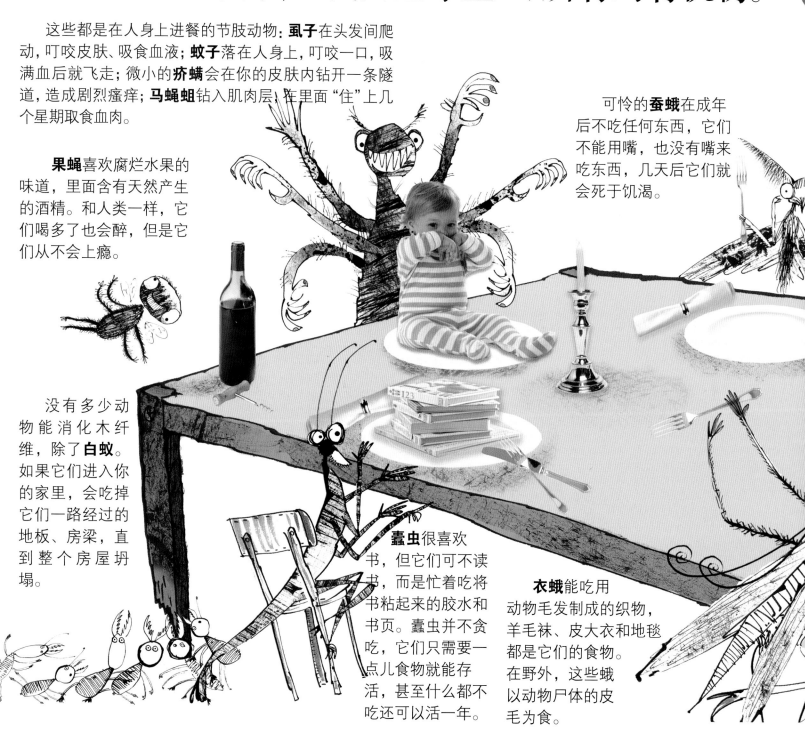

菜　单

1. 臭烘烘的袜子
2. 胖嘟嘟的宝宝
3. 美味的粪便
4. 酥脆的纸板
5. 自己的母亲
6. 大部头书籍
7. 什么也没有，连一点儿碎渣都没有！

臭烘烘的粪球对屎壳郎（蜣螂）而言是最美味的食物，屎壳郎的幼虫从粪球里面开始吃，而成年的**屎壳郎**更喜欢挤压新鲜的粪便，然后吸食渗出的汁液。

澳大利亚社居蛛一出生就会吃掉自己的妈妈。母蜘蛛特意把自己养胖，让刚孵化出的幼虫吸食它的血液，当它虚弱到不能动弹时，幼虫就用毒牙咬它，最后完全蚕食掉它的身体。

金小蜂（下方）用尾针蜇刺蟑螂的大脑，使之不能行动，然后将卵产到蟑螂身上，幼虫孵化后就会钻进蟑螂的体内，最后将蟑螂吃掉。

我爱妈妈

蟑螂几乎能吃任何的垃圾，从纸板、肥皂到变质的狗食，甚至剪下的手指甲，天哪！

辛勤劳作，绝不偷懒

切叶蚁生活在庞大的群体中，每一位成员都有特定的工作。它们夜以继日地辛勤工作着。它们在做什么呢？

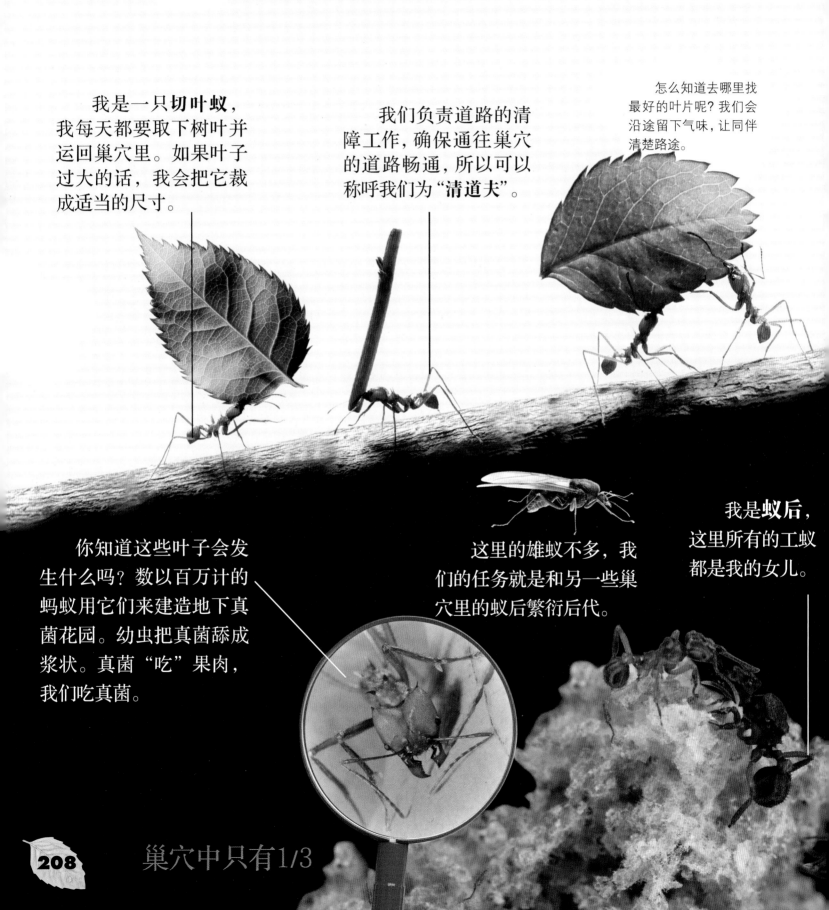

我是一只**切叶蚁**，我每天都要取下树叶并运回巢穴里。如果叶子过大的话，我会把它裁成适当的尺寸。

我们负责道路的清障工作，确保通往巢穴的道路畅通，所以可以称呼我们为"清道夫"。

怎么知道去哪里找最好的叶片呢？我们会沿途留下气味，让同伴清楚路途。

你知道这些叶子会发生什么吗？数以百万计的蚂蚁用它们来建造地下真菌花园。幼虫把真菌舔成浆状。真菌"吃"果肉，我们吃真菌。

这里的雄蚁不多，我们的任务就是和另一些巢穴里的蚁后繁衍后代。

我是**蚁后**，这里所有的工蚁都是我的女儿。

巢穴中只有1/3

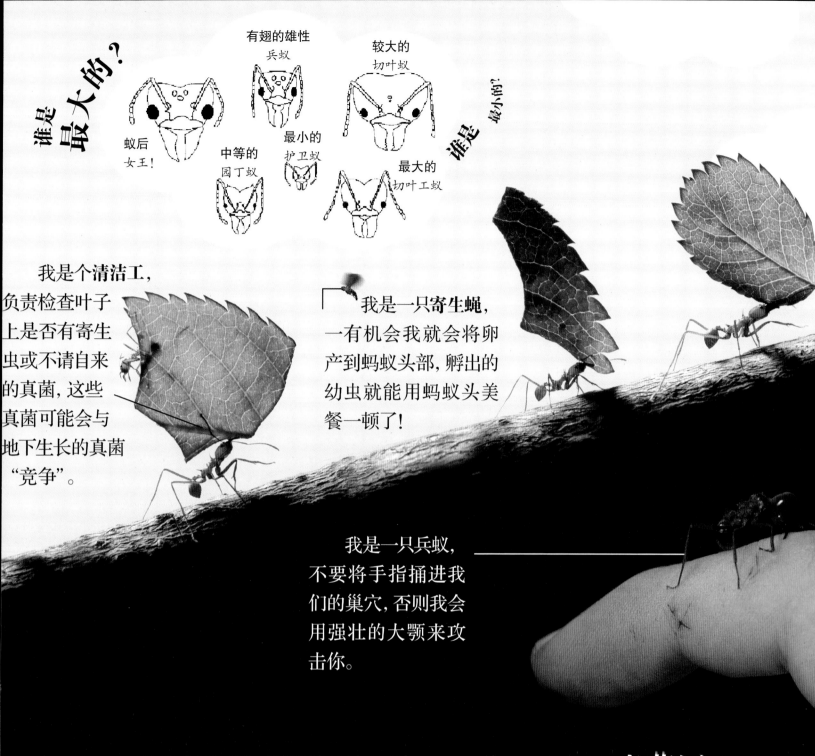

谁是**最大的**?

有翅的雄性
兵蚁

较大的
切叶蚁

蚁后
女王!

中等的
园丁蚁

最小的
护卫蚁

最大的
切叶工蚁

谁是最小的?

我是个清洁工，负责检查叶子上是否有寄生虫或不请自来的真菌，这些真菌可能会与地下生长的真菌"竞争"。

我是一只寄生蝇，一有机会我就会将卵产到蚂蚁头部，孵出的幼虫就能用蚂蚁头美餐一顿了!

我是一只兵蚁，不要将手指捅进我们的巢穴，否则我会用强壮的大颚来攻击你。

位于地下的**真菌园**非常巨大，展开后的总面积比一个足球场还大很多倍，这是为了培养足够的真菌。蚂蚁们必须一点一点收集大量的树叶。真菌园是由一个个培育室堆起来的，有时可达6米深。

的蚂蚁出来收集叶子，其他蚂蚁在黑暗中辛勤劳作。

蚂蚁大军

浩浩荡荡的

最新警报：它们来了！

森林地面发出一阵"沙沙"声，很多小昆虫开始慌乱地逃跑。"沙沙"的响声越来越大，同时一阵"嘶嘶"声也开始响起，这时，成千上万的蚂蚁出现了。这些蚂蚁是冷酷的杀手，它们会咬死所有挡在它们前进道路上的生物，分成小块后带回巢穴。它们很快就干掉了蜈蚣、蝎子和狼蛛，甚至是蜥蜴和青蛙。

行军蚁队伍由不会产卵的雌蚁组成，它们都是工蚁，数量约有2000万。队伍中也有少量雄蚁。

对行军蚁来说，蝎子这样的大型捕食者不是什么障碍。一只蚂蚁发现蝎子后就会释放化学物质，吸引同伴，蝎子很快就会被大量蚂蚁包围并吃掉。

我是一只有翅膀的雄性蚂蚁，你可以看到我香肠形状的腹部。

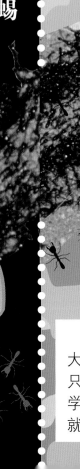

有翅雄蚁
蚂蚁身份编号240300
绰号：香肠蝇

行军蚁。

行军蚁是群居昆虫，群体工作效率极高，如抚育幼蚁、抵御捕食者。它们会频繁地搬家，避免食物很快耗尽。它们甚至能搭建活的"桥梁"来越过森林地表障碍。

谁是凶手？

蚂蚁大军里有两种类型的蚂蚁：亚洲和美洲北部、南部及中部的行军蚁，非洲的矛蚁。行军蚁有强健的螫（shì）刺，而矛蚁锋利的下颚可以撕碎猎物。行军蚁不能杀死大型脊椎动物，但矛蚁可以。它们能制服一只鸡或一头受伤的猪。大多数生物可以逃离行军蚁的经过路线，但节肢动物却不能迅速离开。在非洲，据说矛蚁会袭击村庄。这其实对人类是有帮助的，因为居民只需赶紧离开，而接踵而至的矛蚁会清除掉村里的蟑螂和老鼠。

行军蚁会聚集在一起互相咬住、抓住，用身体来构建一个团状巢——这是它们临时的家。

我用有力的双颚保护工蚁，上面是我的家，活蚁组成的团状巢。

211

谁在蜂巢里？

许多蜂都是单独行动的，但蜜蜂是群居动物。

蜜蜂生活在能容纳8万只同类的蜂巢里。

每一只蜜

嗡嗡嗡嗡嗡嗡嗡嗡

嗡嗡嗡嗡嗡嗡嗡嗡嗡嗡嗡

嗡嗡嗡嗡嗡嗡嗡嗡嗡嗡嗡嗡嗡

蜂王

一个蜂巢里只有一只蜂王，她的工作就是产卵。实际上，在适合繁殖的季节她每天至少会产下2000枚卵。大多数受精卵会发育成工蜂，没受精的卵发育成雄蜂。如果蜂王死亡或不再产卵，会发生什么呢？工蜂们会将蜂王浆喂给一只幼虫，这种食物营养丰富，可以使幼虫发育成新的蜂王。

蜂王可达到15~20毫米长

一个蜂巢 ＝ 1只蜂王 ＋

嗡嗡

都有一份特定的工作。

嗡嗡嗡嗡嗡嗡嗡嗡嗡 嗡 嗡 嗡嗡嗡

嗡嗡嗡嗡嗡嗡嗡嗡嗡嗡嗡嗡嗡

嗡嗡嗡嗡嗡嗡嗡嗡嗡嗡嗡嗡

工蜂

　　蜂巢中大多数成员都是工蜂。从出生到死亡，它们都在不停地工作、工作、工作。在刚刚成年的12天里，它们打扫储存蜂蜜的蜂室，照料幼蜂，并围绕在蜂王身旁。第12—20天，它们建造、修葺蜂室，收集、储存其他工蜂带回蜂巢的花蜜和花粉，以及像门卫一样核查归来工蜂的身份。20天以后，工蜂开始外出觅食，它们离开蜂巢，再带回花蜜和花粉。

雄蜂

　　夏季里，一个蜂巢包含有300～3000只雄蜂，但到了秋天，无用的雄蜂就会被赶出蜂巢。这是因为，在繁殖季节的夏天，雄蜂忙于和其他蜂巢中的蜂王交配，工蜂无微不至地照顾它们。不过一旦交配完，雄蜂就会死亡。与工蜂不同，雄蜂没有刺。

工蜂长15毫米

雄蜂长18毫米

80000只工蜂 ＋ 600只雄蜂

这只小昆虫

是怎样生产出

有很多种风味不同的蜂蜜，其味道跟蜜蜂采蜜的花朵种类有关。

蜂蜡制成的蜡笔绘出的颜色要比其他蜡笔更持久，你还能亲手调配色彩，比如用蓝和黄可以调出绿色。

蜂蜡是制作蜡烛的好材料，闻起来有蜂蜜的香味，而且不容易滴落。

浅色蜂蜜

软蜂蜜

美味的蜂蜜

美味的蜂蜜及其他产品的呢？

蜂巢蜂蜜

对人类来说，蜜蜂是一种益处多多的昆虫。除了蜂蜜，蜂蜡也有很多用途，从蜡笔、护肤乳霜到上光蜡和肥皂……当然，蜜蜂可不是为了人类制造蜂蜜和蜂蜡的。工蜂采集花朵中的花蜜并运回蜂巢、填入小室，在那里，花蜜的质地慢慢变得浓稠，最终形成蜂蜜。蜂蜡是年轻的蜜蜂在建造和维修蜂巢时自身分泌的。每只蜜蜂只能产生一点点蜂蜡，50万只蜜蜂才能制造出0.5千克的蜂蜡，蜜蜂利用这些蜂蜡来修筑用于产卵的蜂室。而人类则开发出了蜂蜡的上百种用途。

深色蜂蜜

混合蜂蜜

令人惊讶的是，一只蜜蜂一生中仅可产出1茶匙的蜂蜜。

215

摩天大楼

这种小小的昆虫是怎样建起这样备有"空调"、墙壁坚固如混凝土的复合式塔楼的呢?

建造一个蚁冢的工程需要大量白蚁齐心协力地工作,并至少需要50年才能完成。从相对大小的角度说,白蚁建造了世界上最庞大的建筑。蚁冢用于为白蚁抵御炎热、干燥的天气,并保护它们免受天敌袭击。不同种类的白蚁建造的蚁冢形状和大小各不相同。

北 东 西 南

人们在澳大利亚北部发现了圆锥状白蚁冢,这些建筑总是朝向特定方向。

这种伞形蚁冢由非洲白蚁建造,能抵挡倾盆暴雨。

被称为"小黄瓜"的伦敦地标建筑,是利用自然空气流通原理来建造的,其结构就像一个白蚁冢。

白蚁蚁后身长可达15厘米。

工程学的壮举

在白蚁冢外面的温度高达40℃时，蚁冢里面依然能保持舒适的温度。这样的环境适于储存食物、作为花园，以及养育小白蚁。蚁冢内的小室都建造在特定位置，同时用拱形的天花板来加固整个建筑，甚至还有专为蚁王和蚁后准备的王台。蚁巢里的气体流通系统非常完善，可以确保空气在巢穴内循环流动。白蚁冢甚至还打有坚固的地基，就像砖砌的房子一样不易坍塌。这一切都是在没有建筑师和工程师参与、没有研究计划、没有建筑图纸的情况下实现的。

像我这样的兵蚁会向入侵者喷射有驱逐作用的液体，接触到可是很疼的，所以你要小心哦！

白蚁的身长还不到1厘米，却能建造超过6米高的蚁冢。

这个位于澳大利亚的教堂式的蚁冢可能已经存在100多年了。

我的身高属于中等水平，知道这座"城堡"有多大了吧！

蚁后

热气流上升，通过烟囱涌出。

要用铁镐才能凿破这些墙壁。

甚至有储存食物的空间。

地平线

真菌园中的食用菌生长良好。

孵育卵的房间

蚁王和蚁后的王台

217

识破伪装

哥斯达黎加天蛾的幼虫能使自己的身体膨胀来伪装成毒蛇的头部，醒目的眼纹使伪装更加逼真。

副王蛱蝶（上面）和黑脉金斑蝶（下面）相互模仿。对鸟类来说，这两种蝴蝶的味道都不佳，它们相似的外形强有力地传递出这样的信息——我们可不能吃！

长着浓密绒毛的触角、外展的翅膀表明，上面那只"蜜蜂"其实是一只无害的蛾。这一伪装用来吓跑那些不吃蜜蜂的鸟类。

保护自己免遭攻击的一个巧妙的方法，就是伪装成令捕食者厌恶的东西。下图中，上面一排的生物都能伪装成下面一排的危险动物，虽然这种伪装不会很完美，但足以在短时间内迷惑捕食者，趁机逃之夭夭。

仔细看看乌柏大蚕蛾的翼尖，有人认为它像竖立起来，随时准备喷射毒液的眼镜蛇的头部。

数一下上面那只"蚂蚁"的腿，它其实是一种跳蛛伪装的，使它能在蚁群旁出没。由于蚂蚁的攻击性很强，天敌通常不会靠近蚁群，跳蛛因而也得到了保护。

这只食蚜蝇身上像胡蜂一样的条纹迷惑了鸟类，有时甚至连人类也会因此害怕这种无害的昆虫。

腿
（共有8条）

巨家蛛

蜘蛛的须肢很小，像手臂一样，用来在交配时传递精子，以及处理食物。

末体
（身体后端）

前体
（身体前端）

螯肢
（包含毒牙）

蜘蛛恐惧症

你害怕蜘蛛吗？ 蛛形纲是节肢动物门的第二大分支，仅次于昆虫纲。其中不仅包括蜘蛛，蝎子、蜱、螨类也属于常见的蛛形纲，它们都有8条腿，不过你可能不知道，它们的嘴侧还有另外4条附肢，称为螯肢和须肢，具有毒牙、触角或是利爪的作用。蛛形纲不同于其他昆虫，它们没有复眼和触角，躯体也只有两个主要部分。很多蛛形纲动物都是肉食者，大部分成员都是残忍、高效的"杀戮机器"。

帝王蝎

蝎子长着一对巨大的螯，用来像爪子一样抓住猎物。

长脚盲蛛

人们经常把长脚盲蛛和真正的蜘蛛搞混。长脚盲蛛和蜘蛛不同，它没有丝腺和毒液腺，却拥有弹跳能力超群的长腿。一旦被敌人抓住，长脚盲蛛会剧烈抽搐身体，可能是为了转移对方的注意力。

无鞭蝎

这种罕见的蛛形纲动物用6条腿横着走路，另外2条长得出奇的前肢则用来探测猎物，一旦发现猎物，它就用可折叠的螯钳住猎物，将其撕碎。

家蜘蛛

我们有时会在家里发现它们。家蜘蛛属于漏斗网蜘蛛目，它能建造一个漏斗状的丝质巢。这类蜘蛛的其他成员都有剧毒（见第229页），但是被家蜘蛛咬上一口不会有任何危险，也不会很疼。

蝎子

巨大的前螯和长有钉刺的尾巴让蝎子很容易辨认。蝎子是蛛形纲中最古老的物种，它们只生活在炎热的地区，夜间出来猎食。一般来说，一只蝎子看起来越可怕，其实它就越安全。真正危险的种类是一种前螯细弱的小型蝎子，它粗大的尾部蓄满了致命的毒液。

尘螨

螨类

螨类随处可见，一张床上就可以容纳200万只以人类皮屑为食的螨类。多数螨类比句点还小，小得我们几乎都看不到。

蜱

蜱是吸血的寄生虫。它们潜伏在森林和草地里，等待经过的动物。它们用尖利的鱼叉形口器刺入寄主的皮肤，然后吸血。待它们吃饱后，身体会膨胀得像个皮球。

吸血之后

吸血之前

十字圆蛛

十字圆蛛属于球蜘蛛类，它们用蛛丝织成圆形的捕食网，把误撞到网上的猎物用有毒的螯齿咬死，然后吸干猎物的体液。

螲蟷（dié dāng）

螲蟷又叫活板门蜘蛛，它们不用蛛网捕获猎物，而是藏在洞穴中，再盖上伪装很好的、活板门似的盖子，当它们感觉猎物在上面走过时，就跳到外面捕食。

猎人蛛

猎人蛛是身手敏捷的猎手，四处游荡着追捕猎物。它可以在墙上疾跑，越过天花板并且像螃蟹那样横着疾走。如果你用手抓住一只猎人蛛，它会出于自卫咬你一口。

红膝狼蛛

狼蛛（捕鸟蛛）

狼蛛的腿完全伸展开来时足有30多厘米长，螯齿超过2.5厘米长，它真是蜘蛛世界中的巨人。狼蛛可以杀死鸟、蝙蝠和老鼠。人工饲养的狼蛛可以活30年。

跳蛛

滚圆、突起的眼睛使跳蛛的视力在蜘蛛王国中是最优秀的。它们不结网，而是主动捕食：悄悄接近猎物，乘其不备突然袭击。

221

从这张放大的图片可以看出蛛丝为什么如此富有弹性。

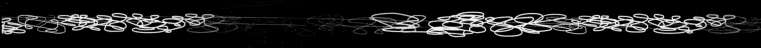

同一根蛛丝，被拉伸至原长度的5倍。

同一根蛛丝，被拉伸至原长度的20倍。

蜘蛛网

是一张具有螺旋轮结构的**圆形网**，也是**工程学**的一项杰作！蜘蛛通常都在晚上织网，织一张网大约需要**一个小时**。风雨会破坏蛛网，所以蜘蛛可能每天都要不止一次地修复它的网。

这只蜘蛛已经织好了一张新网的骨架，并将它固定好。现在蜘蛛开始围绕着蛛网的中心点织网。

蜘蛛一边产丝，一边将蛛丝的接头处粘在一起，加固蜘蛛网。一张具有螺旋轨道的蛛网开始渐渐成形。

蛛网完成后，蜘蛛就静静地在网中心等待。当昆虫误撞上蜘蛛网时，带来的震动会让蜘蛛快速地做出反应。

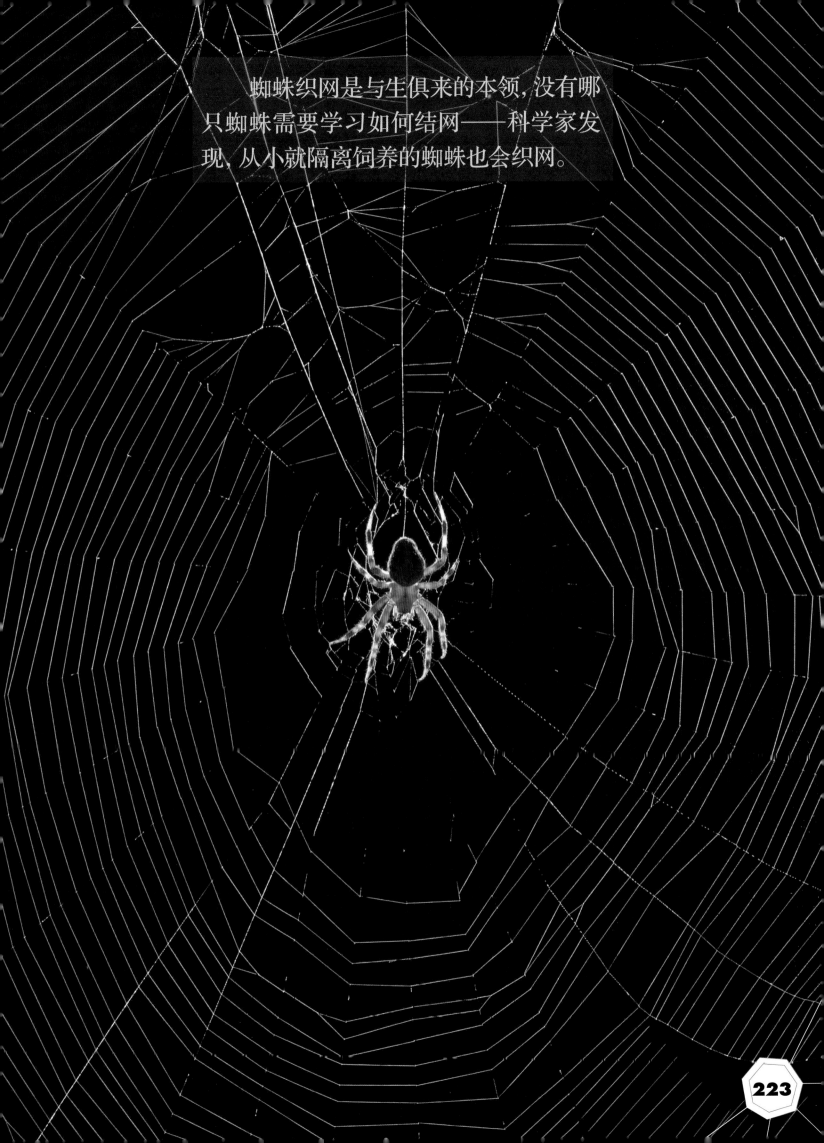

蜘蛛织网是与生俱来的本领，没有哪只蜘蛛需要学习如何结网——科学家发现，从小就隔离饲养的蜘蛛也会织网。

不同种类的蜘蛛编织不同类型的蛛网。

漏斗状

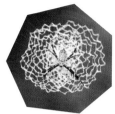

圆形状

缠结状

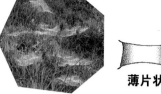

薄片状

漏斗网

这种网经常位于隐蔽的角落，比如栅栏的裂缝中，或是树洞里。蜘蛛潜伏在漏斗网内，等待昆虫靠近，它就突然扑出并抓住猎物。

圆形网

这种螺旋样的平面网可能是所有蜘蛛网中最常见的一类。蜘蛛首先织好网的骨架，然后围绕网的中心点不断地旋转织网，直至织成为止。

缠结网（不规则网）

这些网看起来非常奇异，有时能覆盖整个灌木丛顶端。这种网由蜘蛛丝杂乱无序地缠结在一起形成，上面挂满了不幸落网的小昆虫尸体。

片状网

这种网非常与众不同，是一张与地面平行的、缠结的丝网。网的上方和下方都结有交错的丝线，将飞行的昆虫撞落到片状网上。

正如蛛网分为许多种一样，蛛丝也分为多种类型。一类蛛丝用于构建蛛网的骨架……一类蛛丝用于包裹受困的昆虫。

网的主人

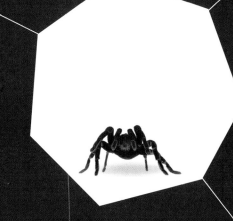

蜘蛛网可不是用来看的——

在相同重量的条件下，蛛丝要比钢筋的强度大5倍。这些特点使蛛网能完美地用于捕捉昆虫，而且还有很好的弹性，牢固。

蜘蛛开始结网时，为了牢牢固定蛛网，会产生主干丝。

人们用蛛丝制造鱼线、渔网等物品。世界上最大、最结实的蜘蛛网是由马达加斯加的达尔文树皮蛛织成的。这种蜘蛛的网宽可达25米，有三头非洲丛林象那么长。它的蛛丝比人工材料凯芙拉纤维还要结实10倍。

蜘蛛会结出不规则形状的网

蜘蛛在**修复**残破的网时，会吃掉旧网上的蛛丝，重新开始织网。

蜘蛛丝的强度 超过 钢筋

科学家估测出，如果将蛛网中的主干丝扩大到铅笔那样粗细，其强度足以固定住一架正在飞行的喷气式飞机。

间距不均匀的蛛网

不 是 所有蜘蛛 都会织网

地蛛和蟹蛛都不会织网，它们潜伏在树叶和花朵间等待猎物，突然袭击。狼蛛也用这种方式捕猎，不过它只在夜间出没。

狼蛛

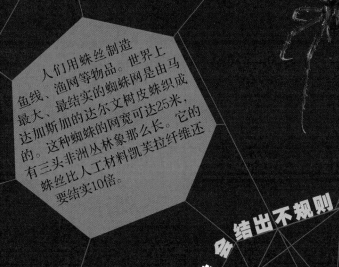

我至少有15对腿，虽然我又叫"百足虫"，但实际上大多数蜈蚣远远没有100只脚。我们大多喜欢夜间活动，那是猎食的黄金时间！

蜈蚣

如果**蜈蚣**落入水中，它们会漂浮在水面上，游向安全的地方。

蜈蚣是**肉食性**动物，以小型无脊椎动物为食。

当蜈蚣受到攻击时，会飞快**逃走**。

蜈蚣身体的每一节都生有一**对**附肢。

蜈蚣的行走速度**很快**。

蜈蚣的躯干通常是**扁平的**。

从相对大小而言，蜈蚣比猎豹跑得还要快。

许多蜈蚣的头部下方都有一对有毒的螯肢，用于捕杀猎物。

还是马陆？

觉得有危险，这只马陆团成了一个坚实的球。

马陆是**吃素的**，它们以腐烂植物为食。

马陆会**缩成球状**来躲避攻击。

马陆身体的每一节都生有**两对附肢**。

马陆行走得很**缓慢**。

马陆的躯干一般都是**圆滚滚**的。

有些马陆感受到威胁时会放出臭气。

虽然有人叫我"千足虫"，但是我们中的大多数只有约60只脚——虽然也有一些种类能达到750只脚，但还是远没有人们想象的那么多。马陆的种类比蜈蚣多。我们通常生活在潮湿的腐叶堆中。

危险！

自杀性任务

蜜蜂比其他任何有毒动物杀死的人都多。非洲蜜蜂是最致命的。如果你过分靠近它们的蜂巢，守卫蜂就会释放警报气味，使大批蜜蜂聚集起来攻击入侵者。它们会对入侵者紧追不舍，施以不计其数的螫（shì）刺。蜜蜂只有在攻击人类这样皮肤厚实的目标时才会死亡，在防御性的常规"战斗"中，它们可以一次又一次地攻击敌人。

甲虫"炸弹"

放屁甲虫腹部的两个腔室中储存着两种爆炸性的化学物质。如果你侵扰了这种甲虫，它会将两种化学物质混合起来，发生导致爆炸的化学反应，最终造成液体喷发。滚烫、腐蚀性的化学物质通过甲虫能控制的旋转喷管喷射出来。如果这些喷雾溅到小型动物的脸上，可能会导致其失明，甚至死亡。

这些节肢动物使用化学武器是为了自卫。

化学战

刚毛

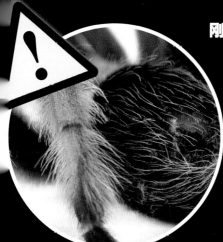

除了利用毒螯来防御，捕鸟蛛还能在入侵者身上留下一些毒性纤毛。这种独特的刚毛能钻入皮肤，释放化学毒剂而引发皮疹。如果纤毛进入你的眼睛里，会引起剧烈疼痛。

恶臭"炸弹"

臭虫的胸腔内有特殊腺体，能分泌一种恶臭的液体。如果你把一只臭虫捉在手里，凑近点就能闻到一股苦杏仁般的气味，那是氰化物的标志。有些人闻不出氰化物的气味，但这些小虫的主要天敌——鸟类能闻到。它们身上鲜艳的装饰也是一种警告：离我远一点儿！

死亡之吻

悉尼漏斗网蛛是少数咬一口就能致人死亡的蜘蛛中的一种，不过这种死因极其罕见。这种蜘蛛的攻击性很强，而且会连续咬上多次，它的毒牙能刺穿人类的指甲，甚至鞋。它的毒液中混合有多种神经毒剂，可以引起剧烈疼痛、抽搐、呕吐、昏迷甚至死亡。

棘刺警报

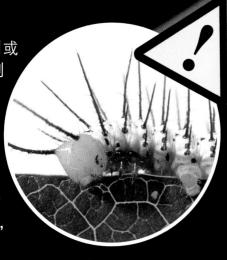

千万不要触摸有刺或者多毛的毛虫。这些棘刺和纤毛是毛虫的毒针，能刺穿入侵者的皮肤，注入会引起疼痛的毒液。毛虫还会从植物那里偷来化学武器，它们以有毒植物为食，然后将有毒物质储存在体内，用于防御。

尾上的螫针

生活在北非的肥尾蝎是蝎子世界里的头号杀手。它的毒液中含有可迅速扩散至全身的神经毒剂。一旦被这种蝎子蜇了，会感到疼痛、呼吸急促、虚弱、流汗、口吐白沫、视物模糊、睁不开眼睛、呕吐、腹泻、胸痛、失去知觉，直到死亡。

疼痛的证明

中美洲的子弹蚁是所有昆虫中叮咬最疼的。灼烧般的疼痛能持续24小时，据说感觉就像中弹一般。雨林中的部落用这些蚂蚁庆祝成年礼，男孩们必须戴上装有这些蚂蚁的编织套筒，忍受着剧烈的蜇咬来证明他们的勇气。

 致命性！　　 **腐蚀性！**　　**! 刺激性！**

朋友

⚠️ 警告：胡蜂在年底会变得特别有攻击性！

虽然胡蜂会蜇人，但它们是高效的捕食性昆虫，能清除大量的害虫，比如毛虫。所以胡蜂是人类的好朋友。

蜜蜂为我们提供蜂蜜和蜂蜡，而且它们还能传播花粉，使作物结出果实和种子。所以它们是人类亲密的朋友……除了非洲杀人蜂，它们可一点儿也不友好。

瓢虫也是我们的朋友，它们能捕食为害菜园的蚜虫。有些人专门买来瓢虫放进蔬菜大棚以控制虫害。

别害怕！我只是想抓住那些讨厌的苍蝇！

蜘蛛能消灭数以十亿计的害虫，以及携带病原菌的昆虫，尤其是苍蝇，但却从不破坏我们的作物或建筑。

我是害虫，因为我能传播疾病。但我也有益处，那就是能协助有机物的生物循环！

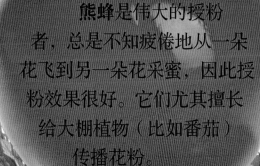

熊蜂是伟大的授粉者，总是不知疲倦地从一朵花飞到另一朵花采蜜，因此授粉效果很好。它们尤其擅长给大棚植物（比如番茄）传播花粉。

敌人？

有些人认为昆虫和蜘蛛都是入侵我们房屋和花园的害虫。实际上，它们中有许多种类对人类是有益的。那么谁是我们的朋友，谁是我们的敌人呢？

木匠蚁在木材上挖洞筑巢，它可不管这木材是一棵树还是你家房屋的大梁。而且它们在晚上还会悄悄溜进你的厨房，偷吃甜腻的食品。

粉蝶很漂亮，但它们的毛虫一点儿也不招人喜欢，它们的食谱几乎包括了我们吃的所有蔬菜：花菜、卷心菜、西兰花、萝卜、羽衣甘蓝、芥菜……

我爱吃蔬菜！

白蚁可不仅仅是借住在房屋的木料中，还会一点儿一点儿地蛀食这些木头。白蚁的踪迹非常隐蔽，甚至能在人们发现之前吃空整栋房子。

蚜虫吸吮各种植物的汁液，而且它们无性繁殖的速度惊人。它们含糖的排泄物还能引来霉菌。

面象甲住在厨房的碗柜里，它们能吃所有的干燥食品：从面粉、意大利面到奶油饼干和奶粉。它们是家庭中非常常见的害虫之一。

嗯……发霉的陈面粉，我的最爱！

马铃薯甲虫从前生活在美国的落基山脉地区，但现在已经遍布全球，是为害马铃薯种植业的大害虫。它们的幼虫大吃大嚼马铃薯叶片，能造成整棵植株死亡。

世界上 最致命的 动物 是什么?

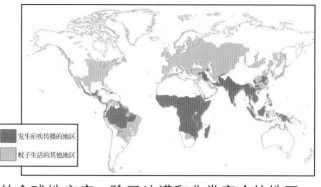

| 发生疟疾传播的地区 |
| 蚊子生活的其他地区 |

疟疾是一种非常古老的全球性疾病。除了沙漠和非常寒冷的地区，几乎到处都有可以传播疟原虫的蚊子。在20世纪，很多国家成功地消灭了疟原虫（不过没有灭绝蚊子），但在热带国家，疟疾还是很普遍，本页下方列出的其他一些蚊媒传染病也是如此。

人类历史上近一半的死亡是由小小的雌蚊引起的，它用刺吸式口器刺入皮肤吸血，同时也注入了能引起致命疾病的微生物。疟疾是其中最出名的一种，这种疾病每年可导致50多万人丧命。除此之外，如果你到热带疫区旅行，将有可能感染以下疾病。

吸血前

雌蚊吸血获得营养，来孕育它们的卵；雄蚊不叮人，而且小得你很可能从来都没在意过。蚊子一般都是在晚上出来活动，所以到了晚上，人们很容易被蚊子叮咬。雌蚊吸血后，腹部会膨胀变红，它的唾液中含有麻痹性物质，能让人在被叮咬一段时间后才察觉到，而这时它们往往已经吃饱飞走了。

吸血后

蚊子可以传播的疾病

登革热：能引起红点样皮疹，剧烈的关节痛及骨痛。
黄热病：呕吐到吐出胆汁来，皮肤黄疸，然后就是昏迷，甚至死亡。
西尼罗河热：病毒通过血液扩散到大脑，大量增殖，最后致死。
疟疾：每两天或三天反复骤然发热，有可能致死。
象皮病：通过蚊子传播的血丝虫钻入人腿部皮肤，能使腿部膨胀得像大象腿。

疟原虫在**红细胞内**繁殖（放大显示）。

1790年的夏天，美国费城10%的人口因黄热病而死亡。

疟疾能在**一天内**导致死亡，也可以在体内潜伏**30年。**

每年有**5亿**人感染疟疾。

1/5
严重的疟疾患者将会死亡。

地球上每年有约**70万人**会因为蚊子叮咬而死亡。

22000名
法国工人在修建巴拿马运河时因**疟疾**和**黄热病**而死亡。

非洲是疟疾高发地区。

1802年，在攻打海地时，超过**半数**的拿破仑军队士兵死于黄热病。

疟疾不仅是人类的疾病，蚊子也会因疟原虫而患病。

打破纪录

迁徙 为了寻找新的栖息地，一些动物要进行长途旅行，也就是迁徙。节肢动物可以随风迁徙上千千米。非洲沙漠蝗（*Schistocerca gregaria*）为了寻找食物，会群体随风飞越撒哈拉沙漠。1988年，一群蝗虫随着强大的热带风横渡大西洋，这股热带气流后来演变成飓风，这群蝗虫最后在南美国家苏里南、圭亚那的原始岛屿着陆。

最长　　最快　　最高　　最吵　　最小

最长的昆虫

中国巨竹节虫（ Phryganistria chinensis ）是一种来自中国成都的竹节虫物种，身长62.4厘米，比这本书打开后的宽度还长。

跑得最快的昆虫

美洲大蠊是昆虫世界中短跑冠军的官方纪录保持者，最高时速是5.4千米。但是科学报道表明，中华虎甲的时速可达12.3千米，是前者的两倍还多。

最高的巢穴

非洲白蚁的蚁冢高达13米，是动物界的最高建筑物。如果按照我们的身高比例修筑同样的建筑，需达4.5千米高。

跳得最高

沫蝉是昆虫世界的跳高运动员，可跳起70厘米高，而它本身只有0.63厘米长，这相当于一个人跳到45楼那么高。

菲利普·麦凯布全身覆盖着27千克重的蜜蜂，站立了大约2个小时，仅被蜇了7下。

最大的蝴蝶

巴布亚新几内亚的亚历山大女皇鸟翼凤蝶是最大的蝴蝶，拥有28厘米的翼展。最大的蛾是马来西亚的阿特拉斯蛾，翼展可达30厘米。

最高产 大多数群居昆虫比其他节肢动物有更多的后代，一只蜂王一年至少产卵200000枚，她能存活4年，可以繁殖800000只后代。不过纪录的最高保持者还要属白蚁蚁后，它们每分钟可产卵21枚，一天产卵30000枚，在它们的一生中，可以生育1亿只后代。

最懒　　最年轻　　最老　　最小　　最吵

最短的生命

蜉蝣是昆虫中寿命最短的，只有1天左右的时间来交配。蚜虫的传代时间最短，出生7天后就可以繁殖。

最小的蜘蛛

哥伦比亚的**巴图迪古阿蜘蛛**（*Patu digua*）是世界上最小的蜘蛛，只有3.7毫米长。不过其他蛛形纲的昆虫，如螨类，也很小。最小的昆虫是一种缨小蜂科的蜂类，身长仅0.14毫米。

最长的冬眠

丝兰蛾蜕变为成体前要经历19年的冬眠。很多昆虫都会为了抵御寒冷或干燥进入冬眠状态，也叫滞育。

最大的网

马达加斯加的**达尔文树皮蛛**可以编织出直径3米的圆形丝网，捕获蜉蝣和蜻蜓等昆虫。

最老　　最年轻　　最懒　　最小

飞得最快的昆虫

蜻蜓是世界上飞行速度最快的昆虫，一些蜻蜓可以在短时间内达到时速58千米。马蝇和某些蝴蝶速度也很快，它们能保持39千米的时速。所以飞得最快的昆虫是澳大利亚蜻蜓。

最快的振翅速度

铁蠓（*Forcipomyia*）的振翅速度是每秒1046次，是目前所知最快的昆虫振翅速度。

最大的蜜蜂团

2005年6月，爱尔兰的菲利普·麦凯布冒着被蜇死的危险，让20万只蜜蜂停落在自己身上，试图打破最大蜜蜂团的世界纪录。目前的纪录是35万只蜜蜂，保持者是美国加利福尼亚的马克·比安卡涅洛。

鸣叫声最大的昆虫

非洲蝉的鸣叫声可达109分贝，接近于公路钻孔机发出的噪声，在数百米外都能听到。

最长的寿命

蛀木甲虫的幼虫在木头里生存35～50年才蜕变为成体。白蚁蚁后作为群体的首领，可以存活超过60年，是所有昆虫中寿命最长的。

最高　　最快　　最长

矛头腹如何杀死猎物？**第 273 页**介绍了它的战术。

觅食

逃脱

哪种蜥蜴是吃虫子的？看看**第 280 页**。

为什么雄产婆蟾被称为事必躬亲的父亲？到**第 259 页**寻找答案吧！

怎样从鳄鱼的袭击中脱险？仔细阅读并记住**第 305 页**的提示。

棱皮龟能游多远？
去**第 294—295 页**
跟着它们游一程吧！

在**第 264—265 页**瞪眼看青蛙，身上有像眼睛一样的斑点的青蛙绝对会赢。

爬行动物怎样从周围环境中摄取热量？到**第 262 页**瞧瞧吧！

滑行

到**第 284—285 页**玩蛇与梯子的游戏。要小心，否则会滑进细鳞太攀蛇的口中。

青蛙什么时候蜕皮？答案就在**第 247 页**。

两栖动物

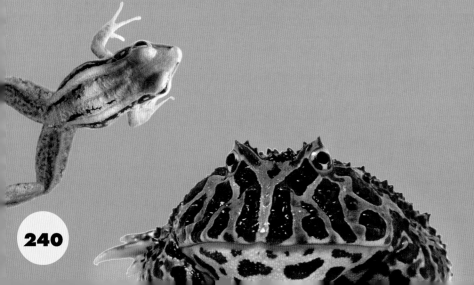

两栖动物是既能在水中生活，又能在陆地上生活的一类动物。青蛙、蟾蜍、蝾螈和鲵都是两栖动物。

爬行动物有干燥、有鳞的皮肤，而两栖动物的皮肤柔软、湿润。大多数两栖动物可以通过皮肤呼吸，前提是要保持在湿润的状态。成年两栖动物也可以通过肺来呼吸。

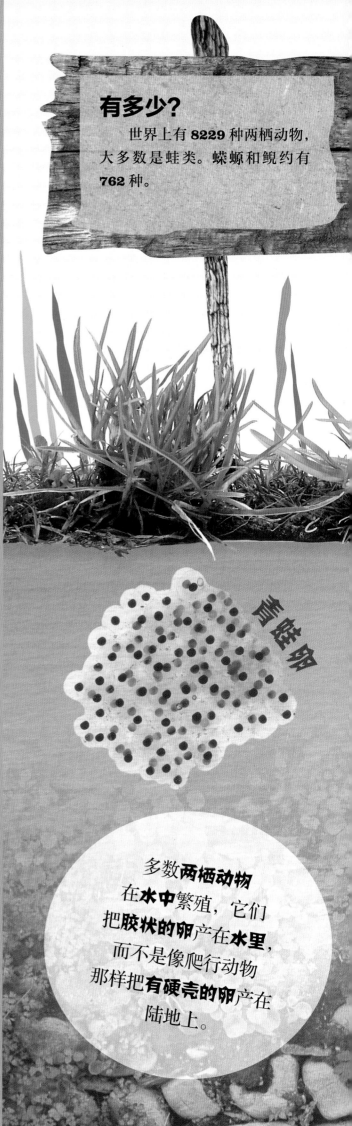

有多少？

世界上有 8229 种两栖动物，大多数是蛙类。蝾螈和鲵约有 762 种。

青蛙卵

多数两栖动物在水中繁殖，它们把胶状的卵产在水里，而不是像爬行动物那样把有硬壳的卵产在陆地上。

蟾蜍是蛙类吗？

我的皮肤既干燥又粗糙，看起来像长满了赘疣。人们总叫我癞蛤蟆，但是我真的属于蛙类。

我是一只树蛙。

大部分蛙类生活在**河流或水池**附近。但是**雨林**的潮湿气候保证了树木总是十分**潮湿**，这样一些蛙类就可以一直生活在那里。它们被叫作**树蛙**，有着**又大又黏的脚趾**，帮助它们爬树。

大多数两栖动物的宝宝完全生活在**水里**，叫作蝌蚪。它们小时候**像鱼一样游泳**，并用鳃呼吸，然后慢慢长出腿爬上陆地，但也只能生活在潮湿的地方。

蝌蚪

当**蝌蚪**从卵里孵出之后，它生命中的第一个任务就是马上吃光它的卵的剩余部分，因为卵**含有丰富的营养**。蝌蚪变为成年两栖动物的过程被称为**变态**。

爬行动物

现在，地球上一共有 **11341 种爬行动物**，主要包括**鳄鱼**、**龟**、**蜥蜴**和**蛇**。所有的爬行动物都是**冷血**的，因此它们的身体被厚厚的、**干燥的**、有角质和鳞片的皮肤包裹着，需要在**阳光**下让自己保持温暖。有些爬行动物产卵，有些直接生出小宝宝。

有多少？

蜥蜴是爬行动物中种类最多的（**7106 种**），然后是蛇（3848 种），接下来是龟类（360 种）。蚓蜥的种类相对较少（181 种），鳄鱼更少（26 种），最少的是楔齿蜥（只有 1 种）。

鲜艳的颜色

美洲鬣蜥和它们的亲戚是蜥蜴中颜色最鲜艳的，这只绿色的美洲鬣蜥颜色明亮，几乎没有花纹。

所有的爬行动物都有脊椎

明亮的线条

每一只马达加斯加残趾虎身上的红色条纹都不一样。

爬行动物的外形和大小有很大的区别，但是，与两栖动物湿润的皮肤不同，**所有的爬行动物**都有鳞片。虽然爬行动物的鳞片各不相同，但有鳞片却是定义爬行动物的一个**特征**。

长而无腿

蛇是没有腿的爬行动物。全世界都有它们的踪迹，但是它们并不适合生活在寒冷的地方。巨蚺，如右图中的这条，可以长到 3~4 米长。

沙子一样的颜色

像许多壁虎一样，这种砂岩壁虎的颜色能与周围环境融为一体。

楔齿蜥是**爬行动物**的一种，只能在**新西兰**找到。

243

里面是什么?

蛙类的**骨架比较简单**,骨骼的数量少于其他脊椎动物。它们往往有结实的身体和强有力的后肢。大多数蛙类眼睛突出,没有尾巴。来看看蛙类的皮肤下面有什么吧!

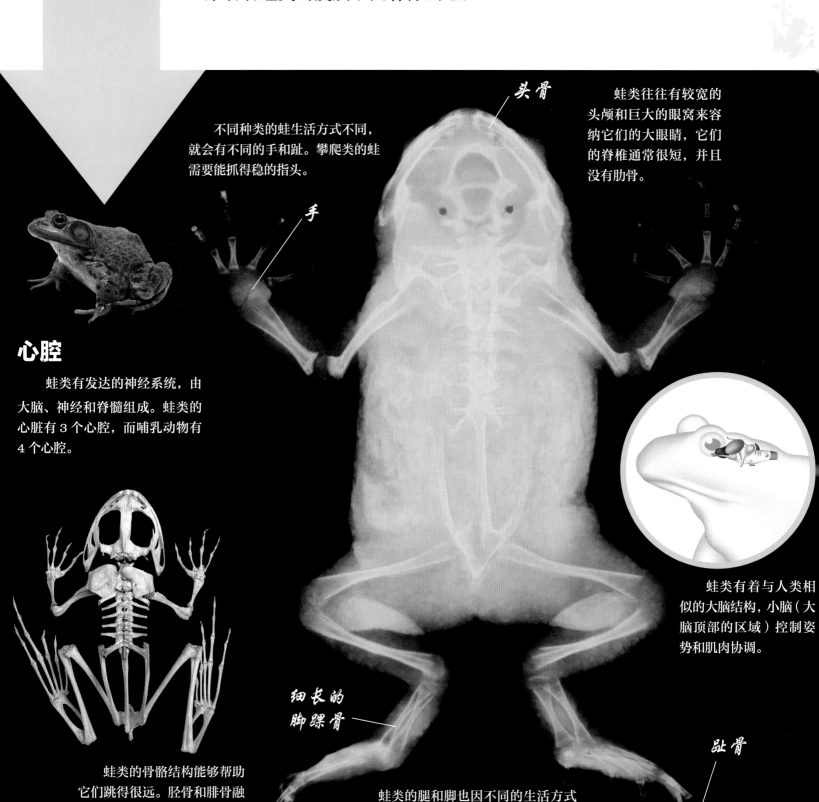

不同种类的蛙生活方式不同,就会有不同的手和趾。攀爬类的蛙需要能抓得稳的指头。

头骨

蛙类往往有较宽的头颅和巨大的眼窝来容纳它们的大眼睛,它们的脊椎通常很短,并且没有肋骨。

手

心腔

蛙类有发达的神经系统,由大脑、神经和脊髓组成。蛙类的心脏有 3 个心腔,而哺乳动物有 4 个心腔。

蛙类有着与人类相似的大脑结构,小脑(大脑顶部的区域)控制姿势和肌肉协调。

细长的脚踝骨

趾骨

蛙类的骨骼结构能够帮助它们跳得很远。胫骨和腓骨融合成为一块强壮的骨头。

蛙类的腿和脚也因不同的生活方式而有所区别,生活在水里的蛙类长着带蹼的脚,而且在水里待的时间越长,脚上的蹼就越发达。

令人难以置信的是，**蛇的脖子的长度**竟然占据了其身体总长度的 **1/3**。同时，它们的**器官**也很长，一个接着一个地排列。心脏长在一个包囊里，但**不在固定的地方**，为的是在吞咽体形较大的猎物时避免受伤害。

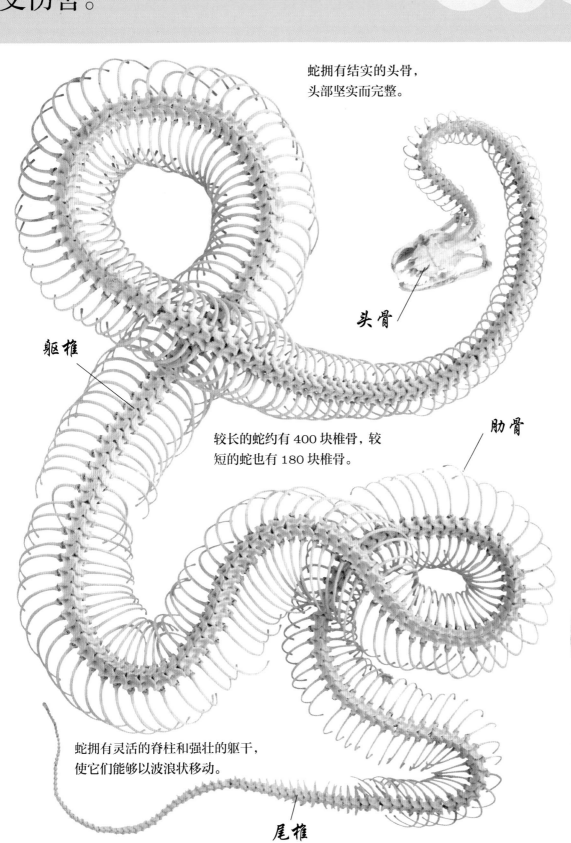

蛇拥有结实的头骨，头部坚实而完整。

头骨

躯椎

较长的蛇约有 400 块椎骨，较短的蛇也有 180 块椎骨。

肋骨

蛇拥有灵活的脊柱和强壮的躯干，使它们能够以波浪状移动。

尾椎

干燥的皮肤

蛇的皮肤被鳞片覆盖，干燥而光滑，会定期蜕皮。蜕皮时，一整层皮肤会形状完好地整体脱落。

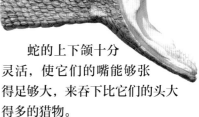

蛇的上下颌十分灵活，使它们的嘴能够张得足够大，来吞下比它们的头大得多的猎物。

超级皮肤

青蛙拥有十分**特殊的皮肤**。它们不只是"穿"着它,还通过它**喝水**和**呼吸**！

青蛙并不像我们人类那样喝水时需要吞咽,它们通过自己的皮肤吸收大部分身体所需的水分,同时也从捕食的猎物中摄取水分。它们的皮肤还被用来获取**更多氧气**(除了由口腔吸入肺部的氧气外)。青蛙的皮肤只有在潮湿的状态下才能呼吸,否则就将窒息而亡。

有些青蛙体表**黏糊糊**的,那是因为它们的皮肤会分泌**黏液**来防止干燥。

超级皮肤

青蛙会定期蜕去最外层的皮肤细胞来保持其皮肤的健康，看起来**非常恶心**。蜕皮开始时，它们**扭动**身体，像是**打嗝**一样。这样做是为了把自己的身体从旧皮肤中拉扯出来。最后，它们就像脱毛衣一样将整层皮肤从头顶脱下来，然后（*这真的很恶心*）吃掉！**太恶心了！**

青蛙的生长周期

从蝌蚪宝宝到青蛙少年

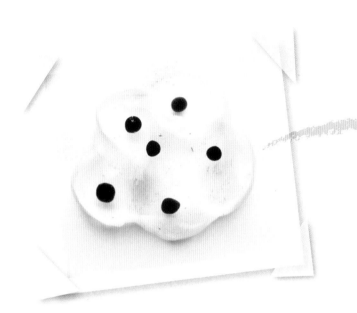

生命伊始

    雌雄青蛙交配后，**雌青蛙**会产出一团一团的*卵块*或长带状的*卵带*。在受精 **6 天**以后，卵中就会孵出小蝌蚪。在生命的最初阶段，它们是以剩下的卵黄为食的。

小蝌蚪

    当**小蝌蚪**从卵里孵出来时，它们的嘴巴、尾巴还有外露的鳃都还没有发育完全。**7~10 天**后，它们就可以吸附在水草上**以藻类为食了**。

完全成形

    青蛙完整的*生长周期*为 **12~16 周**，时间的长短取决于青蛙的种类、食物的供给及其生存地点的水源。当青蛙完全成形后，又会开始交配，启动新的生命周期。

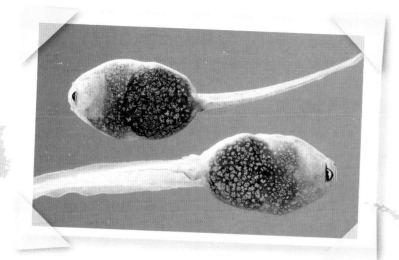

慢慢长大

在**第4周**的时候，外露的鳃会被身体上的皮肤包裹，最终消失而长出肺。蝌蚪有着微小的牙齿，帮它们咀嚼植物和藻类。

两个都有点像

在**第6周到第9周**的时候，蝌蚪会长出细小的后肢，同时头部也发育得更加明显，前肢也开始慢慢萌芽。**9周**以后，蝌蚪的样子看起来就更像青蛙了。

还差一点儿！

到了**第12周**，蝌蚪就只剩下一条小小的尾巴，变成了幼蛙。这时它们看起来就像是迷你版的成年青蛙。很快，它们就会离开水到陆地上生活了。

颜色 与 斑纹

两栖动物和爬行动物**色彩**丰富，光谱范围从明亮的红色和蓝色到暗沉的绿色和棕色都有。它们身上的花纹有**斑点状**的，也有**条纹状**的。

珊瑚蛇

斑纹可能具有欺骗性！

牛奶蛇有三色环状条纹，红色和黄色条纹较宽，黑色条纹较窄。它们并没有毒，但是看起来很吓人，因为它们的条纹和一种剧毒的珊瑚蛇十分相似。

墨西哥奶蛇

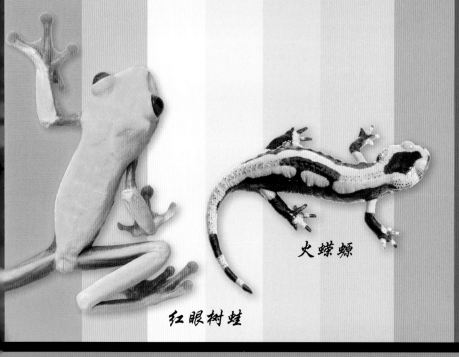

火蝾螈

红眼树蛙

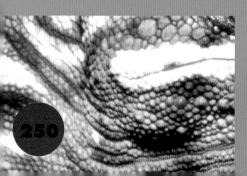

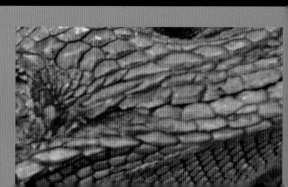

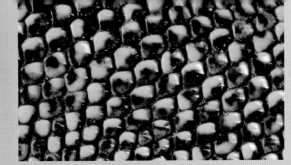

南方侏儒
变色龙

色彩伪装

两栖动物和爬行动物身上的图案和颜色能帮助它们与周围的环境融为一体，用以躲避捕食者。变色龙——正如它们的名字那样——拥有惊人的改变外表的能力，它们既可以改变颜色，也可以改变斑纹。

环颈蜥

草莓箭毒蛙用鲜红的颜色来警告其他动物，它的皮肤能分泌剧毒的分泌物。

捉迷藏

太平洋树蛙极易隐藏于周围的环境中，随着季节的变化，它们可以从灰色变成绿色，甚至可以根据背景的亮度来调节自己的斑纹及皮肤的明暗。

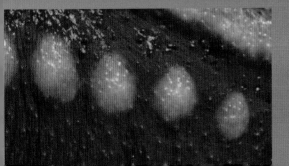

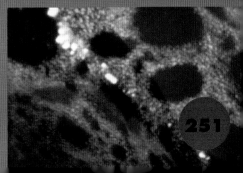

家，甜蜜的家

除了南极洲外，在各大洲都能找到两栖动物的踪迹。几乎所有的两栖动物都生活在潮湿的地方，比如小溪、河流、水池、湖泊及其他湿地。但是也有些两栖动物表现出了惊人的适应能力，生活在干旱、灰尘飞扬的沙漠。多数成年两栖动物生活在陆地上，但是基本上都要把卵产在水中。

沙漠生活

阿氏沙龟（学名：*Gopherus agassizii*）95%的时间在地下度过，可以一年不喝水。

铲足蟾（学名：*Scaphiophus couchii*）因能用脚在松散的沙子上挖洞而得名，在干燥的季节会生活在地下。

砂鱼蜥（学名：*Scincus scincus*）生活在非洲的撒哈拉沙漠，以能在沙子中"游泳"而出名。

植物为家

草莓箭毒蛙（学名：*Oophaga pumilio*）将卵产在树叶上，在卵孵化后才把它们搬到有水的地方。

巴西金蛙（学名：*Brachycephalus didactylus*）把家安在山地雨林中，主要生活在落叶之间。它们是地面居民，因为它们并不擅长跳跃和攀爬。巴西金蛙的卵会跳过蝌蚪阶段，直接孵出小青蛙。

高居树上

红眼树蛙（学名：*Agalychnis callidryas*）生活在美洲中部热带雨林的树顶，由于出色的爬树技巧，也被称为"猴蛙"。

树洞蛙（学名：*Metaphrynella sundana*）是加里曼丹岛低地森林的居民。它们生活在树洞里，并利用树洞来放大自己求偶的叫声，这种叫声在很远的地方也能被听到。

谁生活在干旱的地方？ 许多爬行动物生活在沙漠里，藏在洞穴里躲避高温。沙漠是你最不可能找到两栖动物的地方，但是也有极个别的两栖动物能适应这种极端的生活环境。

谁住在这样的房子里？ 有的青蛙已经适应了生活在森林地面的腐烂枯叶中，还有些会巧妙地用树叶隐藏它们的卵直至卵孵化。

谁住在高高的树上？ 世界上的大部分青蛙都生活在热带雨林中，那里温度较高并且水量充足。

爬行动物也不在南极洲生活。与两栖动物不同，它们的皮肤密不透水。因此，它们不会很快就变干。有些爬行动物生活在沙漠那样炎热、干旱的地方，有些则生活在温暖的沼泽、河流或森林里，还有些甚至生活在海里，但是它们都会在陆地上产卵。

畅游**海洋**

长吻海蛇（学名：*Pelamis platurus*）拥有所有蛇类中最长的肺来帮助它们控制浮力，以便长时间停留在水中（长达三个半小时）。

玳瑁（学名：*Eretmochelys imbricata*）用窄窄的喙觅食软体动物、海绵和其他动物。

享受**潮湿**

非洲光滑爪蟾（学名：*Xenopus laevis*）生活在南非的池塘、湖泊和溪流里，它们生命中的大部分时间都是在水中度过的。

北方水蛇（学名：*Nerodia sipedon*）生活在溪流、湖泊、池塘及沼泽附近。它们都是游泳健将，每天在水边尽情地吞食蝌蚪群。

度过**寒冬**

美洲林蛙（学名：*Rana sylvatica*）靠冬眠在冰冻的环境中存活下来，它们会藏在岩石缝、树洞中，或是把自己埋在树叶里来度过寒冷的冬天。

蛇蜥（学名：*Anguis fragilis*）是一种没有脚的蜥蜴，会在树叶堆里或树木根部的空洞中冬眠。它们在每年10月入睡并在次年3月醒来，然后在初夏的时候开始繁殖。

谁生活在海里？两栖动物无法在海水里生活，因为它们的皮肤太薄，无法应对海水中的盐分。而爬行动物的皮肤很厚，其中一些种类还能调节血液中的盐分，所以它们能在海里生活。

谁喜欢生活在潮湿的地方？两栖动物往往是爬行动物的美食，因此两栖动物生活的地方往往也有爬行动物的身影。北方水蛇就生活在能抓到两栖动物的池塘周围。

谁会躲避严寒？许多两栖动物和爬行动物生活的地方都有寒冷的冬天，于是它们就用冬眠的方法保存能量来度过寒冬。

亚马孙**角蛙**

亚马孙角蛙的大胃口和坏脾气久负盛名，它可以长到小餐盘那么大。

目瞪口呆

亚马孙角蛙嘴巴的宽度比它身体的长度还要大，它可以吞下和它自己差不多大的猎物。

有耐心的捕食者

亚马孙角蛙是贪婪的肉食性动物。它们把自己埋伏起来，静静地等待猎物靠近，然后突然张开嘴袭击猎物。**它们从不挑食**，通常以蚂蚁及其他昆虫为食，同时绝不会放过能吃掉比它们小的动物（比如老鼠）的机会。有时它们也会错误地估计猎物的大小而无法将其吞下。

小心你的脚！被惊扰的亚马孙角蛙有时会为了自卫而攻击人类，它们往往会将一切靠近它们的东西视为食物而试图捕捉。

令人印象深刻的角

"蛙如其名"，**亚马孙角蛙**的眼睛上方长着所有角蛙类中最大的肉质角。当它坐在森林的地面上等待猎物出现的时候，这对竖起来的"眉毛"能帮助它掩饰青蛙的形状。

亚马孙角蛙的特征

· 与其他蝌蚪不同，亚马孙角蛙的蝌蚪生来就是**捕食者**。从它们孵化之时起，它们就以其他青蛙的蝌蚪为食，甚至自相残杀。

· 雌蛙一次会产 **1000** 多枚卵，它们会将卵产在水生植物附近。

· 与雌蛙相比，雄蛙**体形略小**，它们求偶时发出像奶牛一样"哞哞"的声音。

这只角蛙体长20厘米。

鳄鱼如何在水下呼吸？

　　鳄鱼可以藏在水里，只要它将鼻孔和眼睛露出水面，就可以一直呼吸和观察。它可以保持这样不动，直到猎物足够近时迅速抓住，再把猎物拉下水。然后，它会将鼻孔和喉咙后部的皮瓣关闭，从而屏住呼吸。这样一来，在它张开嘴咬住猎物时，水也不会涌进肺里。

咸水鳄
（学名：*Crocodylus porosus*）

龟

水栖龟类用肺呼吸，佛罗里达鳖（右图）需要将口吻伸出水面，往肺中吸满氧气。一些龟能在水下停留数周，靠极少的氧气存活。

佛罗里达鳖
（学名：*Apalone ferox*）

鳄鱼的眼睛有像透明的**盾牌**

蛙类

蛙类在水下时用皮肤来呼吸，它们的皮肤能从周围的水中吸取氧气。第246—247页有更多关于它们皮肤的介绍。

琉球蛙
（学名：*Rana sp.*）

海蛇

海蛇能在水下停留长达5小时——它们有巨大的肺，能储存足够的氧气——然后必须浮上水面来吸足氧气才能再次回到水中。

蓝灰扁尾海蛇
（学名：*Laticauda colubrina*）

大型**湾鳄**至少能在水下待一个小时，它们可以将**心率**降低到每分钟2~3次。

一样的**防水膜**。

　　两栖动物和爬行动物通过**不同**的方式将**它们的新生儿**带到这个世界上。大部分两栖动物和爬行动物都是由**卵孵化**而来的。

两栖动物的卵

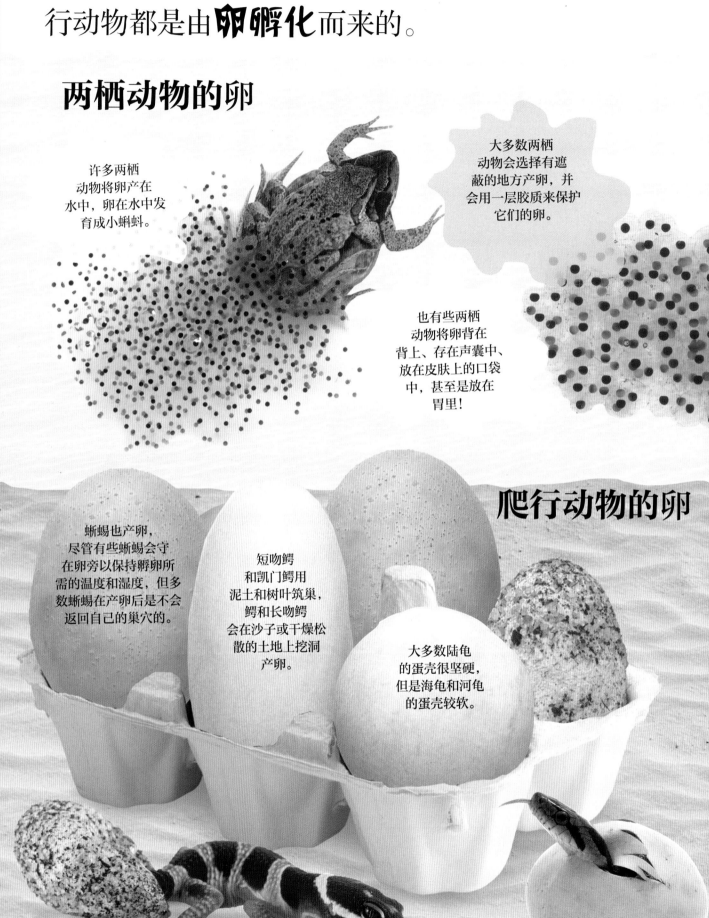

许多两栖动物将卵产在水中，卵在水中发育成小蝌蚪。

大多数两栖动物会选择有遮蔽的地方产卵，并会用一层胶质来保护它们的卵。

也有些两栖动物将卵背在背上、存在声囊中、放在皮肤上的口袋中，甚至是放在胃里！

爬行动物的卵

蜥蜴也产卵，尽管有些蜥蜴会守在卵旁以保持孵卵所需的温度和湿度，但多数蜥蜴在产卵后是不会返回自己的巢穴的。

短吻鳄和凯门鳄用泥土和树叶筑巢，鳄和长吻鳄会在沙子或干燥松散的土地上挖洞产卵。

大多数陆龟的蛋壳很坚硬，但是海龟和河龟的蛋壳较软。

然而，有些青蛙、蛇及蜥蜴会**直接生出**它们的**宝宝**。
爬行动物和两栖动物的养育方式可以说是五花八门。

父亲的**身影**

有些种类的青蛙爸爸在养育后代的过程中扮演着重要的角色。雄性达尔文蛙就负责照顾蛙卵，它们把蝌蚪放在自己的声囊中照料，直到蝌蚪长成小青蛙。

雄产婆蟾（右图）的养育方式很有趣，它们在雌蛙产卵后将卵背在自己的后腿上！3周后，雄蛙会把那些卵带到水中，卵会在水里孵出小蝌蚪。

缺席的**父母**

大多数壁虎将卵产在树皮或者岩石的缝隙里，但是它们绝不会照看它们的后代，小壁虎从出生那一刻起就必须学会照顾自己。海龟在所有爬行动物中产卵量最多，但是它们也从不照看自己的卵。海龟把卵产在沙子或泥土里，当小海龟破壳而出时，它们就得靠自己了，它们必须要在非常短的时间里学会生存技巧！

凯门鳄和短吻鳄出生后就一直和妈妈待在一起，这些幼小的爬行动物在出生后的几周里都会受到妈妈的保护，当危险来临时，它们会躲在妈妈的身体下面。

男宝宝还是女宝宝？
鳄、海龟、陆龟等的性别通常取决于孵化时的温度。

实际大小

从这么小 .... 到这么大！

巨蛙小时候也是**很小**的，它们的

蝌蚪和普通青蛙的蝌蚪一样大。但是，

和普通青蛙的蝌蚪不同，*巨蛙*的蝌蚪会

不停地长大，直到像一只猫一样大。

当它们伸开四肢的时候，它们的**长度**可

以达到 1 米。

巨蛙
　　巨蛙是世界上最大的无尾两栖动物（包括青蛙、蟾蜍等）。

巨蛙
　　巨蛙（学名：*Conraua goliath*）生活在非洲西部，在几内亚和喀麦隆某些水流湍急的河道和瀑布附近能找到它们的踪迹，是当地人很喜欢的美食。

有多小？
　　世界上最小的青蛙是巴布亚新几内亚的阿马乌童蛙（学名：*Paedophryne amauensis*），这种微小的两栖动物全长只有 7 ~ 8 毫米，可以很轻松地趴在你的一枚手指甲上。

最小的青蛙
　　阿马乌童蛙会直接生出发育完全的青蛙幼体，跳过了蝌蚪的阶段。

太阳 的追逐者

尽管爬行动物晒完日光浴之后血液温度和我们差不多，但它们还是属于冷血动物。多数爬行动物生活在气候温暖的地方，因为它们需要从周围的环境中获取热量。

爬行动物会在太阳下晒日光浴，直到天气太热时，才会躲到阴凉处降温。

爬行动物也会通过把自己的肚皮贴在温暖的岩石上来获取热量。

在气温不适合的时候，

生活在热带的爬行动物，在**夏天中午**的时候就会变得懒洋洋的，因为天气实在是太热了，热到它们无法活动。

这张图表显示了蜥蜴一天的活动情况，看看它们是怎样度过一天的。

空气温度

蜥蜴的体温

躲避寒冷

晒太阳取暖

正常活动

躲避炎热

活动模式

早上0点　上午9点　中午12点　下午3点　下午6点　晚上8点

爬行动物在进食时必须保证身体温暖，如果一条蛇在进食后不能待在温暖的地方，它很有可能会因为胃中的食物过冷无法消化而死亡。

一些爬行动物就会休眠。

你能找出哪只眼睛是**假的吗？**

青蛙会运用它们身上的斑纹欺骗**捕食者**以保护自己。在下面的图片中，有一只青蛙长着**像眼睛**一样的斑纹，用来迷惑潜在的**攻击者**。你能找出是哪幅图片吗？

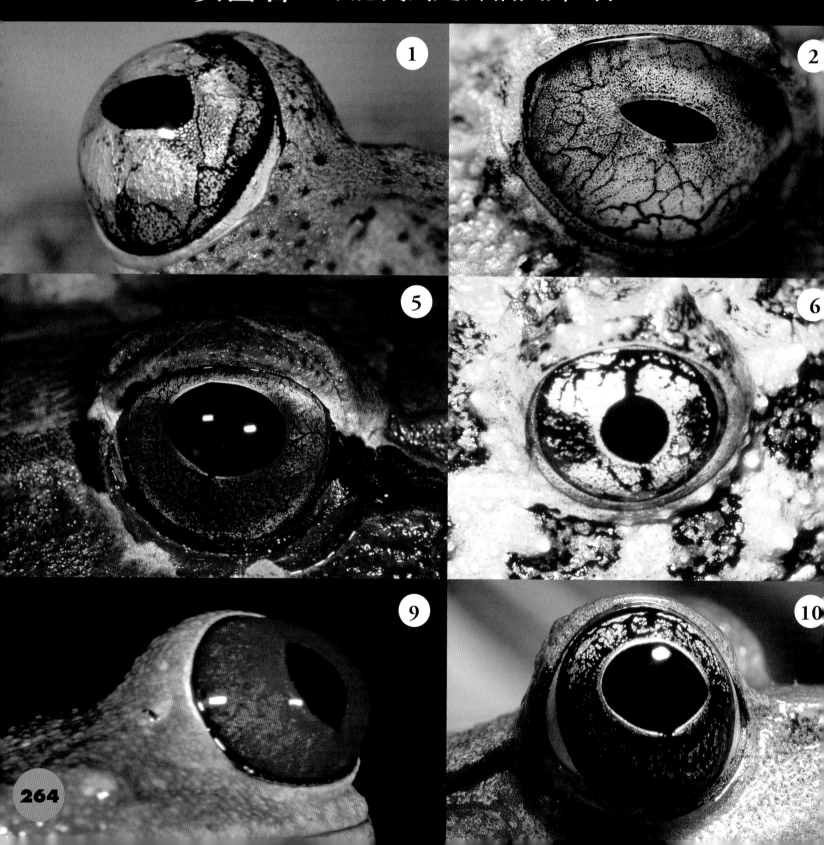

答案：7号图片中的眼睛是假的，其实它是一种侏儒蛙背上的斑点。图片中青蛙的名字依次是：1. 灰唇牛眼蛙；2. 普通大头蛙；3. 储水蛙；4. 糙头雨蛙；5. 南美牛蛙；6. 苔藓蛙；7. 库亚巴巴倭蛙；8. 长鼻角蛙；9. 红眼树蛙；10. 青铜蛙；11. 美洲牛蛙；12. 丽红眼蛙网状的眼睑。

玻璃蛙

玻璃蛙通体透明，能完美地与周围环境融合。
这种小青蛙用圆圆的指头趴在树叶上面，看起来简直
与树叶融为一体了。它们生活在美洲的中部和南部。

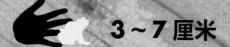

3～7厘米

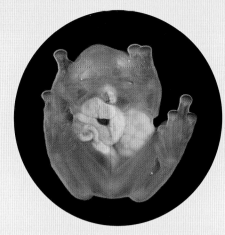

玻璃蛙从下方看会更透明，你甚至可以看到它的心脏在胸腔里不停地跳动。

玻璃蛙将卵产在悬挂于水流上方的树叶上，雄蛙像警卫一样保护自己的卵不被寄生蝇的卵侵害。

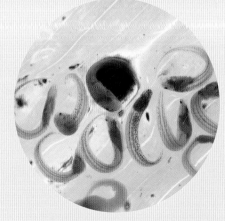

当小蝌蚪从卵中孵出来的时候，它们就会掉进水里。它们有强有力的尾巴，能够很好地适应森林地表的急流。

大多数玻璃蛙生活在热带雨林的树顶上，这种高度常年有云层覆盖，能保证玻璃蛙的皮肤湿润且处于良好的状态。它们产卵的时候才会从树顶上下来。

世界上只有一种已知的材料是壁虎不能粘在上面的,那就是特氟龙(就是那种制作不粘锅所用的闪亮的黑色塑料)。

奇特的脚

壁虎是蜥蜴中数量最多、颜色最丰富的一类,已知种类就有 2000 种。

有些壁虎的指头尖部长着可伸缩的爪子(可以根据需要迅速回缩)。

壁虎的指头上长有 50 万根刚毛!

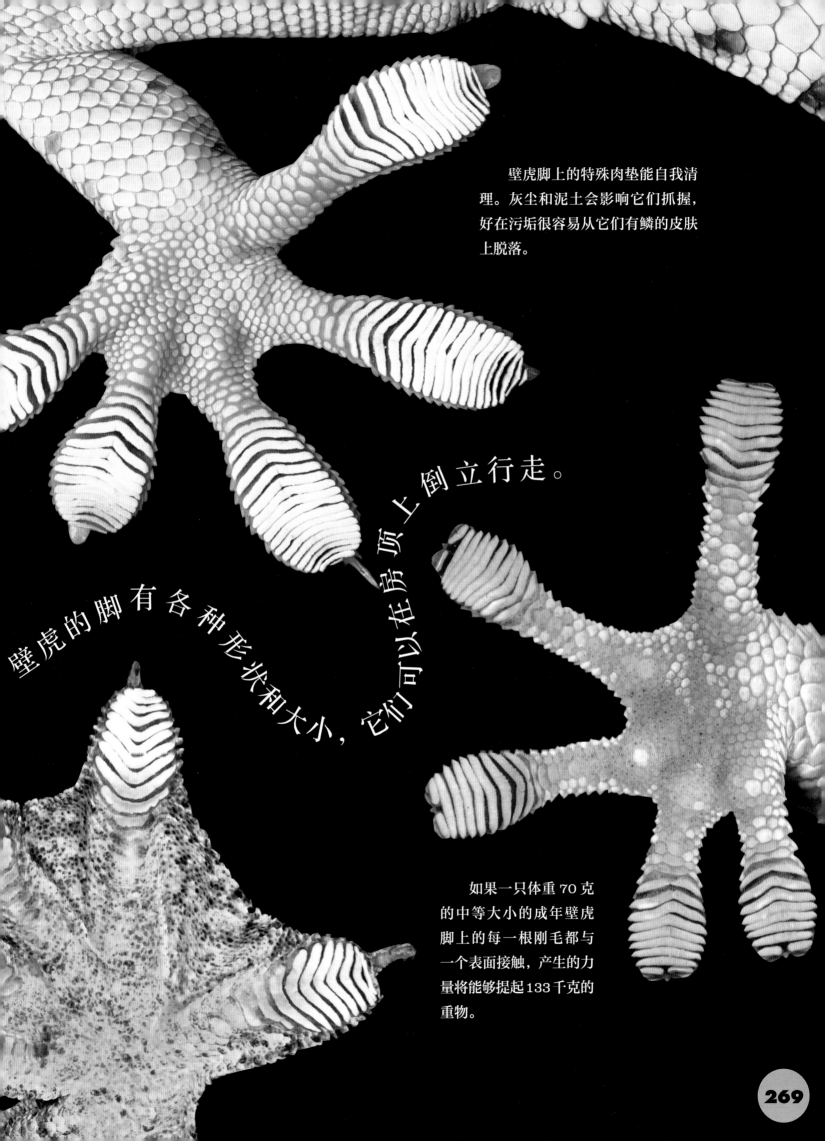

壁虎脚上的特殊肉垫能自我清理。灰尘和泥土会影响它们抓握，好在污垢很容易从它们有鳞的皮肤上脱落。

壁虎的脚有各种形状和大小，它们可以在房顶上倒立行走。

如果一只体重70克的中等大小的成年壁虎脚上的每一根刚毛都与一个表面接触，产生的力量将能够提起133千克的重物。

储水蛙

储水蛙因为吸足了水而变得浮肿。

● 它们**生活**在哪里？

储水蛙（学名：*Litoria platycephala*）生活在澳大利亚。它们在雨季的时候喝足水，体重会因此增加50%！旱季时，为了防止水分流失，它们会为自己建造一个地下的家。泥土由于雨季留下的水分会保持湿润，这样储水蛙就会挖到地下1米的深度，待在那里开始夏季的休眠，等待下一个雨季的来临。当它们感到大雨降临的时候，便会醒来，重新爬回地面上来。

● **储**水

储水蛙将水存在它的膀胱里和皮肤下。

● 活**水井**

当地人常常挖出储水蛙，挤压它们来提取饮用水，把它们当作活的水井。

● **捕食**时间

在地面上活动的时候，它们生活在水洼里，以其他青蛙、蝌蚪和小昆虫为食。

● **产**卵

雌蛙一次能产500多枚卵，产卵后便开始休眠，以免受到干燥和炎热带来的伤害。

6厘米

广泛分布于
澳大利亚

形容储水蛙"睡觉"的专业术语叫作"夏眠"。

之前……

正常的状态下，储水蛙长 6 厘米。

之后……

当它们往自己体内注入占体重一半的水后，身长就会增加到 12 厘米。

在活跃的季节，它们生活在池塘或溪流中。

这通常发生在夏季。

致命动物

大多数**爬行动物**和**两栖动物**都对人类完全无害，但是也有少数会造成**致命的伤害**，甚至是碰一下它们**剧毒的皮肤**便会丧命。这里列出了世界上最致命的**冷血杀手**。

最致命的两栖动物

箭毒蛙

如果你触摸哥伦比亚金色箭毒蛙，它的毒素会进入你的血液中，你就会被毒死。仅一只这样小小的青蛙所含有的毒素就可以导致 20 人瘫痪甚至死亡。箭毒蛙皮肤中的毒素来自它们吃下的以有毒植物为食的蚂蚁。美洲原住民会用箭毒蛙的毒素制作有毒的吹管飞镖。

细鳞太攀蛇

澳大利亚的细鳞太攀蛇的毒液是全世界陆生蛇类中毒性最强的。一旦被它们咬到，毒液就会损害神经，并使血块凝结，堵塞动脉。在解药被研制出来之前，被细鳞太攀蛇咬到的人没有能活命的。幸运的是，细鳞太攀蛇生性害羞，很少咬人。

澳大利亚棕蛇

澳大利亚的东部（或本土）棕蛇（学名：*Pseudonaja textilis*）的毒液强度排在细鳞太攀蛇之后，是世界上第二毒的陆生蛇类。它的噬咬是致命的，除非受害人能找到解药。它们的毒液含有烈性的神经毒素和化学物质，能令受害者肌肉瘫痪、血液凝结。

咸水鳄

生活在澳大利亚和亚洲部分地区的咸水鳄是地球上最大的爬行动物，雄性咸水鳄体重达一吨。它们通常会懒洋洋地晒太阳或在浅水中打滚，但是会以爆炸性的速度发动进攻。它们把猎物拖入水中打滚，撕碎猎物的身体。

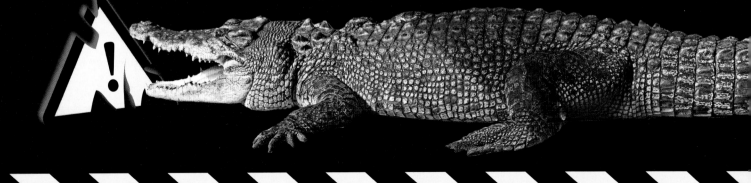

尼罗鳄

每年有相当多的当地人，在非洲尼罗鳄（学名：*Crocodylus niloticus*）的栖息地取水或洗涤时被它们夺去生命。它们只把眼睛露出水面，将身体藏在泥水中鬼鬼祟祟地靠近受害者。然后飞跃而出，用颌咬住受害者，将其拖入水中。

科莫多巨蜥

科莫多巨蜥（学名：*Varanus komodoensis*）是世界上最大的蜥蜴，重量与一个成年人相当，它们会袭击并吞食人类。它们杀死猎物的方式十分可怕：用细菌密布的肮脏牙齿咬伤猎物。猎物有可能逃跑，但是伤口会因为细菌感染而化脓、溃烂，导致死亡。

最致命的蜥蜴

东部菱斑响尾蛇

被这种北美最致命的蛇咬伤，会在几小时内毙命。东部菱斑响尾蛇（学名：*Crotalus adamanteus*）的毒素含有血毒素，会攻击受害者的血液，使身体组织大面积坏死，导致死亡或截肢。多亏了抗蛇毒血清，目前每年死于响尾蛇咬伤的人数屈指可数。

鼓腹蝰蛇

这种坏脾气的非洲毒蛇被称为鼓腹蝰蛇（学名：*Bitis arietans*），因为当它们接近猎物的时候，会使自己膨胀并发出"嘶嘶"声，然后把自己卷成"S"形准备进攻。靠得太近，它们便会弓步向前，将獠牙深深地插入受害者的皮肤，注射攻击血液的毒素。鼓腹蝰蛇（鼓腹咝蝰）造成的死亡人数比非洲的其他任何蛇类造成的死亡人数都多。

矛头腹

这种响尾蛇的亲属生活在南美洲，靠用空心的獠牙注射毒液的方式捕食老鼠和其他啮齿类动物。矛头腹（学名：*Bothrops atrox*）的毒液含有破坏血细胞和身体组织的酶类，导致呕吐、腹泻、麻痹及丧失意识。

黑曼巴蛇

被黑曼巴蛇（学名：*Dendroaspis polylepis*）咬到，如果没有抗蛇毒血清，不到一个小时就会毙命。毒液中的致命化学物质——眼镜蛇毒素会导致肌肉麻痹和心跳停止。死亡原因通常是窒息。

竹叶青

在蝮亚科的蛇中，感觉神经末梢附着在一层颊窝膜上，这层薄膜位于远颊窝内壁的地方。这使得末梢对红外辐射更敏感，因为它们能更快地感受到热。

第六感

蛇类，比如蟒蛇和蝮蛇，能够察觉它们周围**空气温度**的细微变化，因为它们的**面部**长有温度感应**器官**，叫作颊窝，可以通过环境中的红外线探测到温度变化。这种第六感使它们能够在**黑暗里**定位猎物。

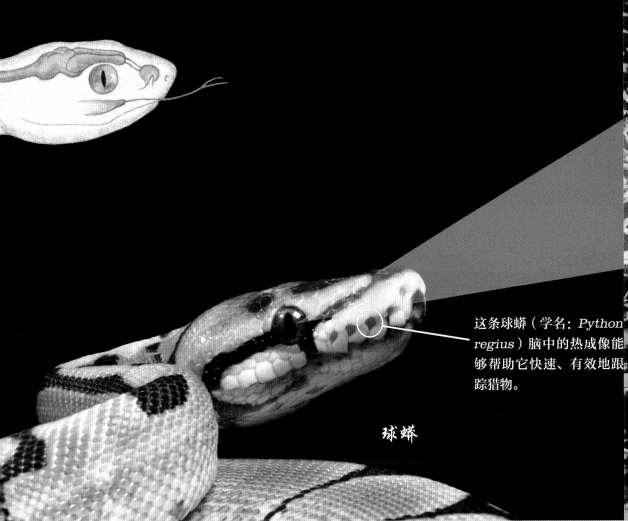

这条球蟒（学名：*Python regius*）脑中的热成像能够帮助它快速、有效地跟踪猎物。

球蟒

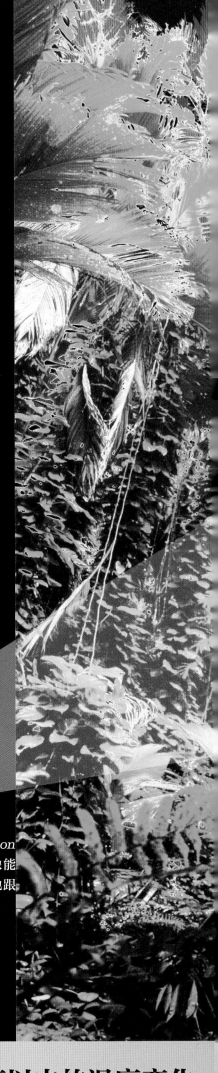

这个系统非常精确，蝮蛇可以感受到 1 摄氏度以内的温度变化。

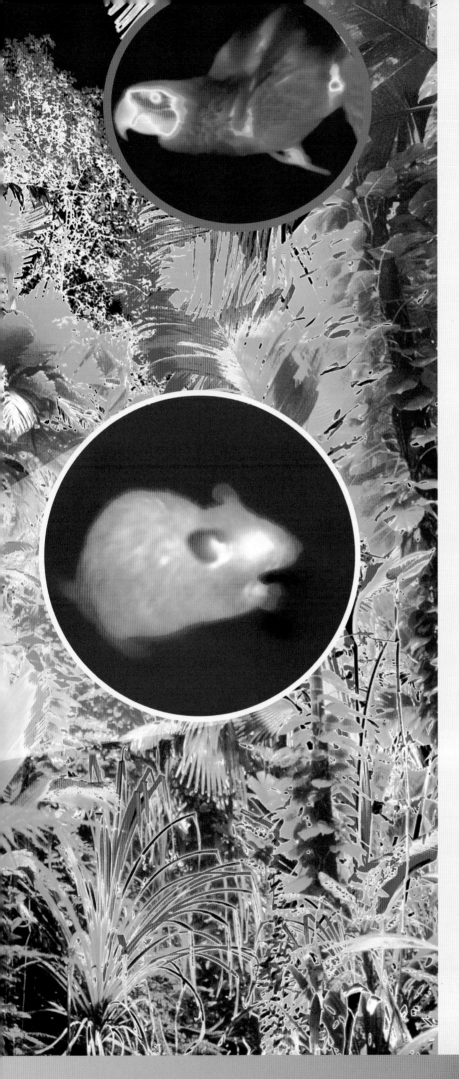

五种感官

听觉

蛇没有外耳，它们的听力很差。因此，它们依靠感受由头骨的下颌传到耳朵里的地面振动来"听"。这条鼓腹蝰蛇（学名：*Bitis arietans*）正紧贴地面来感受任何有可能传来的振动。

视觉

尽管蛇善于发现运动的物体，但其实大多数蛇的视力都不好。绿瘦蛇（学名：*Ahaetulla nasuta*）是个例外，它们面向前方的眼睛为它们带来双眼视觉和良好的距离感。

味觉

锄鼻器使蛇能够拥有味觉和嗅觉。这个器官位于蛇嘴顶端，由两个敏感的凹洞组成。它们的舌头采集空气中的气味颗粒，由锄鼻器对其加以分析。生活在水里的蛇，比如绿森蚺（学名：*Eunectes murinus*），在水下也可以用舌头采集气味。

嗅觉

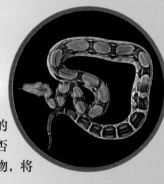

蛇会利用它们的嗅觉定位猎物。巨蚺（学名：*Doa constrictor*）通过猎物的气味痕迹来追寻它们的踪迹，在锄鼻器的帮助下，它们能够感觉到猎物是否就在附近。巨蚺会紧紧地缠绕猎物，将它们挤压致死。

触觉

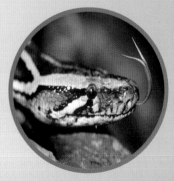

从出生的那一刻起，蛇就依靠触觉作向导。它们用舌头和皮肤下面的压力感受器接触物体、移动及自我定位。印度蟒（学名：*Python molurus*）用舌头来探测周围环境。

275

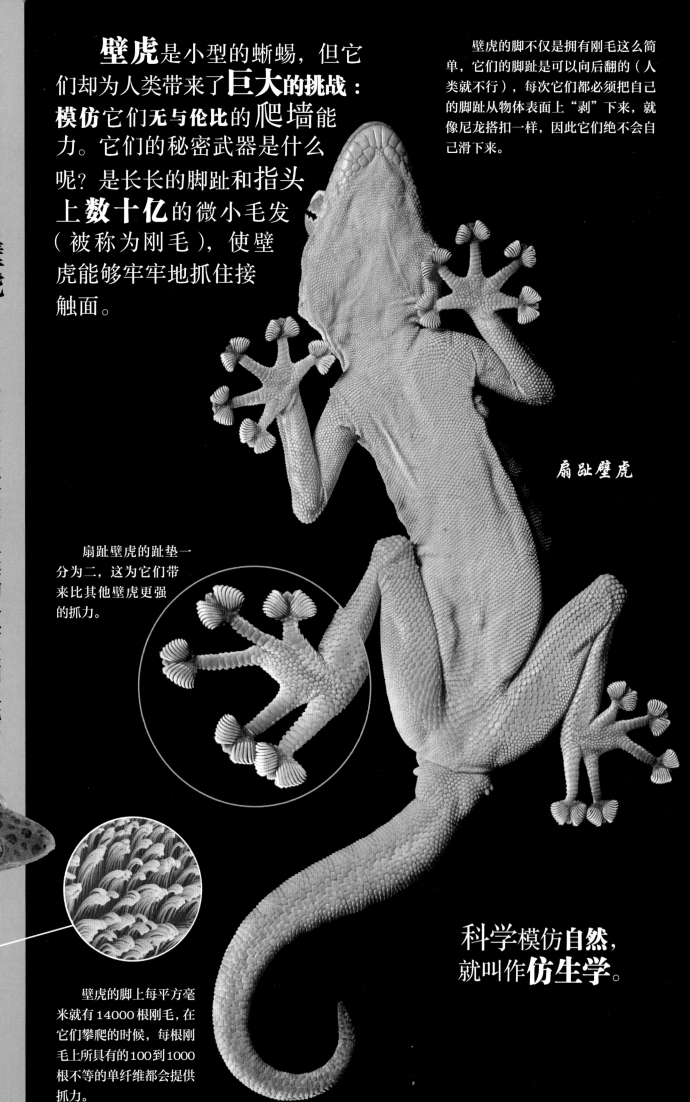

壁虎的脚

没有谁的脚趾能跟**壁虎**的相比，它们甚至**激发了人类的科学发明灵感**。

壁虎是小型的蜥蜴，但它们却为人类带来了**巨大的挑战**：**模仿**它们**无与伦比**的**爬墙能力**。它们的秘密武器是什么呢？是长长的脚趾和指头**上数十亿**的微小毛发（被称为刚毛），使壁虎能够牢牢地抓住接触面。

壁虎的脚不仅是拥有刚毛这么简单，它们的脚趾是可以向后翻的（人类就不行），每次它们都必须把自己的脚趾从物体表面上"剥"下来，就像尼龙搭扣一样，因此它们绝不会自己滑下来。

扇趾壁虎

扇趾壁虎的趾垫一分为二，这为它们带来比其他壁虎更强的抓力。

壁虎的脚上每平方毫米就有14000根刚毛，在它们攀爬的时候，每根刚毛上所具有的100到1000根不等的单纤维都会提供抓力。

科学模仿自然，就叫作**仿生学**。

爬墙机器蜥是一种机器人，它可以在**玻璃**等光滑的表面**上爬行**。它是**怎么做**到的呢？

爬墙机器蜥

壁虎的脚垫上有数百万根汗毛，可以通过静电吸附在物体上。爬墙机器蜥的脚上有成排的、坚硬却易弯曲的"壁虎胶带"。这种材料产生的黏合力使得机器蜥能够像壁虎一样爬上玻璃和书写板。

爬墙机器蜥使用了**12 个发动机**去模仿 1 只动物。

永远长不大的

这只人工饲养的墨西哥钝口螈看上去像白化病患者，因为它们的皮肤没有任何色素。但由于它们的眼睛是含有色素的，因此被称为"轻度白化"。

野生墨西哥钝口螈通常为深色。

野生墨西哥钝口螈只能在墨西哥运河系统的霍奇米尔科湖中找到。由于邻近墨西哥城，这些运河已经受到了开发与污染的威胁。

墨西哥钝口螈的英文单词"axolotl"

墨西哥钝口螈

墨西哥钝口螈是动物界的彼得·潘*。它们不会像其他两栖动物那样经历变态的过程，而是一生都停留在幼年时期，长着鳃和鳍，生活在水中。

*彼得·潘：苏格兰小说家及剧作家詹姆斯·巴里的小说《彼得·潘：不会长大的男孩》中的人物，在小说中，彼得·潘拒绝从儿童长大为成年人。

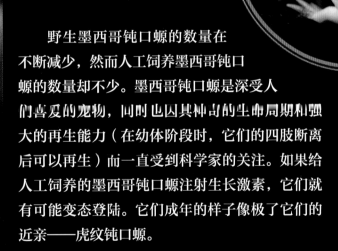

野生墨西哥钝口螈的数量在不断减少，然而人工饲养墨西哥钝口螈的数量却不少。墨西哥钝口螈是深受人们喜爱的宠物，同时也因其神奇的生命周期和强大的再生能力（在幼体阶段时，它们的四肢断离后可以再生）而一直受到科学家的关注。如果给人工饲养的墨西哥钝口螈注射生长激素，它们就有可能变态登陆。它们成年的样子像极了它们的近亲——虎纹钝口螈。

在古阿兹特克语中是"水狗"的意思。

晚餐吃什么？

吉拉毒蜥将脂肪储存在又粗又短的尾巴里，几个月都不用进食。

从蜥蜴开始

多数蜥蜴靠吃昆虫为生（食虫动物），有的也有特殊食谱。一些大型蜥蜴以鸟、啮齿动物和其他蜥蜴为食（肉食性动物）。还有少部分是吃草的（植食性动物）。

大胃王

钝尾毒蜥（学名：*Heloderma suspectum*）一年只会进餐 5~10 次，但每次都吃掉相当于它体重一半重量的食物。它的食物主要是鸟蛋和其他爬行动物。

食虫动物

西奈鬣蜥（学名：*Pseudotrapelus sinaitus*）是一种细长的蜥蜴。它们有细长的四肢，使其能够在一天当中最热的时候在热沙上奔跑。它以蚂蚁和其他昆虫为食！

植食性动物

美洲鬣蜥（学名：*Iguana iguana*）是植食性动物的一种，树叶、嫩芽、花、果实都是它们的食物。虽然有时它们会不小心吃下一些附在植物上的小虫子或无脊椎动物，但其实它们并不能很好地消化动物蛋白质。

"食人族"

美洲牛蛙（学名：*Rana catesbeiana*）是北美洲最大的青蛙，能长到 20 厘米长。这种贪婪的食客会吃掉能放进它们那张血盆大口中的一切东西，包括：昆虫及其他无脊椎动物、啮齿类动物、鸟类、蛇，甚至同类。

青蛙要吃会动的食物

大部分青蛙都是肉食性动物。它们几乎都吃昆虫和其他无脊椎动物，比如蠕虫、蜘蛛、蜈蚣等。还有些体形较大的青蛙捕食较大的猎物，如老鼠、鸟类或其他青蛙。

胶质食物

棱皮龟（学名：*Dermochelys coriacea*）是世界上最大的海龟，靠吃水母为生。因为水母的主要成分是水，因此为了获得生长所需的足够能量和营养，它们就必须要吃掉大量的食物，有时甚至一天会吃下与自己体重相当的食物！

海龟

海龟的食物因其种类的不同而不同，有的海龟既吃植物也吃动物，有的却适应了特殊的饮食习惯。

咬碎硬壳

赤蠵（xī）龟（学名：*Caretta caretta*）吃硬壳类动物：螃蟹、海螺、蛤蜊。它们的大头和强壮的下颌能帮它们粉碎贝壳，而且它们能在海底屏住呼吸长达 20 分钟。

水果爱好者

巴西树蛙（学名：*Xenohyla truncate*）是为数不多的一种植食青蛙。巴西树蛙居住在巴西沿海湿润的森林里，以颜色鲜艳的海芋属浆果和可可树的果实为食。它们的粪便起到了传播种子的作用。

海绵咀嚼者

玳瑁（学名：*Eretmochelys Imbricata*）生活在海洋生物富饶的珊瑚礁附近。它们的猎物范围比较广，但主要还是以一种原始的、像植物一样的动物——海绵为食。玳瑁有一张锐利、似鸟喙的嘴。这种嘴使它们能够更容易地吃到生长在岩石和珊瑚缝隙中的海绵。

"以毒养毒"

箭毒蛙运用它们皮肤上的毒素来防御潜在的猎食者，它们的毒素是从食物中获得的。**草莓箭毒蛙**（学名：*Oophaga pumilio*）身上的毒素由一种生活在中美洲和南美洲土壤中的螨虫中获得，它们也吃其他小型无脊椎动物。当它们吃下有毒的虫子时，毒素就在它们的身体中积聚，使它们自己的毒性更强。

活化石

中国大鲵（娃娃鱼）和日本大鲵是世界上最大的两栖动物。大多数鲵的大小跟你的手掌差不多，而大鲵却比你的胳膊还要长，有些甚至比你的身高还长。没有人知道野生大鲵的寿命有多长，但是最长寿的圈养大鲵活到了 52 岁。

大鲵在过去的 **3000 万**年几乎没有改变，

中国大鲵

（学名：*Andrias davidianus*）是世界上最大的两栖动物。圈养的大鲵可以长到 1.8 米，体格健壮，长着平坦的头和宽大的嘴。和它的表亲日本大鲵一样，它们完全生活在水中，它们那短短的腿无法在陆地上支撑自身的重量。

中国大鲵

大鲵腹部的颜色较苍白。

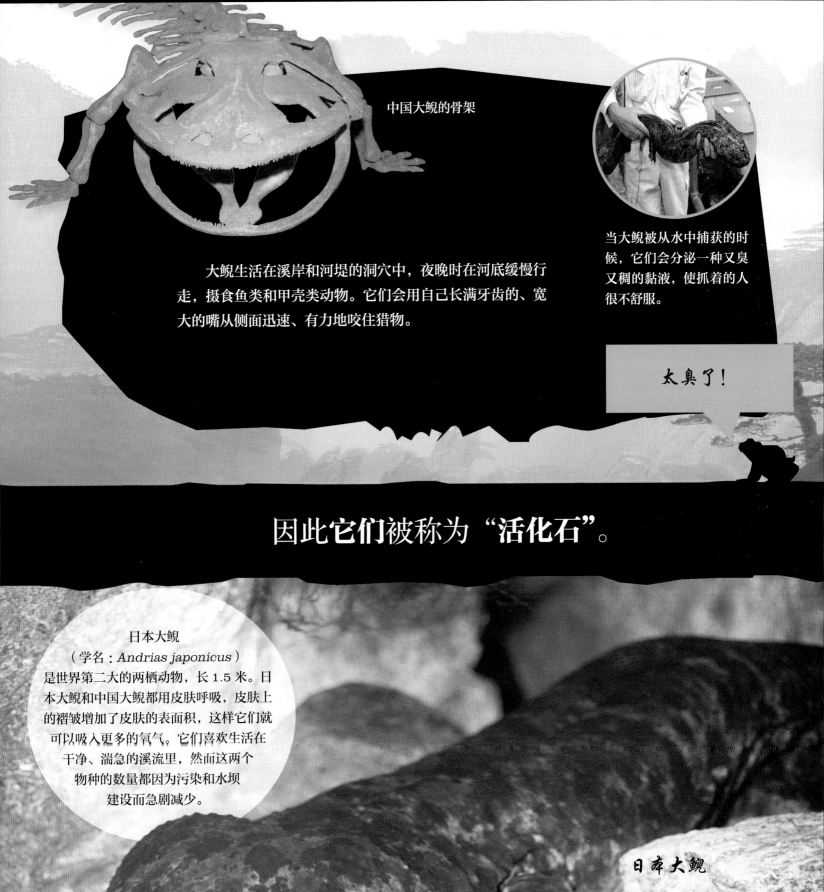

中国大鲵的骨架

大鲵生活在溪岸和河堤的洞穴中，夜晚时在河底缓慢行走，摄食鱼类和甲壳类动物。它们会用自己长满牙齿的、宽大的嘴从侧面迅速、有力地咬住猎物。

当大鲵被从水中捕获的时候，它们会分泌一种又臭又稠的黏液，使抓着的人很不舒服。

太臭了！

因此**它们**被称为"**活化石**"。

日本大鲵

（学名：*Andrias japonicus*）是世界第二大的两栖动物，长 1.5 米。日本大鲵和中国大鲵都用皮肤呼吸，皮肤上的褶皱增加了皮肤的表面积，这样它们就可以吸入更多的氧气。它们喜欢生活在干净、湍急的溪流里，然而这两个物种的数量都因为污染和水坝建设而急剧减少。

日本大鲵

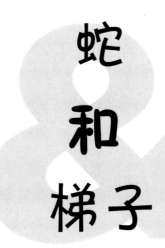

蛇和梯子

你觉得自己幸运吗？和朋友一起来挑战这个**蛇和梯子**的游戏吧，看看谁先到达终点。要小心，不要停在有**蛇**的地方——被它们咬到可是致命的。

准备工作

＊ 找一个或多个朋友和你一起玩
＊ 每人一个用来计数的小物件
＊ 一个骰子

游戏规则

每人扔一次骰子，数字最大的人先走。
轮到你的时候，扔骰子，在右边的格子里走相应的步数，如果你到达梯子下面的一格，就可以爬上去；如果你到达蛇头部所在的格子里，就滑到蛇尾下面的格子里；如果你扔出一个6，就可以再扔一次；第一个走到100的人就胜利了。
祝你好运！

你赢了！
100 | **99**
你发现了新的抗毒血清，向前移动5格。
81 | **82**
你错把蛇蜥当成了蛇，后退2格。 | **79**
80
61 | **62**
60 | **59**
| **42**
41
40 | **39**
21 | **22**
| 澳大利亚太攀蛇
20 | **19**
从这里开始 **1** | **2**

猪鼻蛇

| 98 | 97 | 96 | 95 | 94 | 93 | 92 | **91** |

被眼镜蛇的毒液喷到了眼睛，后退 2 格。

| **83** | 黑虎蛇 | | 87 | 棘蛇 | 89 | |
| 84 | 85 | 86 | | 88 | | 90 |

| 78 | 77 | 76 | 75 | 74 | 73 | 72 | 71 |

| 66 | 67 | 68 | 69 | 70 |

剑吻海蛇

| 63 | 64 | 65 |

| 58 | 57 | 56 | 55 | 54 | 53 | 52 | 51 |

你惹火了一条响尾蛇，后退 1 格。

南棘蛇

| 44 | 45 | 46 | 47 | 48 | 49 | 50 |

| 33 |

| 37 | 36 | 35 | 34 | 32 | 31 |

你与一条水蟒搏斗，你赢了，向前移动 3 格。

细鳞太攀蛇

| 24 | 27 | 28 |

| 23 | 25 | 26 | 29 | 30 |

| **13** | **12** |

| 18 | 17 | 16 | 15 | 14 | 11 |

你被一条大蟒蛇缠住了，后退 3 格。

| 3 | 4 | 5 | 6 | 7 | 8 | 9 | 10 |

角蜥

角蜥看起来就像是一辆小型的装甲车，缓慢穿行于炙热的沙漠地带，偶尔停下来享受日光浴，挖挖洞穴，吃一顿蚂蚁大餐。它们已经进化出一系列对沙漠生活的适应性功能。

13~14 厘米

发现于墨西哥北部和美国
西南部

血腥防御

角蜥用背部的刺来进行自我防御。
而且它们还会摆出一副吓人的防御姿态。
脆弱的血管网络使它们的眼睛能够向攻
击者喷射血液，血腥味会让潜在的捕食
者觉得很可怕。

露水饮料

由于生活在干旱的沙漠中，角蜥通过
进化能从周围环境中获得尽可能多的水。
角蜥鳞片之间的微小沟槽会被露水湿润，
聚集的露水会顺着鳞片流进它们的嘴里，
让它们享受一顿清爽的晨露饮料。

体态优美

**平坦、宽阔的身体是角蜥适应沙漠
生活的另一个原因，**这使得它们能够在
罕见的沙漠阵雨时收集雨水。下雨时，
角蜥翘起尾巴让雨水顺着鳞片的凹槽流
进嘴里。粗糙、斑驳的外表使它能够融
入周围环境，躲避高空的猎食者。

黏性舌头

这种蚂蚁体内含有一种叫甲壳素的物
质，角蜥无法吸收。因此，角蜥必须吃掉
多得吓人的蚂蚁，才能获得维持生命的营
养。幸好它们有秘密武器——又长又黏的
舌头，可以像鞭子一样伸出去收集大量的
蚂蚁。

头上长角

角蜥因为它们头上的角而得名。这样
的形状打破了蜥蜴头部的轮廓，使它们很
难从沙漠的岩石中被发现。它们的眉骨高
高隆起，以防止眼睛被沙漠的烈日晒伤，
厚厚的眼睑也可以避免进食时被蚂蚁蜇咬。

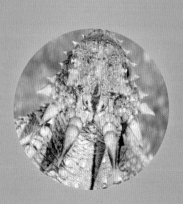

为什么这个女人要把人变成石头

在古希腊神话中，美杜莎是一个头上长满蛇的怪物。相传她曾经也是一位美丽的女子，但是因为在雅典神庙里私会海神波塞冬，而被女神雅典娜降罪变为怪兽。在有的传说里，她不仅满头长满咝咝作响的蛇，还龇着锋利的牙齿，更有长着绿色鳞片的皮肤。任何看到美杜莎真身的人都会瞬间被石化。美杜莎最终被宙斯的儿子珀尔修斯所灭。他是如何做到的呢？就是把自己的金属盔甲当作反光镜，而不看美杜莎的真身，从而轻而易举地将她斩首。

即使在美杜莎的头被砍下之后，她还是有能把看到她的人变成石头的魔力。珀尔修斯将美杜莎的头还给了女神雅典娜，雅典娜把它挂在自己的盾牌上，用来吓退敌人。

美杜莎的神话

因为激怒了天神，美杜莎被变成了满头长满蛇的妖怪。任何看到美杜莎真面目的人都会瞬间被石化。但，美杜莎终究还是被宙斯的儿子珀尔修斯斩首。

珀尔修斯拿着
美杜莎的头

寻找皮瓣蛙

的的喀喀湖蛙是世界上**最大的水栖青蛙**。它们生活的的的喀喀湖位于海平面 **3800** 米以上的地方，河水**冰冷**。

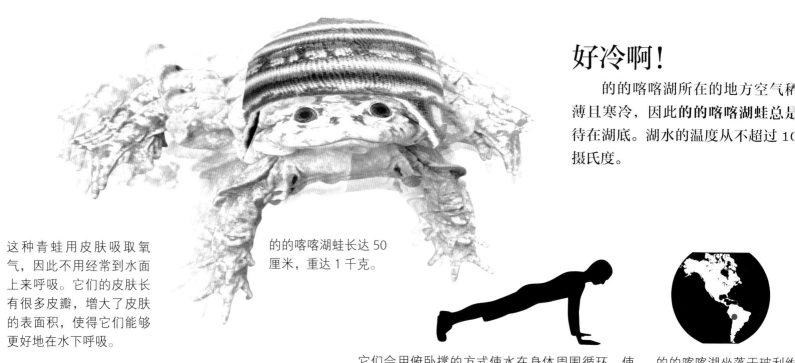

好冷啊！

的的喀喀湖所在的地方空气稀薄且寒冷，因此**的的喀喀湖蛙**总是待在湖底。湖水的温度从不超过 10 摄氏度。

这种青蛙用皮肤吸取氧气，因此不用经常到水面上来呼吸。它们的皮肤长有很多皮瓣，增大了皮肤的表面积，使得它们能够更好地在水下呼吸。

的的喀喀湖蛙长达 50 厘米，重达 1 千克。

它们会用俯卧撑的方式使水在身体周围循环，使得它们皱褶的皮肤充分地与富含氧气的水流接触。

的的喀喀湖坐落于玻利维亚和秘鲁的边界。

的的喀喀湖蛙将卵产在浅水中，

这种青蛙
为什么要做
运动？

每次产卵约 500 枚。

可怕的褶边

伞蜥（学名：*Chlamydosaurus kingii*）的脖子周围有一圈宽松的皱皮，平时呈普通皮肤的状态，像是肩膀上披着披肩。一旦受到惊吓，伞蜥就会展开"披肩"并向前猛冲，吓唬袭击者，然后找机会逃跑。

尾巴的诡计

有些蜥蜴拥有惊人的逃生方式：舍弃自己的尾巴，让它们留在原地扭动，分散袭击者的注意力。石龙子、壁虎、蛇蜥都可以自断尾巴，有些尾巴会再长出来，但是总会比最初的那条短。

聪明的伪装

避免被吃掉的**最好方式**就是不被发现。短肢阿非蛙（学名：*Afrixalus stuhlmanni*）会以一种不起眼的方式融入环境：它们让自己看起来像一坨鸟粪。它大大方方地坐在树叶上，纹丝不动，就不会被注意到。

装死

许多捕食者不会吃已经死去的动物，因此装死是逃生的绝佳方法。有些蛇会演出戏剧性的死亡方式，它们不规律地扭动，咬自己，然后翻过去躺着不动。有时甚至还会从嘴里滴出血来。

接触中毒

一些青蛙会使接触它们的捕猎者中毒。当胡椒树蛙（学名：*Trachycephalus venulosus*）受到威胁时，它背部和颈部的腺体就开始释放一种白色的有毒分泌物。

发声警告

响尾蛇摇晃自己的尾巴发出"嚯嚯"的警告声来恐吓捕食者，这种声音来自响尾蛇尾部中空截面的互相碰撞。响环很容易折断，但是响尾蛇每次蜕皮之后，响环都会增加一部分。

喷射毒液

眼镜蛇会用喷射毒液的方式来威胁对方，莫桑比克喷毒眼镜蛇（学名：*Naja mossambica*）可以准确地射出它的毒液，这种喷射的习惯是一种本能，甚至小眼镜蛇从卵中孵化出来的那一刻起就可以开始喷射。

又大又恐怖

为了让捕食者相信自己的个头大到它们吃不下，**棕短头蛙**（学名：*Breviceps fuscus*）会使自己的身体膨胀到原来的两倍，这种迅速的体积增长也使捕食者很难将它们从洞穴中挖出。

293

旅行日记

棱皮龟喜欢从温暖的热带海洋游到温

出发时间

成年海龟的一生几乎都在海洋中畅游，它们远距离地漫游来寻找食物和伴侣。成年雌海龟会长途跋涉寻找产卵的海滩，大多数雌海龟会回到它们出生时的海滩产卵。专家还在研究海龟是如何找到回去的路的，他们相信海龟是利用地球的磁场、大海中的化学物质和它们自己的记忆力去寻找的。

旅行信息

棱皮龟是体形庞大的旅行家。一只棱皮龟能完成 2 万多千米如史诗般的旅程。它们要迁移如此遥远的距离是为了捕食足够的水母。

内置泳衣

棱皮龟的外壳（被称为背甲）覆盖着坚韧的革质皮肤，它们拉丁文的名字就是这个意思。

旅客介绍

棱皮龟（学名：*Dermochelys coriacea*）是海龟品种中体形最大的，同时也是地球上最大的爬行动物。一只成年棱皮龟的重量超过 450 千克。

大小：1.2~1.4 米

生命中的海滩

当雌海龟找到一个可以产卵的海滩时，它们会用自己的后鳍在沙子上挖一个小洞，然后产下 100 多枚卵，最后用沙子埋起来。海龟通常在夜里筑巢，这样比较安全。

一旦小海龟成功地躲避开捕食者进入海洋，游泳狂欢就开始了。

带和寒带的水域中。

新的旅程

海龟卵需要在沙层下孵化两个月。刚孵化出来的小海龟需要数天的时间从沙子里面爬出来。小海龟通常在夜里钻出沙地，长途跋涉穿越沙滩，爬向浪花不断拍打着的海岸。这段时间对小海龟来说十分危险，它们很有可能成为海鸟、螃蟹等捕食者的美餐。大约 90% 的小海龟没有机会长到成年。

海龟的种类

- 玳瑁

- 绿海龟

- 赤蠵龟

- 丽龟

- 肯氏龟

- 平背龟

路在何方？

小海龟用它们的鳍爬向大海，专家相信它们能利用大海的反光（即使是在夜里）和沙滩的倾斜角度来找到大海的正确方向。

它们需要不停地划水至少 48 小时。

消失与发现

寻蛙启示

人们从1981年以后就再也没有在野外看到胃育溪蟾（学名：*Rheobatrachus silus*）了。交配以后，雌蛙会吞下自己的卵，并暂停消化系统活动，使后代可以发育生长。6~7周以后，雌蛙会将发育完全的幼蛙吐出。

寻蛙启示

金蟾蜍（学名：*Incilius periglenes*）是气温上升、不稳定降雨等气候变化的牺牲品。繁殖地的减少意味着个体密度的增加，这导致了病菌的迅速传播。

寻蛙启示

达尔文蛙（学名：*Rhinoderma darwinii*）拥有奇特的鼻子。雄蛙用声囊来存放蝌蚪，直到它们发育成小青蛙。干旱和采伐森林破坏了它们的栖息地，导致它们的数量减少。

寻蛙启示

胡拉油彩蛙（学名：*Latonia nigriventer*）于1955年消失，但在2011年被重新发现。它生活在以色列的胡拉保护区。当人们试图通过排干保护区湖中的水来控制疟疾时，一度造成了这种蛙类的灭绝。

某些两栖动物和爬行动物数量减少或完全消失了。然而，每年也有**新的物种**被**发现**。虽然它们不能取代已经消失的物种，但也为科学家带来了新的希望。

新发现

2009 年，一项调查发现，**200** 个新种蛙类生活在马达加斯加群岛。这样的数据是令人兴奋的，因为它给科学家带来了**发现其他新物种的希望**。地球总能给我们带来惊喜——科学家总是愿意探索偏远的地方去找寻新的物种，不过新物种也会不时地在已经搜寻过的地方出现。

有时，某些物种对科学家来说是新品种，然而当地人却已经知道很久了。**碧塔塔瓦巨蜥**（学名：*Varanus bitatawa*）是 2010 年一位科学家在菲律宾的田野里发现的。当时，它们已经被当地人狩猎多年了。科学家会错过它们是因为它们很少从树上下来。

在 2008 年的一次探险中，科学家在印度尼西亚的福贾山脉发现了这种小型青蛙，它有匹诺曹一样的长鼻子，雄蛙的鼻子在它发出叫声的时候还会膨胀。发现它的时候，它正坐在科学家营地的米袋上，当时科学家还以为它是 150 种澳大利亚树蛙中的一种。

它是一只 鸟，

还是一架飞机？

黑掌树蛙（学名：*Rhacophorus nigropalmatus*）也叫作降落伞蛙，是少数空中两栖动物的一种。它脚趾中间的薄膜和身体两边宽松的皮肤使它能在空中滑翔，虽然它并不是真的在飞。

发现于东南亚

10 厘米

18~20 厘米

发现于东南亚

我是库尔飞行壁虎（学名：*Ptychozoon kuhli*），我喜欢从树上往下跳！我强壮的、有蹼的脚帮助我在空中滑翔，我身体两边的皮瓣和扁平的、有褶边的尾巴也能帮助我安全降落。

我是夜行动物，所以白天的时候我总是待着不动。我带有树皮状花纹的灰色皮肤能使我很完美地与树融为一体。伪装的本领使我不容易被发现。

库尔飞行壁虎是一种生活在热带森林里的爬行动物，它是几种遇到危险时能在森林中"飞行"、在树与树之间跳跃的蜥蜴之一。

当我在树上休息的时候，通常把头对着地面，这样我便能够在需要的时候迅速起飞。我时刻准备着起跳和滑翔。

不要往上看 ✈

热带雨林中的**天堂金花蛇**具有在树与树之间滑翔的能力。它们把自己悬挂在树枝上，决定好方向，然后把身体从树上弹起，**吸着肚子**、张开肋骨，使自己比平时扁平两倍。它们以**横向波动**（以波浪形状向前移动）在空气中滑翔，与地面保持水平以确保安全着陆。它们的滑翔距离长达 100 米。天堂金花蛇被认为是**最擅长飞行**的蛇。

小心那条蛇。它会飞！

天堂金花蛇长 0.9 米，身体苗条，尾巴细长。

它是白昼**猎人**，靠**捕食**蜥蜴、青蛙、蝙蝠及鸟类为生。它的**毒液**对人类来说没有危险。

青蛙腿给科学带来了怎样的冲击？

1771 年，路易吉·伽伐尼教授在实验桌上偶然的发现，最终导致了电池的发明——没有它，我们今天的生活将会非常困难。**那么，两栖动物一次小小的跳跃是如何为科学带来巨大飞跃的呢？**

在进一步的试验中，伽伐尼使青蛙腿从桌子的一边跳到了另一边。

路易吉·伽伐尼是意大利博洛尼亚大学的生物学家。他用青蛙腿和静电做实验，当他的手术刀触及拉着青蛙腿的黄铜钩时，突然，青蛙腿抽搐了！

伏特将伽伐尼的这项发现称为**电流**。

路易吉·伽伐尼

一个令人震惊的发现

在伽伐尼的意外发现发生后不久，这种"意外"又发生了。在一个单独的实验中，在伽伐尼的助手用手术刀触碰青蛙的坐骨神经时，储存罐里出现了静电火花。伽伐尼写道："突然，四肢的肌肉猛烈地收缩，看上去像是陷入了强直性惊厥。"

跳出结论

伽伐尼发现是电让青蛙的腿抽搐，但是电是从哪里来的呢？他错误地认为青蛙的体液是电力的来源，他称之为"动物电"。

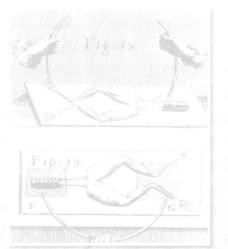

科学界真是该好好感谢伽伐尼，他的贡献包括发现了生物电（存在于生物神经系统的电）和通过"镀锌"（或称为涂层）来保护金属。

一件事会引发另一件事

伽伐尼于 1791 年将自己的研究成果公之于众。科学家亚历山德罗·伏特伯爵坚持认为伽伐尼的理论是错误的。他在经过反复的试验之后，发现电并不是来自青蛙。但是，青蛙腿部湿润的皮肤组织使得电可以流过固定着青蛙腿的金属工具。这让伏特产生了一个想法：一堆铜片和锌片加上一层层湿卡片叠在一起不但可以导电，还可以把电储存起来。这种"伏打电堆"就是最初的电池。

如今，这个科学领域就是电生理学。

如何 "鳄" 口脱险？

鳄鱼的颌如此**强壮**，能在咬合的时候

1. 做好研究并保持警惕

仅在指定的水域游泳。鳄鱼喜欢在浑浊的水中或是在夜里狩猎，因此最好避开它们有可能出没的时间和地点。鳄鱼通常只会把眼睛和鼻孔露出水面，所以你很难发现它们。

2. 保持距离！

你必须要注意，不要距离鳄鱼太近。4.5 米通常算是安全距离。

3. 想抓我，试试看！

在陆地上，普通的成年人就能跑得比鳄鱼快。鳄鱼在陆地上的最快速度只有 17 千米 / 时。

4. 别吓它们！

如果你乘船过河，最好避开河堤。鳄鱼喜欢趴在河滩上晒太阳，如果你惊扰了它们，它们就会本能地反击。如果你发现了鳄鱼，可以通过用桨划水或吹口哨的方式来告诉它们你的存在。

5. 尽早寻求救援

如果鳄鱼正在保护它们的幼崽或领地，它们会迅速咬向对手并很快松开。不过更多的时候它们有可能咬住受害者不松口。如果你有机会摆脱它们的控制，一定要尽快寻找医疗救援。

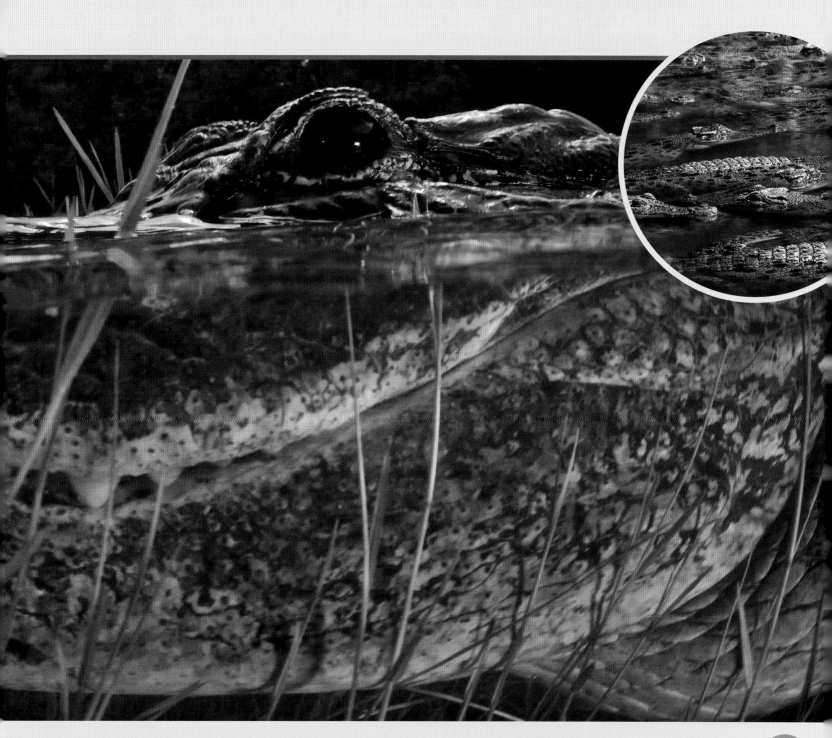

将猎物的骨头压碎。

与两栖动物和爬行动物有关的工作

动物**饲养员**

动物饲养员的工作是负责照顾动物园或野生动物园中的动物。两栖动物和爬行动物饲养员都必须是两栖爬行动物专家，必须了解它们在野外的生活方式、它们吃什么、它们需要多少运动及它们适应的温度和亮度等。

动物**保育员**

爬行动物和两栖动物都是迷人的动物，很多人都想把它们当作宠物来饲养。从野外捕捉野生动物会对野生种群造成破坏，因此出现了专业的保育员为宠物交易市场提供人工饲养的青蛙、蛇和蜥蜴。

动物摄影师

优秀的动物摄影师必须要走遍世界各地，并对他们的拍摄对象了如指掌，才能追踪它们从而获得完美的照片。

你想成为什么？

两栖爬行动物学家

研究**动物的学科**称为动物学。两栖爬行动物学是**动物学**的一个分支，专门研究两栖动物和爬行动物。两栖爬行动物学家是**两栖动物和爬行动物**方面的专家。

兽医

一些兽医经过专门的训练，可以处理爬行动物和两栖动物的健康问题。他们十分了解此类动物的健康情况和生活方式，并且知道如何照顾野生的和人工饲养的动物。照顾大型爬行动物是非常危险的职业，被一只短吻鳄咬伤可比被狗咬伤要严重得多。

捕蛇人

如果受到蛇的骚扰，你会找谁帮忙呢？专业或志愿捕蛇人能帮你从家中或是其他有可能影响到人类的地方将蛇清理走，包括可能逃脱的宠物蛇，以及为了躲避夏日阳光而出现在本不该出现的地方的蛇。

生物医学**研究员**

一些两栖动物和爬行动物会产生有毒物质。生物医学研究员会研究这些化学物质，试图让它们为人类所用。已经有 200 多种从两栖动物和爬行动物身上提取的化学物质被用在了人类的药品中。

蜥蜴
如何在水上行走 **?**

双冠蜥因有一身"水上漂"的功夫而被称为"神蜥"。强有力的后腿弹跳力加上脚趾之间巨大的蹼，是让它们**奇迹般**地在水上如履平地的秘密武器。

这种外形**奇异**的蜥蜴在希腊神话中也有提及，人们认为它们是猛蛇、公鸡和雄狮的混合体，只要一个眼神就能杀死任何对手。它们的头上、背上及尾巴上的羽冠，为它们赢得了一个希腊名字——"小国王"。

60~75 厘米

生活在中美洲

两栖爬行动物之最

毒性最强

哥伦比亚金色箭毒蛙（学名：*Phyllobates terribilis*）是世界上毒性最强的青蛙，同时也是毒性最强的脊椎动物。它的毒素足以毒死20个人或2万只老鼠。

最大的蛇

亚洲网纹蟒（学名：*Python reticulates*）全长可达14.8米。绿森蚺是最重的蛇，重达227千克。

最小的爬行动物

这个头衔由两种长度同样为1.6厘米的壁虎共同获得：维尔京戈达小壁虎（学名：*Sphaerodactylus parthenopion*）和侏儒壁虎（学名：*Sphaerodactylus ariasae*）。

最长的毒牙

加蓬蝰蛇（学名：*Bitis gabonica*）是生活在非洲撒哈拉以南的一种毒蛇。这种蛇最长能长到2米，拥有5厘米的巨大牙齿。

速度最快

黑栉尾蜥（学名：*Ctenosaura similis*）全速能达到35千米/时，是世界上跑得最快的爬行动物。爬行速度最快的蛇是黑曼巴蛇，速度能达到19千米/时。

眼睛最多

楔齿蜥和许多其他种类的蜥蜴有三只眼睛。第三只眼睛由光敏感细胞构成，长在头顶的皮肤下面，只能探测光的明暗程度，而不能看出物体的形状。

喷射纪录

喷毒眼镜蛇拥有结构特殊的毒牙，毒牙中间的小洞使得毒液被高压喷射而出。莫桑比克喷毒眼镜蛇喷射毒液的距离可以达到2~3米。

一次性产卵最多

玳瑁一次可以产200多枚卵。在每年7月到10月海龟产卵的季节，雌海龟一般会筑3~5个巢，然后在每个巢穴中分别产一窝卵。

最奇怪的生命周期

这个头衔的最有力竞争者无疑是拉波德氏变色龙（学名：*Furcifer labordi*），这种爬行动物一生的大多数时间（7个月）都是一只蛋，经受着沙漠的干旱。它在孵化以后只能存活很短的时间（几个月）。

最大的两栖动物是什么？

叫声最大

波多黎各雨蛙（学名：*Eleutherodactylus coqui*）是波多黎各的小型树蛙，长度只有 4 厘米。相对于这么小的个头，它们的声音实在是太大了，它们标志性的"呱呱"声高达 100 分贝。

牙齿最多

美洲短吻鳄的嘴里有 70~80 颗牙齿，全部又长又尖。它们的牙齿会逐渐脱落，但是很快又会重新长出来。一只短吻鳄一生会长 2000~3000 颗牙齿。

最长寿

一只叫作乔纳森的塞舌尔象龟被认为是最长寿的脊椎动物之一。历史学家认为它现在至少有 190 岁了。

嗅觉最好

科莫多巨蜥很喜欢吃腐肉。它们舌头上的化学探测器可以帮它们追踪到 10 千米以外的死尸。科莫多巨蜥也是世界上最大的蜥蜴。

跳得最远

大多数青蛙都可以跳出比自己身长远 10 倍的距离，有些种类的青蛙可以跳出自己身长 50 倍的距离。世界上最大的青蛙——巨蛙能跳 3 米远。

舌头最长

变色龙拥有和自己身体一样长甚至超过身体长度的舌头。它们可以在不到 1 秒的时间"射"出舌头，用像棒子一样的舌尖上的黏性唾液捕捉昆虫。

最无法下咽

这个称号必须授予犰狳环尾蜥（学名：*Cordylus cataphractus*）。这种蜥蜴全身被厚重的、装甲一样的鳞片覆盖，它们可以把自己蜷成一个球形，使潜在的捕食者对它们完全失去兴趣。

最大的爬行动物

湾鳄（学名：*Crocodylus porosus*）是世界上最大的爬行动物，可以长到 7 米长。它不仅是最长的，也是最重的，体重能超过 1 吨。

最毒的蛇

细鳞太攀蛇（学名：*Oxyuranus microlepidotus*）是世界上最毒的蛇类，它的一滴毒液就可以毒死 100 个人。

中国大鲵。

爬行动物

睫角棕榈蝮

火焰石龙子

爬行动物是一类长满鳞片的冷血动物，包括**鳄鱼**、**龟**、**蜥蜴**和**蛇**。

鳄鱼长着令人望而生畏的牙齿，可以捕食大型猎物。**龟**的寿命能超过 *150 年*。

有些**蜥蜴**只有你的手指尖那么大，还有一些蜥蜴的体长则超过成年人。**蛇**以致命的毒液著称，然而，绝大多数的蛇都是**无毒蛇**，有些蛇有着美丽的颜色和花纹。

阿尔达布拉象龟

尼罗鳄

爬行动物**谱系树**

　　所有爬行动物都起源于 3 亿多年前的同一个祖先。在爬行动物非常早期的历史中，谱系树的一个分支进化成龟。之后又出现一个分支，进化形成楔齿蜥、蜥蜴和蛇，而另一支则进化成鳄鱼、恐龙及非常令人惊讶的 —— 鸟类。

绿鬣蜥

蜥蜴

从庞大的科莫多巨蜥到小得可以站在你指尖上的微型变色龙，蜥蜴大约有 7176 种，包括鬣蜥、壁虎和石龙子。大多数蜥蜴有四条腿，不过有些种类没有腿，看起来和蛇很相似。

楔齿蜥

壁虎

楔齿蜥

楔齿蜥目前仅残余一个物种，生活在新西兰。楔齿蜥看起来与蜥蜴很相似，但还是有很多不同的特征。恐龙时代喙头目爬行动物曾繁盛一时，而楔齿蜥能存活至今，堪称"活化石"。其他种类则在 1 亿年前全部灭绝了。

绿海龟

龟

龟身上长着坚硬的壳，这是它们独一无二的特征。龟已经在地球上生存了至少 2.2 亿年，约有 356 个种类。人们总是认为龟的爬行速度非常缓慢，但有些种类的龟却是敏捷而优雅的游泳健将。

豹纹陆龟

大多数爬行动物是**浑身覆盖**

蛇

蛇是高度特化的爬行动物，大约1亿年前才从爬行动物家族中分化出来。有些种类的蛇，比如蟒和蚺，还存在后腿的痕迹。目前世界上大约有3971种蛇，都是肉食性捕食者，将猎物囫囵吞下。大多数蛇都是无毒蛇，但有一些种类的蛇则拥有致命的毒液。

鸟类

恐龙于6500万年前从地球上永远地消失了，不过有一支温血的、长着羽毛的小型恐龙幸存下来，演化成了鸟类。虽然鸟类可以说是活生生的恐龙，但是人们通常把它们归为单独的一个纲，与爬行动物区分开来。

金刚鹦鹉

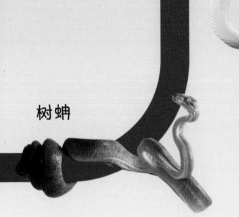

蛇

树蚺

冰脊龙

美洲鳄

恐龙

恐龙与鳄鱼的亲缘关系很近，大约出现于距今2.3亿年前，并逐渐进化成陆地上的霸主。有些恐龙是体形庞大的植食动物，而还有一些则是行动迅速、反应敏捷的捕食者。恐龙与典型的爬行动物不同，它们是温血动物。

鳄鱼

鳄鱼是现存体形最大、最凶猛的爬行动物，分为鳄科、短吻鳄科和长吻鳄科三大类。鳄鱼是可以追溯到恐龙时代之前的古老物种，不过现在仅存27种。

鳞片、产卵繁殖后代的冷血动物。

蛇中巨怪

6000万年前，在南美洲炎热、潮湿的热带沼泽中，生活着一种有史以来体形最大的蛇，这就是泰坦巨蟒。泰坦巨蟒的身体有一辆公交车那么长，体重超过20个成年人，甚至可以把鳄鱼当早餐吃掉。

发现

　　科学家在哥伦比亚的一个煤矿中发现了泰坦巨蟒的化石。这些骨骼化石是如此巨大，以至一开始科学家还以为发现了鳄鱼的化石，但是他们很快就意识到，这些化石实际上属于一条巨大的蛇。

泰坦巨蟒（右）与现代蟒蛇（左）的椎骨对比

食性

钝吻鳄

　　泰坦巨蟒的骨骼化石表明它与现代的蟒蛇有亲缘关系，它们很可能以相同的方式捕食——用强壮的身躯挤压猎物，使之窒息而死。泰坦巨蟒以鳄鱼和巨龟为食。

煤龟

栖息地

与现代的蟒蛇一样，泰坦巨蟒也生活在温暖、潮湿的热带雨林中。现存的所有大型蛇类都生活在热带，而泰坦巨蟒巨大的体形也说明当时的气候一定比现在更加炎热。

泰坦巨蟒机器人

加拿大的一组专业工程师团队目前已经建造出一个特殊的机器人，它与泰坦巨蟒体形大小相同，用于研究泰坦巨蟒如何运动。

关于蛇的真相

蛇属于爬行动物，身体细长，没有腿，浑身覆盖着鳞片。有的蛇鳞片粗糙，有的蛇鳞片光滑，颜色和图案多种多样。全世界大约有 3971 种蛇，大多数生活在热带地区。

德州细盲蛇

体长： 15~27厘米

栖息地： 干燥的沙漠地区

食物： 白蚁和其他小型昆虫

这种来自美洲沙漠的小型蛇类常常被误认为是一种蚯蚓，因为它是粉红色的，生活在泥土里。它的眼睛被鳞片覆盖，几乎没有视力，这与它在地下生活的习性相适应。

真实比例

这条细盲蛇具有光滑的鳞片和一条短尾巴。

眼镜王蛇竖起身体的上半部分，扩张颈部，让自己看起来更大。

眼镜王蛇

真实比例

体长： 3~4米

栖息地： 森林

食物： 其他蛇类

眼镜王蛇是世界上最长的毒蛇。如果受到威胁，它可以将身体的三分之二抬离地面，并扩张颈部两侧，使自己看起来更大，更吓人。

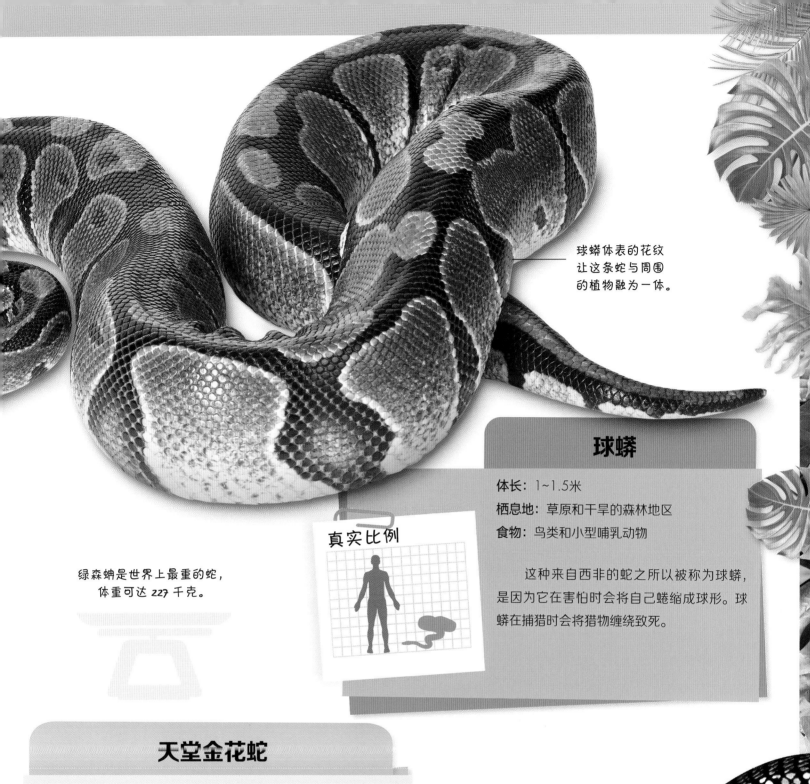

球蟒体表的花纹让这条蛇与周围的植物融为一体。

球蟒

体长： 1~1.5米
栖息地： 草原和干旱的森林地区
食物： 鸟类和小型哺乳动物

这种来自西非的蛇之所以被称为球蟒，是因为它在害怕时会将自己蜷缩成球形。球蟒在捕猎时会将猎物缠绕致死。

真实比例

绿森蚺是世界上最重的蛇，体重可达 227 千克。

天堂金花蛇

体长： 可达0.9米
栖息地： 热带森林
食物： 蜥蜴、蛙类、蝙蝠和鸟类

这种来自亚洲热带地区的蛇能在空中滑翔。它把自己的身体像翅膀一样展平，最高可在距地面 100 米处滑翔！

真实比例

天堂金花蛇的背上有一排红色斑点组成的条纹。

蛇宝宝

　　与其他典型的爬行动物一样，大多数蛇都通过产卵繁殖后代。蛇通常把卵产在温暖的地方，然后就径直离开，不再照顾这些卵。所以，当幼蛇孵化出来之后，它们就必须独自面对这个世界了。不过，刚出世的小蛇就能很好地照顾自己，毒蛇的幼蛇一出生就有剧毒，和它们的父母一样危险。

卵

　　蛇卵外面覆盖着一层坚韧的革制外壳，与鸟蛋又脆又硬的外壳不同。一般来说，体形越大的雌蛇，产下的卵数目就越多。有些蟒蛇一次能产下超过 100 枚卵。

孵化

　　蛇必须把卵产在温暖的地方。有些蛇，比如草蛇，利用厚厚的、腐败的植被层产生的热量来孵化卵。有些蛇将身体盘绕在卵上保护它们，还有一些蟒蛇能依靠自己的身体产生热量，保持卵的温度。

产下幼蛇

虽然大多数蛇通过产卵繁殖后代，但还是有一些蛇直接产下幼蛇，包括蟒蛇、大多数海蛇及部分蝮蛇，如极北蝰。极北蝰一次能产下9条幼蛇。幼蛇出生之后，很快就能独立生活，几天之后它们就会离开母亲。

3

破壳而出

当卵中的幼蛇发育完全之后，它们就开始准备破壳而出了。幼蛇用吻部锋利的卵齿划开卵壳，然后从缝隙处探出头来，打量这个全新的世界。

4

蛇宝宝

幼蛇可能要花好几个小时才能从卵壳中慢慢钻出。幼蛇之所以这么谨慎是有原因的：即使是最致命的毒蛇宝宝也有许多天敌。不过，它们依然会在几天之内离开巢穴。

蛇的皮肤上覆盖着鳞片，**鳞片**的主要成分是角蛋白，与你的指甲的组成成分一样。蛇的**外皮**既**坚韧**又有**弹性**，不过随着时间的流逝依然会磨损。蛇会定期**蜕皮**，脱掉老皮，换上闪**亮的新皮**。

蛇的表皮是透明的，色素细胞位于这层透明的表皮之下，蛇蜕皮时脱掉的是这层透明的表皮。因此当蛇蜕皮之后，比如这条**加蓬咝蝰**，它身上的图案与花纹并不会消失，只会变得更加鲜明。

布满鳞片

图案与花纹

不同种类的蛇身上的鳞片类型也各不相同。有些鳞片是光滑的，有些鳞片是粗糙不平的，还有些鳞片中间有突起的脊。有些部位的鳞片形成一个平面，比如头部的鳞片；还有一些鳞片则像屋顶的瓦片一样层层叠叠。鳞片中含有色素细胞，赋予了蛇不同的图案与花纹。

非洲树蝰

瘰鳞蛇生活在水中，它们通过用身体缠绕、挤压来杀死猎物。它们的鳞片**非常粗糙**，能够紧紧抓住猎物，不让猎物逃脱。

印度眼镜蛇
身上的花纹

盘绕在树枝上的球蟒

完全保护

蛇的外表皮和鳞片既坚韧又有弹性，还能够阻止体内的水分散失。坚韧的鳞片保护蛇的身体免受外界伤害，皮肤上的颜色和图案还能让蛇完美地与周围环境融合，或者威慑捕食者。蛇腹部的大型鳞片边缘十分锐利，能够紧紧抓住地面，帮助蛇移动身体。

光滑的鳞片

东非绿曼巴蛇将
自己隐藏于树叶之间

一条锡纳奶蛇正在蜕皮

脱落的皮肤

所有的蛇每年至少蜕皮一次，小蛇生长速度更快，因此蜕皮的次数更频繁。在蜕皮期间，内层皮肤分泌出一种具有润滑作用的油性液体，因此蛇可以很轻松地将外层表皮整张脱掉。蛇眼睛上覆盖的透明鳞片也会一同脱掉。

中央有脊的鳞片

在蜕皮的前几天，蛇的旧皮与新皮之间充满液体，蛇身看起来灰突突的，它们的眼睛也变成了**蓝白色**。不过蛇将旧皮蜕掉之后，眼睛就会恢复清澈，身上的颜色又变得鲜亮起来。

混浊不清的眼睛

冬眠

蛇不耐寒冷。与温血动物不同，蛇不能保持体温。如果气温下降，蛇的体温也会降低。如果温度降低到 **10℃**以下，蛇的身体功能就**不能良好地运转**了。因此，生活在有着**严寒冬季**的地区的蛇必须冬眠——躲藏在一个安全的地方度过寒冬，**直到春天来临**。蛇一般都会选择深深的洞穴冬眠。

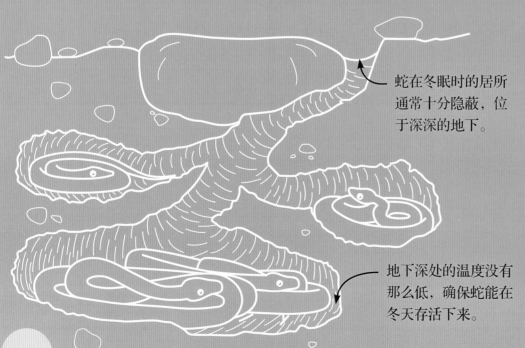

蛇在冬眠时的居所通常十分隐蔽，位于深深的地下。

地下深处的温度没有那么低，确保蛇能在冬天存活下来。

苏醒

美洲红边带蛇在地下洞穴内集体冬眠。在加拿大的一些地方，一个洞穴内甚至能同时藏有数千条蛇，到了5月，这些蛇会一起醒来，熙熙攘攘地爬向地面，沐浴春日明媚的阳光。

翩翩起舞

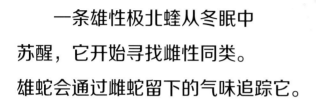

一条雄性极北蝰从冬眠中苏醒，它开始寻找雌性同类。雄蛇会通过雌蛇留下的气味追踪它。

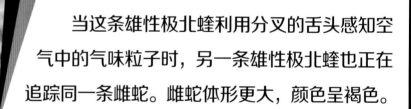

当这条雄性极北蝰利用分叉的舌头感知空气中的气味粒子时，另一条雄性极北蝰也正在追踪同一条雌蛇。雌蛇体形更大，颜色呈褐色。

两条雄蛇几乎同时找到了雌蛇，这可是件麻烦事。雄蛇开始为了争夺交配权打斗起来：它们舞动着长长的身体，与对方"摔跤"。

雄蛇将身体抬离地面，彼此缠绕、扭转，这是一种仪式性的战斗，雄蛇并不会受到伤害，它们也不会撕咬对方。

当这两条雄蛇打斗时，它们的身体扭来扭去，看起来就像在跳舞一样。"舞蹈"会持续数分钟，直到其中一条雄蛇投降为止。

当失败者灰溜溜地离开之后，获胜的雄蛇开始继续搜寻雌蛇的踪迹。雄蛇和雌蛇相遇之后，就会开始跳另一种舞蹈——这一次是交配的仪式之舞。

响尾蛇

响尾蛇是地球上非常奇妙的生物之一。它是一位装备精良的猎手，有着特殊的感觉器官，能够精准定位和追踪猎物，它还有着最强有力的武器——致命的毒牙，能够迅速置猎物于死地。

西部菱斑响尾蛇

发出声响

响尾蛇在受到威胁的时候会摇动尾巴，发出响亮的声音，起到威慑作用。尾环位于尾部末端，由一连串坚硬、干燥的角质皮组成，每蜕皮一次就增加一环。

毒牙

响尾蛇有着长长的毒牙。当它们闭着嘴时，毒牙平放在口中；而当它们张开嘴准备攻击猎物时，特殊的骨质结构能够使毒牙向前坚立起来。

卵胎生

大多数蛇都在温暖的地方产卵繁殖后代，而响尾蛇则是直接生下幼蛇。这种繁殖方式让响尾蛇可以在寒冷的地区生存。

职业杀手

响尾蛇可以通过分叉的舌头感知猎物留下的气味粒子，还能利用眼睛下方的频窝里的特殊热感应器来定位并追踪猎物的位置。找到猎物后，响尾蛇会迅速出击，用毒牙向猎物身体注射致命的毒液，然后将猎物囫囵吞下。

小档案

种类　　大约 38 种

响尾蛇有两个属，分别为响尾蛇属（36 种）和侏儒响尾蛇属（2 种）。

栖息地

分布于北美洲、中美洲和南美洲，从加拿大南部到阿根廷都曾被发现。

体长　　0.3～2.5 米

侏儒响尾蛇体形最小，而东部菱斑响尾蛇则是体形最大的响尾蛇。

寿命　　20 年

有些响尾蛇的寿命可达 20 年。不过，许多响尾蛇活不到那么久就会被天敌吃掉，比如王蛇——它们对响尾蛇的毒液免疫。

滑行的蛇

蟒蛇

直线运动 有些体形较大的蛇，比如蚺和蟒，将腹部的部分身体抬离地面而向前蠕动。

蛇将抬高的身体部分向前伸，落在地面上，然后用腹部的大型鳞片紧紧抓住地面。接着它再抬高身体的另一部分，重复同样的步骤。

绿树蟒

伸缩运动 当蛇通过狭小的空间时，它可以用身体的前半部分紧抓地面，并向前拉伸尾部。

蛇的身体折叠成数个靠近的环状，使身体变短。然后它将身体的后半部分固定，将身体的前半部分向前伸展。

黑曼巴蛇

波浪运动 黑曼巴蛇这一类的蛇会用长长的身体蜿蜒滑过植物、石块和泥地。

当蛇蜿蜒滑行时，它的身体从头到尾呈波浪线运动。身体的每处弯曲都会顶住地表的一处障碍，让自己获得向前的动力。

角响尾蛇

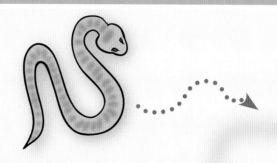

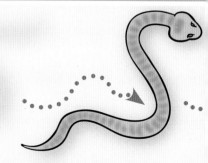

横向运动 为了在柔软、干燥的沙地上移动，有些沙漠蛇类发展出了特殊的运动方式——横向运动。

角响尾蛇将身体的前半部分侧向一边，落在沙地上。接着抬起身体的后半部分。

蛇虽然没有腿，但它们的移动速度依然相当快。蛇能够钻洞、游泳、攀缘，以及用各种各样的方式爬行。有些爬行方式让蛇的移动速度更快。如果这些蛇在一起比拼爬行速度，哪种蛇会获得冠军呢？

蛇在同一时间会抬起身体的多个部位，并呈波浪状向后传递。不过这种运动方式让身体扭动的幅度不太明显，看起来就像是蜗牛在向前滑行一样。

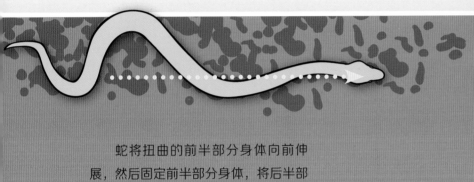

蛇将扭曲的前半部分身体向前伸展，然后固定前半部分身体，将后半部分身体向前拉。

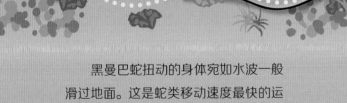

黑曼巴蛇扭动的身体宛如水波一般滑过地面。这是蛇类移动速度最快的运动方式。

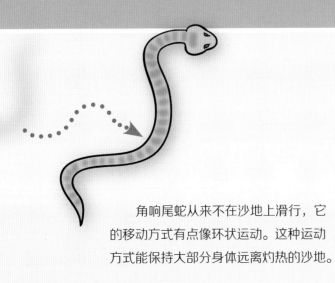

角响尾蛇从来不在沙地上滑行，它的移动方式有点像环状运动。这种运动方式能保持大部分身体远离灼热的沙地。

挖掘 有些蛇能自己挖掘洞穴，大部分蛇则利用其他动物留下的洞穴捕猎或者休息。它们通过伸缩运动的方式，利用洞壁对身体的反作用力向前移动。

游泳 蛇是游泳好手，它们通过蠕动的方式在水中穿梭，就像鳗鱼一样。水是有阻力的，因此这种运动模式能获得反推力，使蛇向前运动。海蛇有着扁平的、鱼鳍一样的尾部，它们更擅长游泳。

攀缘 树栖蛇类能利用波浪运动的方式在细长的树枝间穿行。它们还可以利用伸缩运动攀爬粗糙的表面，比如树皮。

里面是什么？

蛇是从蜥蜴进化而来的，除了蛇没有腿之外，两者有许多共同之处。不过，蛇和蜥蜴的身体内部构造有许多不同 —— 为了适应细长的身体，蛇的骨骼和内脏已经特化；蛇的嘴也能张得非常大，可以一口吞掉猎物。

肝脏

肝脏是蛇体内最大的器官，负责从血液中清除代谢废物和有害物质。

胃

蛇的胃极富伸缩性，能够容纳囫囵吞下的整个猎物。

喉门

喉门是气管的延伸，因此在嘴里填满东西时，蛇依然可以呼吸。

食道

食道壁上有强健的肌肉，可以将蛇吞下的猎物输送到胃里。

气管

当蛇吞咽超大型的猎物时，气管壁上的软骨环能够支撑气管，使蛇保持呼吸畅通。

绿森蚺是世界上

蛇的器官

蛇细长的身体主要由肌肉构成，内部空间并不是很大。因此蛇的内脏器官都特化成了细长的形状，而成对的器官，比如肾脏，呈一前一后排列，而不像一般的动物那样左右对称。

结肠
食物残渣在结肠中吸收多余的水分，然后转变成粪便被排出体外。

左肾
和其他动物一样，蛇的肾脏用于过滤和清除血液中的代谢废物。不同的是，蛇的左肾位于右肾后面。

肠道
蛇的肠道并不是很长，这是因为所有的蛇都是肉食性动物，而肉类是比较容易消化的。

胰腺
胰腺分泌消化液，用于消化食物。

胆囊
胆囊中的胆汁可以帮助消化食物中的脂肪。

心脏
蛇的心脏可以移动位置，因此当蛇吞下大型猎物时，不会影响心脏的跳动。

右肺
除了蟒蛇之外，所有的蛇都只有右肺能正常工作，左肺非常小，无法呼吸。

蛇的骨骼

除了颅骨之外，一具典型的蛇的骨架几乎全部由椎骨和肋骨构成。不过，少数蛇，比如蚺和蟒，它们拥有残余的后腿骨，这说明它们的祖先曾经是有腿的。

颅骨
蛇的大脑被坚硬的颅骨保护着，不过，蛇的下颌骨松松地连接在颅骨上，这样才能让嘴张到最大。

脊椎骨
蛇长长的脊椎是由一系列小块的脊椎骨构成的，富有弹性。

肋骨
蛇拥有超过 200 对肋骨，每对肋骨对应一块脊椎骨。

尾椎骨
相对于细长的身躯，蛇的尾巴其实很短。尾椎骨上没有肋骨。

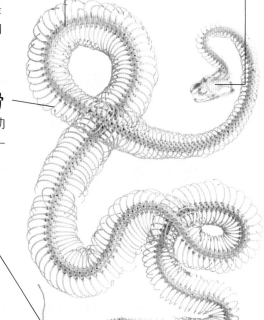

最重的蛇。

蛇的感觉

几乎所有的蛇都是高效的猎手，利用敏锐的感觉去追踪猎物。不过，蛇的感觉与我们人类不同，甚至会让你大吃一惊。

触觉

蛇能够在黑暗中感知周围的环境，这要归功于它们头部和部分身体上特殊的触觉鳞片。这些触觉鳞片让蛇能感觉到周围环境中不同物体的不同质地，比如砂粒、岩石、草、苔藓、落叶或者树皮。

视觉

有些蛇的视力很好，但它们只能看清近处的物体。蛇的眼睛没有眼皮，因此它们不能眨眼，也不能闭眼。在夜晚外出捕猎的蛇，比如这条响尾蛇，晚上瞳孔会放大，而白天瞳孔则收缩成一条细缝。

蛇通常根据猎物留下的气味来追踪它。蛇吐出分叉的舌头，从空气和地面获取猎物留下的气味粒子。接着，舌头将粒子传送到一个特殊的器官 —— 锄鼻器（位于口腔顶部），感知气味的来源。蛇的舌头具有嗅觉和味觉的双重功能，这就是蛇总是频频吐出舌头的原因。

味觉和嗅觉

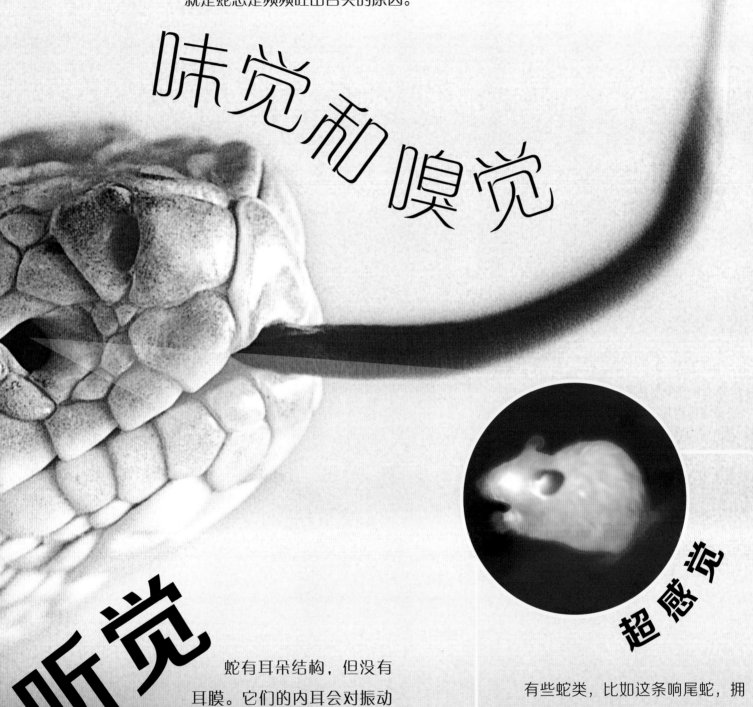

听觉

蛇有耳朵结构，但没有耳膜。它们的内耳会对振动做出反应，这些振动通过上颌的骨头传递到耳朵中。因此，蛇能迅速察觉到可能带来危险的脚步声。

超感觉

有些蛇类，比如这条响尾蛇，拥有独特的感觉器官 —— 颊窝。颊窝位于眼睛下方，是高效的热能感受器。因此，这些蛇能够在完全黑暗的状况下"看见"温血动物，精准地定位、袭击猎物。

响尾蛇

生活在美国境内的东部菱斑响尾蛇是体形最大的响尾蛇，毒性极强。当遇到危险时，它会摇动尾部的尾环，发出响亮的声音，吓退威胁者。

长长的管牙

极长的管牙能够刺入猎物身体深处并注射毒液。

后沟牙

非洲树蛇的毒牙不是中空的，不能注射毒液，不过它们的牙齿同样非常锋利，又尖又长。

可怕的尖牙

非洲树蛇

大多数毒蛇有着长长的、中空的管牙，可以向猎物体内注射毒液。但是"后沟牙毒蛇"，比如这条非洲树蛇，毒腺位于口腔后方，毒牙构造比较简单，不能注射毒液，只能在咬噬的同时，让有毒的唾液流入猎物的伤口。

中空的管牙

管牙能够将毒液注入猎物体内。

毒腺

毒液储存在口腔后方的毒腺中。

颌骨

为了能够吞下体形较大的猎物，蛇的嘴必须能张得非常大。

牙齿

口腔底部小而锋利的牙齿能够紧紧咬住猎物。

毒牙如何工作

当响尾蛇处于休息状态时，尖锐的毒牙是折叠起来平放在口腔后部的。而当响尾蛇张大嘴巴时，毒牙向前竖立，这样蛇就能咬噬猎物了。咬住猎物的同时，毒腺周围的肌肉收缩，将毒液通过中空的毒牙注入猎物的伤口之中。响尾蛇的毒液主要侵袭血液和内脏器官，导致猎物剧烈疼痛和呕吐。

毒蛇用毒牙向猎物体内注射毒液，

双线森蝮

与所有的蝮蛇一样，双线森蝮也具有能够感知热量的热能感受器，位于眼睛和鼻孔之间的小孔中。双线森蝮是亚马孙丛林中许多毒蛇咬伤案例的罪魁祸首。

牙鞘

年幼时的双线森蝮毒牙被肉质牙鞘所覆盖，这时候它们还不能使用毒牙。

蛇宝宝

这条年幼的双线森蝮也有剧毒，足以杀死一个成年人。

宽阔的嘴

蛇的下颌骨松松地连接在颅骨上，极富弹性，因此能够将嘴张得非常大，可以吞下像兔子一样大的猎物。

黑曼巴蛇

黑曼巴蛇是眼镜蛇的亲戚，它们的毒牙是固定的，而不像蝰蛇的毒牙那样可以折叠，但依然非常有效。黑曼巴蛇可能是地球上最致命的生物之一。

黑色威胁

黑曼巴蛇得名于它黑色的口腔内部。

毒牙是一种特化的牙齿，能够深深地刺入猎物体内，将毒液送往肌体深处。

毒液的通道

毒液通过毒牙内部中空的管道注入猎物体内。这种管道其实是牙齿上封闭的沟槽。

毒液

科学家就像挤牛奶一样收集毒蛇的毒液，然后将毒液注入绵羊体内，待绵羊的免疫系统产生抗体。这是为了生产一种抵抗蛇毒的"良药"——抗蛇毒血清。只要被毒蛇咬伤的人能得到足够快的治疗，这些血清通常效果都很好。

鼓腹巨蝰

鼓腹巨蝰生活在非洲多岩石的草原上，属于蝰蛇家族的一员。它们通常在晚上外出活动，伏击毫无防备的猎物。

毒液

非洲树蛇

非洲树蛇的毒牙位于口腔后方，它的毒液毒性很强，可以阻止猎物的血液凝固，使猎物血流不止，最终失血而死。

响尾蛇

响尾蛇是蝰科中的一员，它的毒液属于溶血毒性，会导致大量出血和组织坏死。响尾蛇毒素能减缓血液循环，使猎物产生休克的症状。

海蛇

海蛇需要速效毒液来阻止猎物逃跑，它的毒液具有细胞毒素，可以麻痹猎物的肌肉。幸运的是，海蛇很少咬人。

黑曼巴蛇

一条黑曼巴蛇的毒液足以杀死一头大象。黑曼巴蛇的毒液起效迅速、致命，主要攻击猎物的神经系统和心肌。

蛇的毒液简直就像疯狂的科学家创造出来的毒素"鸡尾酒"，是由数种毒素以不同的配比混合形成的。除毒素外，毒液的主要成分是唾液，辅以强效消化液，可以快速消化猎物的机体组织。对于毒性最强的蛇来说，毒液已经进化为一项致命武器，既可以用于捕食猎物，又可以用于防御敌害。

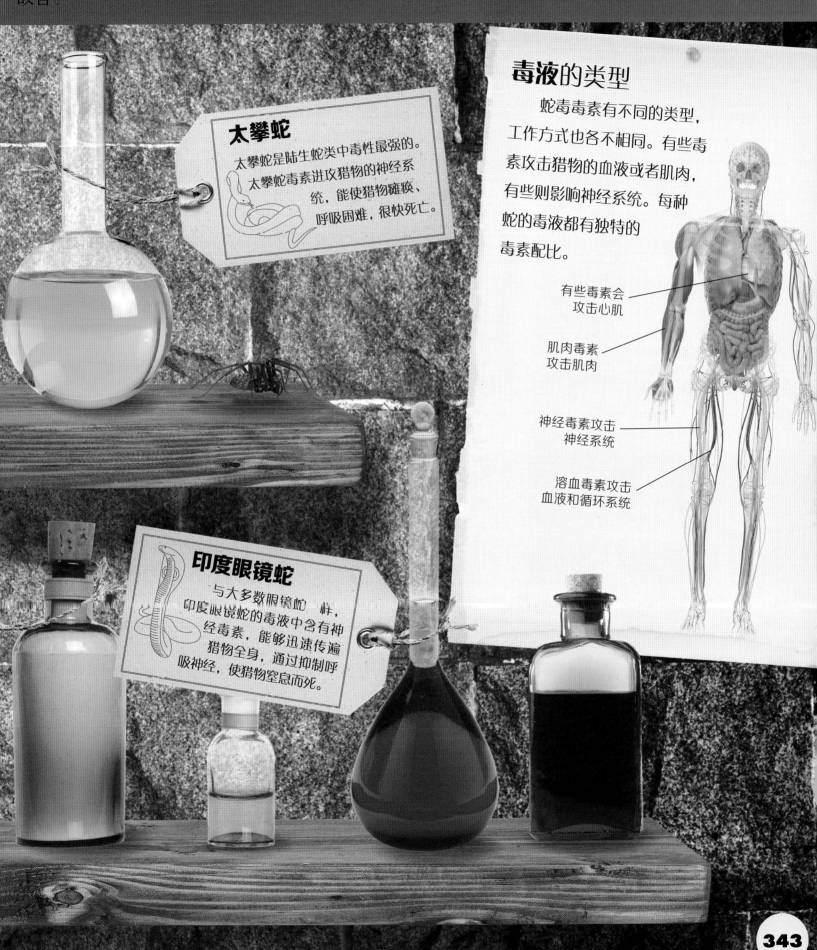

太攀蛇

太攀蛇是陆生蛇类中毒性最强的。太攀蛇毒素进攻猎物的神经系统，能使猎物瘫痪、呼吸困难，很快死亡。

毒液的类型

蛇毒毒素有不同的类型，工作方式也各不相同。有些毒素攻击猎物的血液或者肌肉，有些则影响神经系统。每种蛇的毒液都有独特的毒素配比。

有些毒素会
攻击心肌

肌肉毒素
攻击肌肉

神经毒素攻击
神经系统

溶血毒素攻击
血液和循环系统

印度眼镜蛇

与大多数眼镜蛇一样，印度眼镜蛇的毒液中含有神经毒素，能够迅速传遍猎物全身，通过抑制呼吸神经，使猎物窒息而死。

喷毒眼镜蛇

毒蛇用毒液捕食猎物，不过，毒液也可以成为强有力的防御武器。大多数蛇必须咬住敌人时才能动用毒液武器，然而喷毒眼镜蛇在间隔一段距离时就可以保护自己了。

警告的姿势

毒液是一种宝贵的资源，所以喷毒眼镜蛇不会白白浪费它。面对威胁，喷毒眼镜蛇首先会摆出一副典型的"眼镜蛇姿势"：高高竖起身体前半部分，颈部两侧变宽、变扁，让自己看起来更可怕。大多数人和动物都知道这种姿势意味着什么，他们通常很快就溜走了，喷毒眼镜蛇也就可以安全撤退。

一条喷毒眼镜蛇可以将毒

喷射毒液

如果喷毒眼镜蛇摆出的警告姿势依然不能吓退敌人，它就只好施展绝技——喷射毒液了。喷毒眼镜蛇瞄准目标，从特化的毒牙中喷射出两股毒液，毒液并不能杀死敌人，但如果毒液进入敌人的眼睛里，就会致盲。

奇特的毒牙

喷毒眼镜蛇长着长长的、中空的毒牙，这种毒牙高度特化，当蛇挤压毒腺时，能够向前喷射毒液。

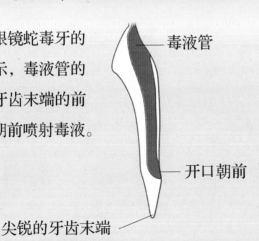

这张喷毒眼镜蛇毒牙的剖面图显示，毒液管的开口位于牙齿末端的前方，可以朝前喷射毒液。

毒液管

开口朝前

尖锐的牙齿末端

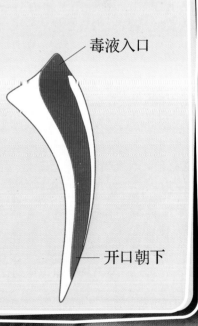

普通眼镜蛇的毒液管开口位于毒牙末端的下方，可以在咬住猎物时将毒液注入猎物身体深处。

毒液入口

开口朝下

液喷射到 2 米外。

最致命的毒蛇

全世界每年有超过 12.5 万人死于毒蛇咬伤。但是，毒性最强烈的蛇并不一定是最危险的，因为许多这样的毒蛇生活在人迹罕至的偏远地区。杀人最多的"凶手"居住在人口稠密的国家，在这样的地方，人们与毒蛇为伴，常常被咬伤，却又得不到及时而准确的治疗。

澳大利亚太攀蛇

澳大利亚太攀蛇的毒性很强，如果被它咬伤而又没有迅速处理，就会有生命危险。还有一种太攀蛇——内陆太攀蛇，也生存于澳大利亚，毒性更强。不过，这两种太攀蛇都生活在人迹罕至的偏远地区，被它们咬伤的案例很罕见。

鼓腹巨蝰

头号杀手

鼓腹巨蝰是非洲最危险的蛇，因膨胀的身躯而得名，它不怕惊吓，当人走近时并不急于躲开，因此很容易在黑暗中踩到它。鼓腹巨蝰有着超长的毒牙，受威胁的时候会发出"嘶嘶"声。

加蓬咝蝰

头号杀手

加蓬咝蝰是生活在中非地区的伏击杀手，与鼓腹巨蝰有亲缘关系。加蓬咝蝰有着巨大的毒牙，可以长达 5 厘米，比其他蛇的毒牙都要长。

南美巨蝮

南美巨蝮是体形最大的蝮蛇，可以长到 3 米以上。它的毒液是致命的，幸运的是被它咬伤的案例很罕见。

沙漠棘蛇

长长的毒牙、巨大的毒腺、快速的进攻，让沙漠棘蛇成为澳大利亚最致命的毒蛇之一。不过，沙漠棘蛇生活在沙漠地区，那里人烟稀少，因此少有因它致死的报道。

头号杀手

矛头蝮

矛头蝮是一种剧毒的蝮蛇，也是南美洲最致命的毒蛇。大多数被它咬伤的人都是在香蕉种植园工作的农夫。

头号杀手

锯鳞蝰

锯鳞蝰是一种体形较小的亚洲蝰蛇，喜欢静静地盘踞在人类栖息地的角落里，所以人们很容易踩到它，因此锯鳞蝰每年都会导致数千人丧生。

孟加拉眼镜蛇

与所有的眼镜蛇一样，生活在南亚的孟加拉眼镜蛇会在受到威胁后摆出一副警告的姿势。如果警告不起作用，它就会袭击威胁者，注入致命的毒液。

虎蛇

虎蛇生活在澳大利亚南部及塔斯马尼亚的沿岸地区和湿地地区。虎蛇的毒液和眼镜蛇一样有剧毒。

东部棕蛇

东部棕蛇的毒液有剧毒，是澳大利亚最危险的蛇，不过如果能够及时注射抗蛇毒血清，绝大多数受害者都能生还。

紧紧缠绕

　　体形最大的蛇——比如**蟒蛇**、**蚺蛇**，并不是用毒液杀死猎物，而是将身体紧紧缠绕住猎物，用强有力的肌肉不断收缩、挤压，使猎物**窒息**而死。

3. 挤压

当蛇缠绕住猎物之后，每当猎物呼气的时候，蛇都会缠得更紧，最终让猎物无法呼吸，窒息而死。不过有时候这种挤压会压迫猎物的心脏，阻碍其血液循环，导致猎物顷刻毙命。

2. 出击

蛇一旦锁定目标，就会快速出击，用尖锐的牙齿咬住猎物。蛇的牙齿都是朝后弯曲的，能牢牢地固定住猎物，猎物无论怎样挣扎都很难逃脱。然后，蛇就会将长长的身体缠绕在猎物身上。

1. 追踪猎物

当蛇蜿蜒滑行时，它总是不断地吐出分叉的舌头，这是在获取空气中的气味粒子。如果蛇探测到猎物的踪迹，它就会悄悄地一路追随，直到找到踪迹的来源 —— 猎物。

蛇的缠绕并不是将猎物压碎，而是让猎物**窒息而死**。

4. 寻找头部

一旦猎物死亡，蛇就会放松缠绕的身体，开始用舌头检查猎物全身，判断是否可以食用。蛇必须找出猎物的头部在哪里，因为它只能从猎物的头部开始吞咽，否则就容易卡住。

5. 吞食

蛇张开大口，用可以活动的下颌将猎物缓慢推向喉咙。最终，蛇会囫囵吞掉整个猎物。

一条蟒蛇通过致命的缠绕可以杀死一只羚羊。

消化

如果蛇吞下的猎物体形非常大，它的肚子就会明显地突出，移动也很艰难。这时候蛇就会寻找一个僻静的地方藏起来，慢慢消化胃中的食物。消化可能需要持续一个星期或者更久。强有力的消化液可以消化皮肤、肌肉甚至骨头。蛇日常消耗的能量并不多，因此它美美地饱餐一顿之后，甚至可以好几个月不吃东西。

吞下猎物

蛇是天生的捕食者，它们捕捉、杀死并吃掉其他动物。不过与其他捕食者不同，蛇不能将猎物撕碎，它们尖锐的牙齿很适合抓握猎物，却不能撕开猎物的皮肤和肌肉。因此，蛇只能张开大口，将猎物囫囵吞下——有时候它吞下的猎物大得让人惊讶。

毒牙

下颌上的牙齿呈尖锐的棘刺状

喉门

扩张的颌

蛇的下颌骨松松地连接在颅骨上，因此可以张开到令人难以置信的角度。而且蛇的两块下颌骨的前端并未相连，可以扩展开来，让嘴变得更宽。

呼吸

当蛇的嘴里填满猎物时，你是不是觉得它会难以呼吸？其实，在这个过程中蛇会张开位于口腔前端的喉门（气管的末端开口），确保其吞咽猎物时也能呼吸。

下颌骨松松地连接在颅骨上

两侧的下颌骨是分开的，并未相连

一条蟒蛇缠绕着一只死去的羚羊，准备开始进食。它张开大口，压低一侧下颌骨，牢牢地固定在羚羊的颈部上，然后另一侧下颌骨朝前移动，吞噬掉羚羊的一部分，整个过程交替进行，直到将羚羊全部吞下。一旦食物到达蟒蛇的胃部，就会被强有力的消化液所消化。

蛇甚至能吞下比自己头部还大的猎物。

由肌肉构成的
食道壁极富弹性

偷蛋贼

食蛋蛇的嘴可以张得很大，足以吞下整个鸟蛋。吞下之后，食蛋蛇利用充满弹性的食道，将蛋壳挤碎。

蟒蛇 VS 鳄鱼

缅甸蟒与美洲短吻鳄是地球上两种强大的爬行动物。数千年来，它们从未相遇，不过如今在美洲部分地区，这两种动物的生活区域有所重叠，它们竞争同一类猎物，甚至吃掉对方。两强相遇必有一争，当蟒蛇与鳄鱼相遇时，哪一方会取胜呢？

第五回合

谁会取得最终的胜利？这是牙齿和利爪与强有力的肌肉之间的战斗。

美洲短吻鳄

美洲短吻鳄长着巨大的颌，全身覆盖着又厚又硬的铠甲，几乎没有敌人。

★★★★★ **总得分**

优势

强壮的颌

巨大的牙齿

锋利的爪

覆盖铠甲的身体

劣势

易被蟒蛇的"缠绕术"攻击

不能囫囵吞下整条蟒蛇

必须撕咬蛇的头部才能制伏它

沼泽中的**顶级战斗**，

栖息地

位于美国南部地区的佛罗里达大沼泽地是美洲短吻鳄的家园。但是，不负责任的主人把宠物缅甸蟒放生到这片地区，缅甸蟒开始在这里生长、繁殖。它们的数量已经达到数百只甚至数千只。

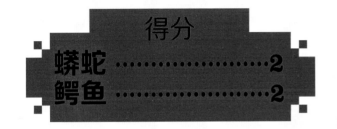

得分

蟒蛇 ·················2
鳄鱼 ·················2

缅甸蟒

蟒蛇可以用粗壮的身体缠绕住鳄鱼，使鳄鱼窒息而死，它们甚至能将鳄鱼活活吞噬。

★★★★★ **总得分**

优势

致命的缠绕

尖锐的牙齿

可以整个吞下体形较小的鳄鱼

动作迅速

劣势

无法咬穿鳄鱼身上的铠甲

一旦被抓住则很难逃脱

吞下活着的猎物是很危险的，甚至会因此而丧命

战斗

当鳄鱼用锋利的牙齿咬住蟒蛇时，看起来仿佛大获全胜，然而除非鳄鱼咬住的部位是致命的，否则蟒蛇并不会死——它的头部才是弱点。一旦鳄鱼咬错了位置，蟒蛇就会发起反击。它盘起长长的身体，紧紧地缠绕在鳄鱼的身体上，直至鳄鱼无法呼吸。不过，如果蟒蛇囫囵吞下尚未死亡的鳄鱼，鳄鱼锋利的爪子会给蟒蛇来个开膛破肚！

两大爬行动物激战到死亡！

蛇的传说

许多人很怕蛇 —— 但大多数蛇对人类完全无害。蛇的形象出现在各种各样的神话和传说中。在古希腊神话中，蛇与医疗和治愈息息相关。

蛇发美女

古希腊神话中的英雄珀尔修斯杀死了一位头上长满毒蛇的女妖 —— 美杜莎。相传美杜莎的目光能使与她对视的生物变成石头。但是珀尔修斯却巧妙地避开了美杜莎的目光，他不去看美杜莎，而是观察他那锃亮的青铜盾牌反射出来的美杜莎的倒影。

美杜莎

托尔和米亚加德大蛇

最后的战斗

根据北欧维京人的传说，世界末日终将来临，到那一天，世界将会爆发一场名为"诸神的黄昏"的战争。一条被称为米亚加德大蛇的巨蛇从海洋中浮现，它不断喷出毒液，污染了整个天空。雷神托尔用雷神之锤击中了巨蛇，然而巨蛇的毒液也深入他的身体，最终他和巨蛇同归于尽。

泰舒卜与巨蛇

在来自青铜器时代的赫梯神话中，泰舒卜——风暴之神，被巨蛇伊卢扬卡击败。泰舒卜的女儿伊娜帮助泰舒卜复仇，她设下丰盛的宴席招待巨蛇伊卢扬卡。伊卢扬卡吃得太多了，肚子胀得圆滚滚的，无法爬回自己的洞穴，因此被泰舒卜抓住并杀死。

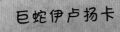

巨蛇伊卢扬卡

克里希纳与瓦苏奇

在印度教神话中，克里希纳神出生之后不久，他的父亲瓦苏德瓦为了让克里希纳免受邪恶的叔叔的追杀，抱着他横渡亚穆纳河。亚穆纳河河水汹涌，水深足以没过瓦苏德瓦的头顶。这时，一条有着好几个脑袋的巨型眼镜蛇——瓦苏奇，从水中浮现，它用张开的头盾护送这对父子，让他们安然渡河。

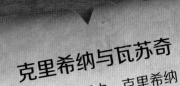

父亲瓦苏德瓦抱着儿子克里希纳

巨蛇
阿伊多-赫维多

宇宙之蛇

根据西非的一个传说，当女神玛巫创造了地球之后，地面开始向海洋下沉。玛巫让巨蛇阿伊多 - 赫维多缠绕在地球上，支撑住地球。阿伊多 - 赫维多一直兢兢业业地守护着地球，不过有时候它也会想换一个更舒服的姿势——地震就发生了。

伪装的蛇？

蛇是从有腿的祖先进化而来的。有些蜥蜴也经历了同样的进化旅程，失去了四条腿。这些没有腿的蜥蜴模样看起来很像蛇，不同之处在于它们有眼睑和耳。它们的颌也和普通蜥蜴一样，无法像蛇那样张得很大，因此不能将猎物囫囵吞下。这些酷似蛇的蜥蜴对人是完全无害的。

有些蜥蜴没有四肢，它们中有一些生活在地下，腿完全没有用处；还有一些蜥蜴的生活习性则完全像是**真正的蛇**。

黑头鳞脚蜥
生活在澳大利亚的沙漠中。

黑斑蚓蜥
擅长挖掘洞穴，酷似蚯蚓。

北蠕蜥
栖息在美国的沙丘地区。

狡猾的毛毛虫

银月豹凤蝶幼虫受到惊吓时会将头部向下缩，拱起身体前端，形成两个大大的眼斑，看起来就像是一条蛇。这是一个非常聪明的小把戏，因为绝大多数吃虫的鸟类都非常害怕蛇。它们会吓得惊慌失措，迅速逃跑——银月豹凤蝶幼虫就安全了。

通缉犯

真正的蛇

这些动物看起来似乎都**很可疑**，然而**只有一条**是真正的蛇。

蛇蜥
一种生活在欧洲的无脚蜥蜴，爱吃蛞蝓。

普通鳞脚蜥
得名于它细小的后腿。

糙鳞绿树蛇
一种无毒蛇，以昆虫为食。

1

2

找一找

许多爬行动物都有着令人惊叹的**伪装术**，几乎可以"**隐身**"于周围环境之中。有些动物依靠伪装来**躲避敌害**，不过蛇的伪装则是为了**捕捉猎物**。这里有一些**蛇和蜥蜴**与环境融为一体的图片，你能找到它们吗？

4

5

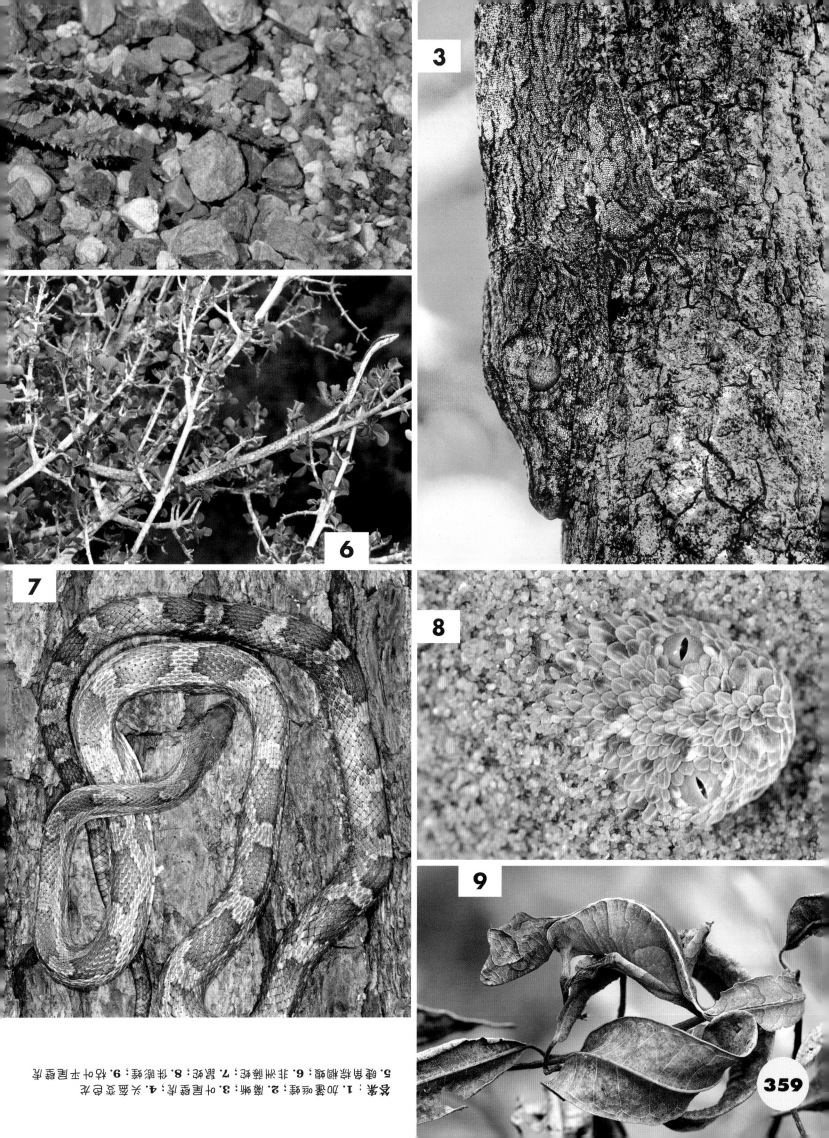

图注: 1. 加蓬咝蝰; 2. 撒哈拉; 3. 叶尾壁虎; 4. 火焰筑巢白蚁; 5. 睫角棕榈蝰蛇; 6. 非洲藤蛇; 7. 猫蛇; 8. 侏膨蝰; 9. 格尔古叶尾壁虎

359

多彩的变色龙

变色龙有着可以骨碌碌转动的圆锥形眼睛，以及长长的、当有黏性的舌头。不过，它们最奇特之处，还是在于能够随心所欲地改变身体的颜色，从暗棕色或绿色到明亮的红色、蓝色和黄色，各种各样的颜色都能出现。

炫　耀

大多数种类的变色龙生活在树上，它们攀附在树枝和树叶间，捕捉昆虫为食。放松时，变色龙通常是暗绿色的，这样它们就能够"隐身"于周围环境之中，避开天敌（比如鸟）的袭击。而当它们兴奋时，体色则变成鲜明的颜色。

雄性变色龙以此来吓退竞争者，或者吸引雌性变色龙。

就会改变颜色。

快乐或者悲伤时，这条变色龙平时是绿色的，但生气时，

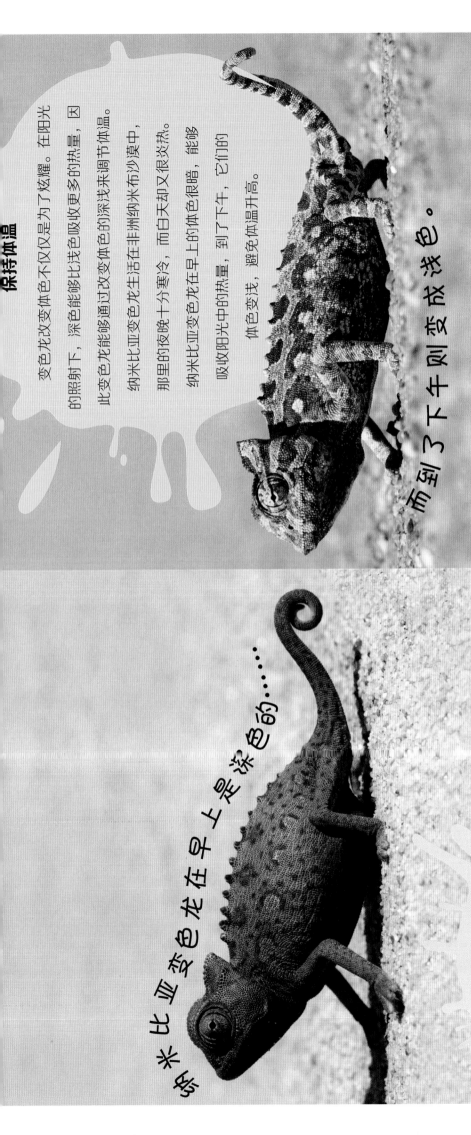

保持体温

变色龙改变体色不仅仅是为了炫耀。在阳光的照射下，深色能够比浅色吸收更多的热量，因此变色龙能够通过改变体色的深浅来调节体温。纳米比亚变色龙生活在非洲纳米布沙漠中，那里的夜晚十分寒冷，而白天却又很炎热。纳米比亚变色龙在早上的体色很深，能够吸收阳光中的热量，到了下午，它们的体色变浅，避免体温升高。

纳米比亚变色龙在早上是深色的……而到了下午则变成浅色。

变色龙是怎么变色的？

变色龙的皮肤含有微小的晶体，变色龙可以控制这些晶体。通过改变晶体排列的方式，不同波长的光被反射，从而改变了变色龙的皮肤颜色。

变色龙平静时的皮肤

绿光　入射光　含有黄色色素的细胞　晶体反射蓝光　皮肤细胞　晶体排列紧密

变色龙兴奋时的皮肤

橙色光　黄色色素　晶体反射红光　晶体分布松散

防御策略

小型爬行动物有很多天敌，包括鹰、隼、食肉哺乳动物（比如狐狸）及其他爬行动物——尤其是蛇。有些爬行动物有着令人不可思议的御敌方式，它们能够迷惑天敌、分散天敌的注意力甚至吓退天敌，从而及时逃脱。

刺球

断尾

犰狳蜥

有些爬行动物浑身覆盖着带刺的鳞片。这条生活在非洲沙漠中的犰狳蜥蜷曲身体，将尾巴咬在口中，使自己变成了一个"刺球"，让捕食者无从下口。

鳄鱼守宫

如果遭到攻击，大部分蜥蜴都能自己切断尾巴，断掉的尾巴还会不断抽搐，吸引捕食者的注意力，而蜥蜴则趁机偷偷溜走。

张开皮褶

伞蜥

伞蜥体形较大，生活在澳大利亚，当受到威胁时，它就会弓步向前，张开脖子周围巨大的皮褶，嘴里还大声发出"嘶嘶"的叫声。这足以吓退大部分肉食动物了。

装死

水游蛇

　　如果所有的防御努力都失败了，有些蛇就会翻转肚皮躺在地上，吐出舌头装死。这个把戏能骗过大部分捕食者，因为多数捕食动物都喜欢啃新鲜的肉。

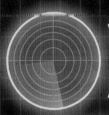

鲜艳的伪装

丽纹石龙子

　　鸟类通过敏锐的视觉捕猎，它们容易被明亮的色彩吸引。丽纹石龙子长着一条颜色鲜明的蓝尾巴，能够分散捕食者对它们头部的注意力。

扩张颈盾

孟加拉眼镜蛇

　　你可能觉得眼镜蛇没有任何天敌，事实并非如此。这条眼镜蛇直立身体的前部，扩张颈部，摆出威胁姿态，吓退敌人。

小 **与** 大

有些爬行动物是真正的**怪兽**，比如体形**庞大的鳄鱼**、巨型陆龟及**巨大的蟒与蚺**。然而与这些超级巨怪形成鲜明对比的是，还有一些爬行动物是非常小的，甚至还没有**苍蝇**大。

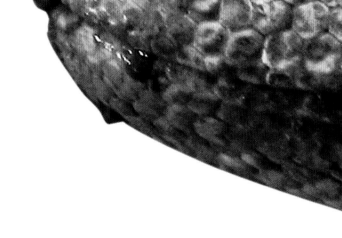

真实大小

袖珍**蜥蜴**

这条来自马达加斯加的迷你变色龙（*Brookesia micra*）是目前已知的世界上体形最小的蜥蜴 —— 它是如此之小，甚至可以站在你的指尖上。白天，迷你变色龙在森林地面上的落叶堆中觅食昆虫，到了晚上它们则会爬到树上。

爬行动物中的老大哥

体形巨大的阿尔达布拉象龟体重可达 360 千克，是体形娇小的斑点鹰嘴陆龟体重的 2000 多倍。

又长又强壮

这条生活在亚马孙沼泽地的绿森蚺，需要 4 个强壮的成年男子才能抬起。绿森蚺是目前地球上体形最大的蛇，长度可超过 10 米。

岛上**巨怪**

科莫多巨蜥体长可超过 3.3 米，是世界上体形最大的蜥蜴。这种可怕的肉食动物可以杀死一头水牛，并用锋利的牙齿将猎物撕成碎片。科莫多巨蜥如今只生活在印度尼西亚爪哇岛附近的几个小岛上，主要以捕食鹿、猪和山羊为生。

晚餐吃什么?

有些爬行动物是可怕的捕食者，而有些爬行动物更喜欢吃素食。

跟随下图中彩色的线条，找一找这些爬行动物最爱的美食吧！

翡翠树蚺

这条树蚺生活在亚马孙热带雨林中，到了晚上出来觅食。它隐藏在浓密的树丛中，等待伏击小型哺乳动物。

青草和水果

螳螂

蓝舌石龙子

澳大利亚的蓝舌石龙子长着奇怪的蓝色舌头，用来像勺子一样"舀"猎物 —— 听起来可让人没什么食欲。

澳洲魔蜥

澳洲魔蜥生活在澳大利亚，它们浑身覆盖着棘刺，特别爱吃小型昆虫。

巨环海蛇

这种东南亚海蛇有剧毒，它们在珊瑚礁海域清澈的海水中游来游去，伺机捕食猎物。

蜗牛和蚯蚓

欧洲陆龟

绝大多数动物都比这种生活在
地中海的陆龟跑得快，所以它们
以不会跑的植物为食。

草原犬鼠

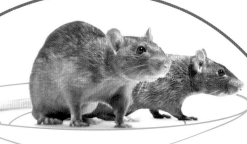

褐家鼠

杰克森变色龙

杰克森变色龙生活在东非，长着可以
自由转动的圆锥形眼睛，能够准确锁定
捕食目标 —— 小型昆虫。

海鳝

食蛋蛇

与大多数蛇类不同，生活在非洲的食蛋
蛇并不是一个真正的猎手，它们主要以
鸟蛋为食，偶尔也吃雏鸟。

西部菱斑响尾蛇

和所有的响尾蛇一样，西部菱斑响尾蛇
也拥有热感受器，能够在黑暗中探测到
温血动物的踪迹。

蚂蚁

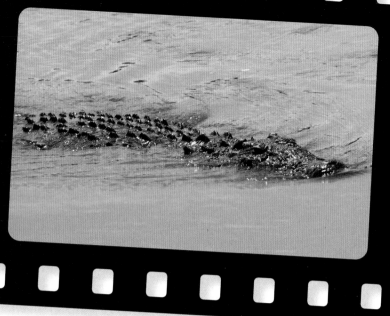

1 尼罗鳄总是从水中发动攻击。它们潜入水面下观察、等待，以免过早惊动猎物。

尼罗鳄的
伏击

生活在**非洲的尼罗鳄**非常聪明，它们知道每年非洲草原上的**动物**都会在特定时期**大迁徙**，横渡尼罗鳄栖身的河流。因此，大迁徙就是尼罗鳄的盛宴。当迁徙的动物紧张地踏进河水中时，埋伏在水底的鳄鱼就会缓缓游来，抓住时机进行**偷袭**！

2 当猎物（比如这些角马）开始游泳渡河时，尼罗鳄开始小心地朝它们的方向游去，尼罗鳄通常在水面下游泳，让猎物不容易发现自己。

3 每条鳄鱼都会挑中一个猎物。它们通常会选择离群的动物，但是这条鳄鱼看起来饿极了，它冲向角马群，企图用它那巨大的、长满锋利牙齿的颌咬住任何一只可能的猎物。

4 尼罗鳄突然冲出水面，咬住猎物的脖子或者口鼻部。尼罗鳄会将角马拖入水中，直到猎物溺亡。然后它们就会将角马的尸体撕成碎片，大快朵颐。

369

水生

带蛇
生活在北美洲的带蛇，
既能在陆地上生活，又
能在水中生活。

有些**爬行动物**发展出了**各种各样的特征**，用于适应水中或者近水的生活，池塘、河流、湖泊和**海洋**是它们的家园。其中像海龟这样的爬行动物，身体**高度特化**，非常适应海洋环境，**除了产卵**之外几乎从不到陆地上去。

爬行动物

双冠蜥

生活在中美洲的双冠蜥能在水面上短距离奔跑。

还有些爬行动物在水中**捕食猎物**。蟒蛇会将毫无防备的猎物**拖入**水中淹死。而在2011年，一条湾鳄依靠这种方式杀死了一只**成年虎**。

湾鳄

世界上体形最大的鳄鱼——湾鳄，常常在开阔的海面上游泳。

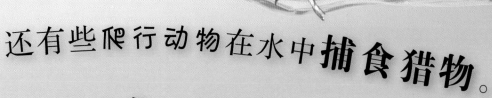

绿海龟

绿海龟是大型海龟，体长可达1.3米，生活在温暖的热带水域中。

海龟 的 迁徙

红海龟为了寻找食物和繁殖地点，每年都会进行跨越大洋的长途迁徙。在北太平洋海域，红海龟乘着洋流从日本出发，前往美国，然后返回。红海龟在迁徙途中依靠地球磁场作为导航。

偏离航线

我往北边走得太远了，这里的海水真的好冰冷。我刚刚游过了一座冰山。我得再往南游一些，那里有能把我送往目的地的洋流。

阿留申群岛

亚洲

日本

努力再努力

我正躺在日本屋久岛的沙滩上，不过我可不是为了晒日光浴。昨天晚上，我一整晚都在挖洞，然后在洞中产卵，并用沙子将卵盖好，这可不轻松！时间到了，我该回到大海的怀抱中去了……

埋藏在沙堆下

虽然海龟是海洋生物，但它们必须到陆地上产卵。海龟来到一处安全的海滩，将卵埋在温暖的沙层下。当小海龟破壳而出之后，它们就会冲破沙层，向海洋的方向爬去。

岛屿天堂

热带洋流带着我一路向西，经过了许多火山喷发形成的岛屿。这里的海浪可真够大的！这些奇怪的两脚生物是什么？距离我的目的地日本，还有一段路程呢……

追踪海龟

科学家给海龟做标记，然后通过卫星追踪它们。1996年，一只名叫阿德丽塔的海龟被科学家做了标记，然后在墨西哥放归大海。通过卫星追踪，科学家惊讶地发现，这只海龟横穿太平洋抵达日本，路程长达1.2万千米。

太平洋海岸

这里阳光明媚，风景如画，还有充足的食物——我最爱吃的贝类。洋流带着我向南进发，一路上的海水越来越温暖。

加利福尼亚

太平洋

北美洲

丰富的选择

墨西哥附近的海域中有取之不尽的食物，许许多多其他的海洋动物也汇聚于此。这些喜欢跳跃的海豚真是太烦人了！不过，我很快就会离开这里，向夏威夷出发。

墨西哥

夏威夷

攀爬专家

壁虎是一类小型蜥蜴，它们通常生活往往在树上，也常常进入人类的房屋。它们能够往往在光滑的墙壁和玻璃窗上健步如飞，甚至能倒挂往往在天花板上。这些攀爬专家的秘密就在于它有特殊的趾垫，趾垫能像磁铁一样紧紧地吸附往往平面上。

即使只有一点点灰尘，也会破坏脚趾与平面之间的结合，因此壁虎的脚趾有着特殊的自我清洁功能。

大壁虎（蛤蚧）

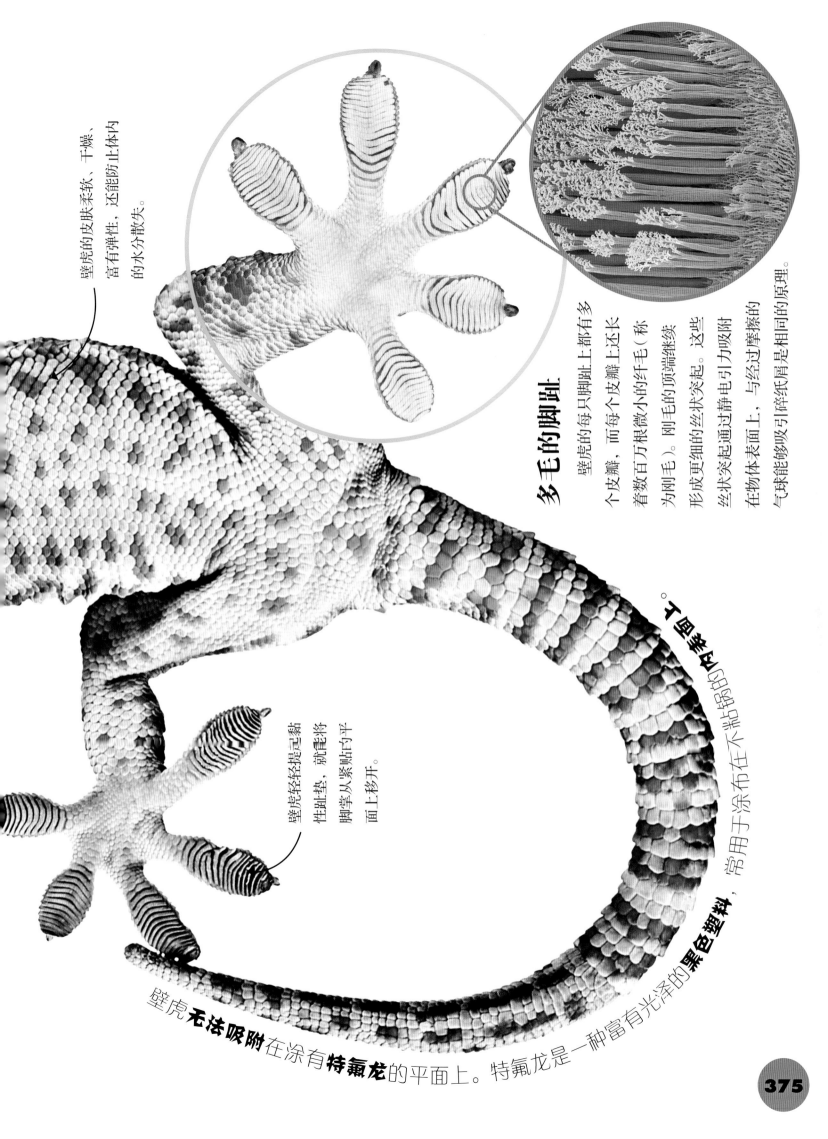

壁虎的皮肤柔软、干燥、富有弹性，还能防止体内的水分散失。

多毛的脚趾

壁虎的每只脚趾上都有多个皮瓣，而每个皮瓣上还长着数百万根微小的纤毛（称为刚毛）。刚毛的顶端继续形成更细的丝状突起。这些丝状突起通过静电引力吸附在物体表面上，与经过摩擦的气球能够吸引碎纸屑是相同的原理。

壁虎轻轻提起黏性趾垫，就能将脚掌从紧贴的平面上移开。

壁虎**无法吸附**在涂有**特氟龙**的平面上。特氟龙是一种富有光泽的**黑色塑料**，常用于涂布在不粘锅的**内表面上**。

电影明星

因为绿鬣蜥古怪的长相，早期的电影制作常常用它们来"扮演"怪兽。在老电影中，太空旅行者登陆陌生的星球时，常常会遇见绿鬣蜥"扮演"的外星生物。绿鬣蜥还经常"扮演"另一个角色——恐龙，尽管它们一点儿也不像。

用于感光的
第三只眼睛

奇异的绿鬣蜥

有些蜥蜴看起来有点奇怪，但怪异程度很难与绿鬣蜥相媲美。绿鬣蜥有着令人眼花缭乱的各种颜色，背上长着长长的棘刺和奇怪的鳞片——尤其是雄性绿鬣蜥，再加上脖子下面还挂着一个大大的袋状物，绿鬣蜥看起来实在是太奇特了，简直像是外星来客。

第三只眼

绿鬣蜥的听觉和视觉都非常敏锐，而且还有很好的色彩分辨力。它们能看见我们人类看不见的颜色，包括紫外线。绿鬣蜥的头顶上有"第三只眼"，当它们睡觉时可用于感受光线变化。

热带旅行

绿鬣蜥生活在美洲的热带雨林中，从墨西哥到巴拉圭都有它们的身影。绿鬣蜥是伟大的旅行家，它们搭乘人类的船只，甚至是漂浮的树干，到达了美国的部分地区以及加勒比海附近的岛屿。

冰冻的绿鬣蜥

绿鬣蜥生活在热带地区，几乎不用担心寒冷的天气。不过在2008年1月，美国佛罗里达州突如其来的霜夜让当地所有的绿鬣蜥陷入了休眠状态。这些身体僵硬的绿鬣蜥纷纷从树上掉了下来，幸运的是它们几乎都没有受伤。当霜夜结束，天气恢复温暖之后，休眠的绿鬣蜥又苏醒过来，爬回栖息的树木上。

饥肠辘辘的素食者

与大多数蜥蜴不同，绿鬣蜥是植食动物。它们取食树叶、花朵和水果。绿鬣蜥的肠道内含有特殊的微生物，能帮助它们消化这些植物性食物，不过它们必须大量进食，才能摄入足够的营养。因此，绿鬣蜥也会同时摄入大量的盐分，它们通过打喷嚏从鼻子排出这些过量的盐分。

活化石

生活在新西兰的楔齿蜥看起来很像蜥蜴，然而，它们实际上属于另一个完全不同的类群，这个类群只包括两个物种。这个类群中的其他物种在很早之前就已经全部消失了，甚至早在恐龙灭绝之前。所以，幸存下来的楔齿蜥又被称为"活化石"。

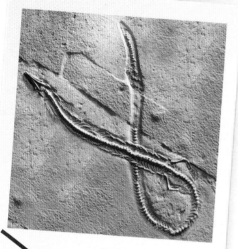

拟始蜥

腹躯龙

作息时间表

楔齿蜥白天藏身于洞穴中，只在晚上才出来活动。

07:00	睡觉
10:00	睡觉
18:00	还在睡觉
23:00	觅食

这是我。

这是我的两个远古亲戚。

亲戚

我们没有亲戚！至少现在没有了。不过在 1.5 亿年前，我们这个大家族还有很多兄弟姐妹。已发掘的拟始蜥和体形十分纤细的腹躯龙的化石表明，它们与我们楔齿蜥非常相似。

长寿

楔齿蜥的寿命相当长。被人类捕获的雄性楔齿蜥亨利在 2016 年就已经 118 岁了，但就在它111 岁时还幸福地当上了爸爸。

地图导航
● 这里可以找到楔齿蜥

> 这就是我的朋友亨利，他已经118 岁了！

> 亨利的孩子们。

我生活在哪里

很久以前，我们楔齿蜥遍布整个新西兰。但是人类带来了其他动物，比如老鼠，老鼠会吃掉我们的卵。因此，现在只有一些没有老鼠分布的小岛上才有我们的踪影。

名望与财富

毫无疑问，稀有的楔齿蜥是新西兰的骄傲。当地的毛利人将楔齿蜥视作图腾。新西兰有一版五分硬币上还印有楔齿蜥的形象，真是个帅小伙！

科莫多巨蜥是一种体形如同鳄鱼一般大的蜥蜴，生活在印度尼西亚爪哇岛附近的几个小岛上，又称为科莫多龙。科莫多巨蜥是**冷酷的猎手**，它并不挑剔，什么都吃，包括**令人作呕的腐肉**。

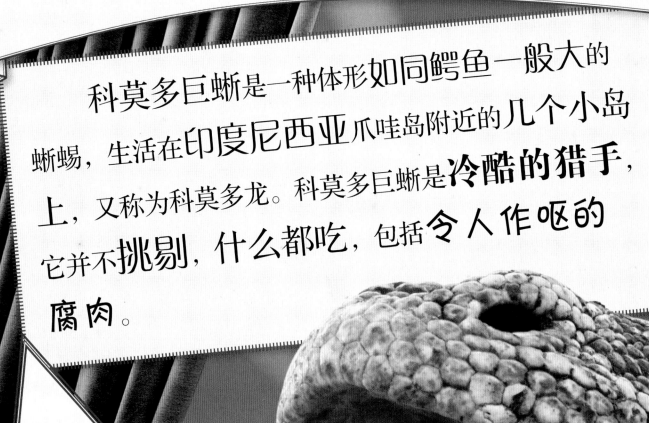

晚餐时间

一条成年科莫多巨蜥挥动强壮的长尾巴，足以绊倒一只成年鹿。科莫多巨蜥用长长的尖爪紧抓住猎物，然后以锋利的、锯齿状的牙齿将猎物撕成能够下咽的小块。

"龙"

同类相食

体形较大的科莫多巨蜥有可能会吃掉体形较小的同类。所以小科莫多巨蜥总是尽量避开成年科莫多巨蜥。年幼的科莫多巨蜥从孵化出壳后的八个月内一般会在树上生活，以求得更大的生存机会。

分叉的舌头

科莫多巨蜥很喜欢吃腐烂的动物尸体，与其他巨蜥及蛇一样，科莫多巨蜥也有着长长的、分叉的舌头，用于探测空气中的气味粒子。它们能闻到10千米之外腐肉的气味。

小心你的孩子！

对科莫多巨蜥来说，人类儿童只不过是一道"开胃点心"。因此，当地人精心看护自己的孩子，以免遭到科莫多巨蜥的袭击。

在空中滑翔时，飞蹼守宫会张开蹼足及身体两侧的皮肤皱褶。

皮质翅膀

当飞蹼守宫从树枝上跃下时，它身体边缘的皮肤褶皱伸展开来，就像翅膀一样，帮助它在空中滑翔一小段距离，到达另一棵树。

生活在东南亚热带雨林中的金花蛇能从一棵树滑翔到另一棵树上。这样的"飞行"方式能节省爬树的时间。很多爬行动物都有独特的滑翔技能。

滑翔高手

准备起飞

金花蛇首先爬到树枝高处，将尾巴缠绕在树枝上固定，身体的前半部分抬起，准备"发射"。在弹出的一瞬间，金花蛇的身体呈 S 形，并压缩得十分扁平，这样能够扩大空气作用面积。金花蛇一次的滑翔距离可以超过 100 米。

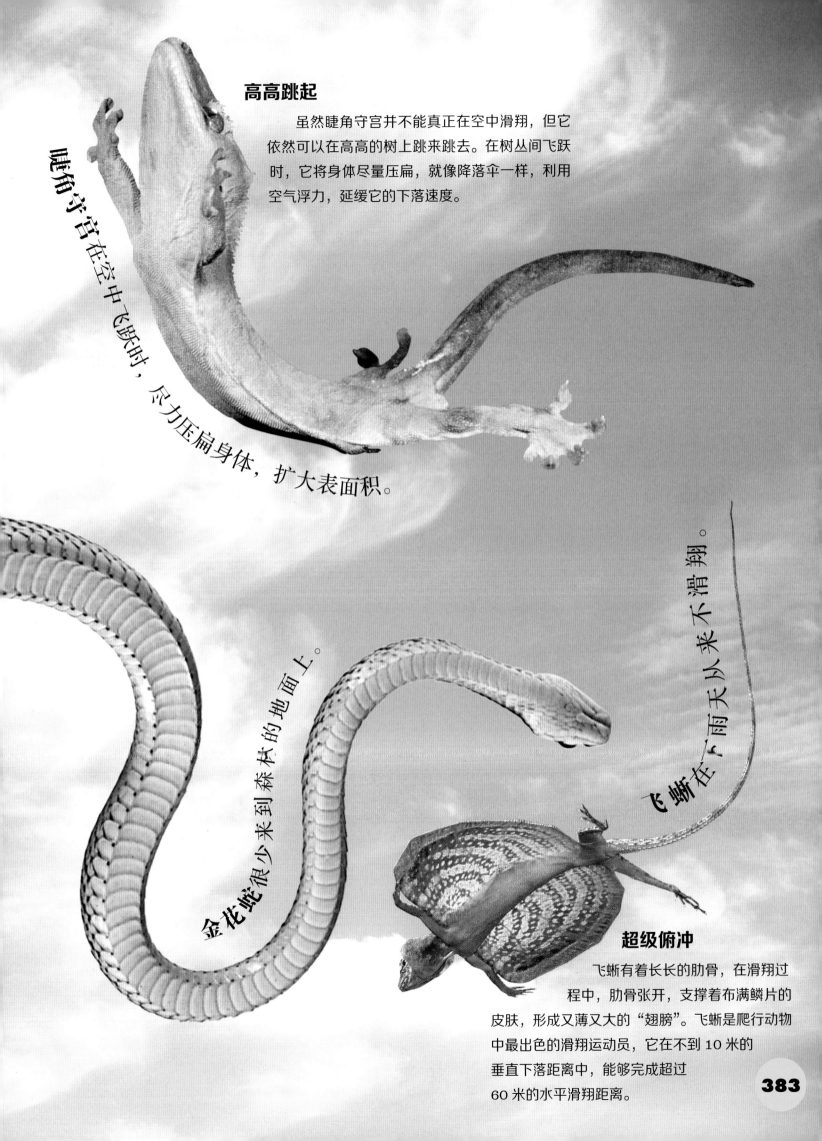

高高跳起

虽然睫角守宫并不能真正在空中滑翔，但它依然可以在高高的树上跳来跳去。在树丛间飞跃时，它将身体尽量压扁，就像降落伞一样，利用空气浮力，延缓它的下落速度。

睫角守宫在空中飞跃时，尽力压扁身体，扩大表面积。

金花蛇很少来到森林的地面上。

飞蜥在下雨天从来不滑翔。

超级俯冲

飞蜥有着长长的肋骨，在滑翔过程中，肋骨张开，支撑着布满鳞片的皮肤，形成又薄又大的"翅膀"。飞蜥是爬行动物中最出色的滑翔运动员，它在不到 10 米的垂直下落距离中，能够完成超过 60 米的水平滑翔距离。

沙漠居民

沙漠中的生活是非常艰难的，这里天气极度炎热，几乎没有水，食物也很少。然而这样的生存环境却正好适合爬行动物。白天，爬行动物钻进洞穴躲避酷暑，它们体表的防水鳞片能阻止体内的水分散失。它们只需要很少的食物就能存活。

这种变色龙的体色可以变浅，用于反射阳光，避免吸收过多热量。

会跳舞的蜥蜴

烈日下的沙子温度非常高，爬行动物在上面行走时，脚甚至会被烫伤。这条非洲铲吻蜥蜴交替抬起自己的四只脚，保证只有两只脚同时落地，仿佛在跳一种滑稽的舞蹈。其实，它只是为了避免滚烫的沙子烫脚而已。

踩高跷

大多数变色龙都生活在树上，但是生活在非洲纳米布沙漠中的纳米比亚变色龙在地面上捕食昆虫。它的四肢修长，走起路来宛如踩着高跷，这样可以将身体尽量抬高，远离炙热的沙子。

横行的蛇

对于侏膨蝰来说，要想穿过纳米布沙漠中干燥、柔软的沙地，横着移动是一种完美的方式。当侏膨蝰横着穿越沙地时，细沙上留下了它特殊的踪迹。侏膨蝰体形很小，因此只需要很少的食物就能生存。

在沙堆中"游泳"

生活在北非沙漠中的砂鱼蜥几乎没有腿，它在干燥的沙层中钻洞，甚至像鱼一样在柔软的沙堆中"游泳"。砂鱼蜥实际上是一种石龙子，以生活在沙层中的昆虫为食。

希拉毒蜥身上有鲜明的花纹，警告敌人不要靠近它。

沙漠中的龟

与许多生活在沙漠中的爬行动物一样，这只来自美国西南部莫哈维沙漠的陆龟也通过躲藏在地下洞穴中来躲避骄阳的炎烤。它一天有 95% 以上的时间都在地下待着，剩下的时间才来到外界觅食 —— 它以草和其他植物为食。

行动迟缓的怪物

这条懒洋洋的希拉毒蜥是著名的致命生物 —— 它有剧毒，不过它行动缓慢，很少构成真正的威胁。希拉毒蜥生活在美国西南部地区和墨西哥的沙漠中，以蛋类和小型动物为食。

长寿的龟

你是不是觉得龟类看起来都是一副慢吞吞、上了年纪的样子？没错，龟类确实是一种非常古老的生物，早在最早期的恐龙出现之前它们就已经在地球上生存了，而且龟类的寿命也长得令人不可思议。有些龟类可以活到 200 多岁 —— 过生日时可是需要不少生日蜡烛呀！

哈丽特

哈丽特是一只加拉帕戈斯象龟，于 1835 年被科学家查尔斯·达尔文从野外捕获。它在 1841 年被送往澳大利亚，并一直住在各大动物园中，直到 2006 去世，享年 175 岁。哈丽特最喜欢的食物是芙蓉花。

175 岁生日

迭戈

迭戈是一只雄性加拉帕戈斯象龟，它多年来一直居住在美国圣迭戈动物园。不过，在 1977 年，科学家将它送回了老家 —— 加拉帕戈斯群岛中的一个小岛，岛上有 14 只象龟。尽管迭戈已经至少 100 岁了，但它依然成了许多小象龟的父亲，成功挽救了这个濒临灭绝的种族。

图伊·马里拉

1953 年，英国女王伊丽莎白二世看望了一只十分长寿的乌龟，它生活在太平洋岛国汤加王国，名叫图伊·马里拉。它于 1777 年由詹姆斯·库克船长赠送给汤加王国的国王。马里拉在 1965 年去世，享年 188 岁。

孤独的乔治

在加拉帕戈斯群岛曾经有 15 种不同的象龟，但是其中一些已经灭绝了。孤独的乔治是最后一只幸存的平塔岛象龟，但它于 2012 年去世，享年大约 100 岁。

阿德维塔

阿德维塔是一只阿尔达布拉象龟，于 2006 年去世，但没有人知道它究竟活了多久。传说它是作为礼物于 1765 年被献给克莱夫勋爵的。如此推算，它至少有 250 岁了！

乔纳森

来自印度洋塞舌尔群岛的阿尔达布拉象龟乔纳森在 2023 年已经 191 岁了，它很可能是目前地球上活得最长的动物。目前乔纳森居住在大西洋的圣赫勒拿岛。

鸟

学会飞翔

　　鸟儿是征服了陆地、海洋和天空的勇者，从被冰雪覆盖、荒芜的南极洲，到**最高的山**、**最干燥的沙漠**，鸟类的足迹遍布全世界的**各个**角落。如果向窗外张望一分钟，你可能最先看到的就是**鸟儿**的身影；如果闭上眼睛，你可能最先听到的就是**鸟儿**的叫声。鸟类**成功**的秘密就是它们的飞行能力。世界上最早的鸟类是长满羽毛的爬行类动物，它们在1.5亿年前学会了飞翔。鸟类到底是如何获得飞行能力的呢？我们或许永远也得不到准确的答案。

让我们猜猜看，也许鸟儿最早是*居住*在树上的，然后慢慢开始尝试从一根树杈滑翔到另一根树杈；也有可能鸟儿最早只是沿着地面蹦蹦跳跳，偶尔从地面**跳跃**到空中，或是偶然从悬崖上**俯冲**下来。飞行能力是鸟类从天敌口中逃脱的最有力"武器"，也是它们到达新**栖息地**的最好"工具"。至今为止，世界上已经发现了11524种不同的鸟类，最小的鸟类只有蜜蜂那么大，比如蜂鸟；也有的鸟类不会飞，而且**体形庞大**；还有的鸟类会潜水，体形像鱼雷一样。

欢迎来到五彩斑斓的鸟类世界！

征服全世界

鸟类已经在全世界各大洲筑巢安家了，它们的栖息地遍布于不同的自然环境中，有的鸟类生活在冰雪覆盖的极地，也有的鸟类生活在干旱的沙漠和远洋海域。

森林

世界上绝大多数鸟类都生活在森林中。森林里面的坚果、浆果、种子、昆虫及其他小型动物都是鸟儿可以轻松获得的食物。鸟儿会寻找空心的树干做最坚固的房子，用嫩枝和树叶来筑最棒的巢。

草地

开阔的牧场、草地和大草原等，都为吃种子、吃昆虫的鸟类提供了丰富的食物，上图中的小型雀形目就是生活在草地的受益者。在冬季，牧场会被水鸟占领，比如大雁和天鹅。

极地

要想在极地环境下生存，厚实温暖的羽毛是必不可少的。大多数鸟类不能一整年都生存在极地环境里。它们在冬季会迁徙到更温暖、更干燥的地方，但是也有一些鸟会在极地生活一整年，比如南极的帝企鹅。

湿地、沼泽

淡水水域，比如湖泊、河流，吸引了各种鸟类，包括鸭子、鹈鹕，以及其他鸣禽等。水里有鱼、水藻及其他多种可供鸟类选择的食物。芦苇则是最棒的筑巢材料。

灌木丛

野外开阔的灌木丛比沙漠湿润，又比森林干燥。这种地理环境吸引了多种类型的鸟，包括以花蜜为食的鸟，也包括食肉的鸟。虽然这里有充足的食物，但是这种地理环境中的树木很少，所以一些鸟选择直接在地面上筑巢。

沙漠

沙漠地区的年降雨量小于25厘米。大多数鸟都不会选择生活在这里，但有一些鸟能够应付这种干旱气候。比如沙鸡能用它胸部的羽毛吸收水分，这样它们的幼鸟就可以通过吸吮沾湿的羽毛来解渴了。

高山

对于鸟类而言，地势越高生存越艰难。大型鸟类需要在大片荒野区域搜寻食物，小型鸟类能在一小片植物中找到可以让它们啄食的种子和昆虫。红嘴山鸦可能是最吃苦耐劳的鸟类了，人们曾经在珠穆朗玛峰的峰顶看到过它。

海洋

没有一种鸟类可以完全在海上度过一生，乌燕鸥是坚持时间最长的了。在乌燕鸥返回陆地交配繁殖之前，它们要在热带海洋上空持续飞行两到三个月。扁嘴海雀是海雀科的一员，它们在海面上抚养雏鸟。

海岸

鸟类的栖息地几乎遍布全球海岸。一些鸟到内陆寻找食物；其他的鸟类飞到更远的海域寻找新鲜的鱼类。长嘴的水鸟在海岸的泥沙里面寻找食物，但是它们可能根本看不到自己在吃的是什么！

城市

据说，在城市里生活的鸟类要比人类多。鸽子和椋鸟是在城市中繁衍生息最多的两种鸟。它们由人类引入城市，生活在屋顶和阳台上，因为这些地方很像它们在野外时栖息的悬崖。

鹬鸵目（鹬鸵）

鸡形目（雉、松鸡）

雁形目（雁、鸭）

䴙䴘目（䴙䴘）

鸽形目（鸠鸽）

沙鸡目（沙鸡）

夜鹰目（夜鹰、蛙嘴夜鹰、雨燕、蜂鸟）

鹃形目（杜鹃）

鹤形目（鹤、秧鸡）

鸨形目（鸨类）

鹱鹳目（蕉鹃）

企鹅目（企鹅）

鹱形目（信天翁、鹱、海燕）

鹈形目（鹭、鹈鹕）

各种不同的鸟类都属于鸟纲。

鸟纲可以分为36个目，以及再细分为244个科。生物学家认为这棵系谱树上左侧树干的分类是比较"原始的"——意思是，这些鸟类一开始完成了进化，然而在后来的一段时期里，左侧的鸟类相比右侧鸟类变化小。有人认为所有的鸟类都有一个共同的祖先：恐龙。鸟类中有一些种类比较少的类群，你不会在树上找到它们，比如：火烈鸟、鹭、鹭鹤、日鸭、拟鹑、潜鸟、鹃三宝鸟和叫鹤。

不同的鸟类。

跟我来！

有一种鸟类分支数量最庞大，比其他鸟类分支的总和还要多。

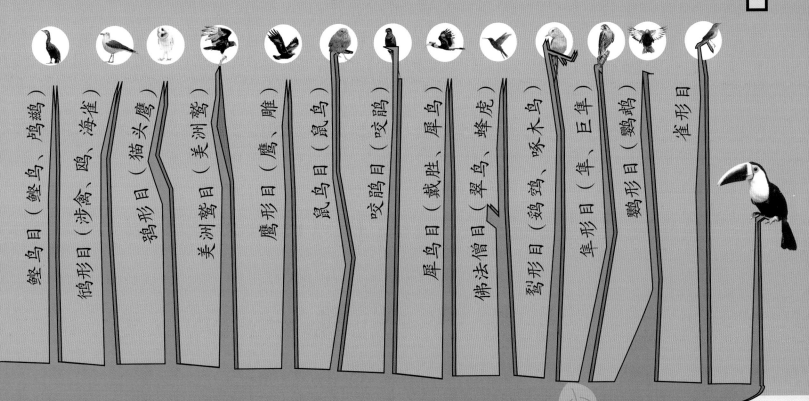

鲣鸟目（鲣鸟、鸬鹚）
鸻形目（涉禽、鸥、海雀）
鸮形目（猫头鹰）
美洲鹫目（美洲鹫）
鹰形目（鹰、雕）
鼠鸟目（鼠鸟）
咬鹃目（咬鹃）
犀鸟目（戴胜、犀鸟）
佛法僧目（翠鸟、蜂虎）
䴕形目（鹟鴷、啄木鸟）
隼形目（隼、巨隼）
鹦形目（鹦鹉）
雀形目

虽然我们鸟类有244个科，但是我们都有同一个曾、曾、曾……曾祖母！

鸟类全家福

雀形目（中小型鸣禽）

50% 以上我们已知的鸟类属于雀形目（中小型鸣禽）。

全世界目前约有**6600**种不同的雀形目鸟类，它们有一个共同的特点，我们按照这个特点把它们归为一类……

等等！我们也可以在树上栖息，但我们是鹦鹉，可不属于雀形目。

它们的特点是有**四个长长的、灵活的脚趾**——三个脚趾向前，一个脚趾向后。所有的脚趾生长在同一水平面，与腿相连。

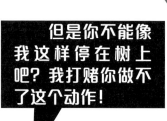

但是你不能像我这样停在树上吧？我打赌你做不了这个动作！

雀形目的脚趾让它们可以稳稳地栖息在细小的树枝、柔韧的嫩茎或细长的电线上，哪怕刮大风也没关系。它们即使在睡觉的时候也是安全的，因为它们在降落时，就用**脚趾紧紧地抓住枝干，把自己牢牢地固定住**，就像是上了锁一样。

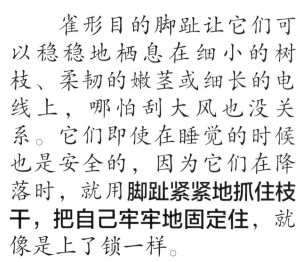

"*passerine*"
雀形目
这个词源于
拉丁文
"*passer*"，
是麻雀的意
思——但不是
所有的雀形目
鸟类都长得像
麻雀。

体形最小的雀形目鸟类是**短尾侏霸鹟**，它们的体长只有6.5厘米，体重不到5克。

体形最大的雀形目鸟类是**渡鸦**。一些生活在寒冷地区的渡鸦体重可以达到2千克，这是短尾侏霸鹟体重的400倍。

许多雀形目鸟类都是季节性迁徙的飞行能手。过去人们曾误认为体形小巧的**戴菊**是"挂"在猫头鹰的后背上，搭"顺风车"漂洋过海的。

397

亚马孙雨林

鸟类的天堂

秘鲁的马努自然保护区是1000多种鸟类的家园，在这里生活着7种金刚鹦鹉和32种其他种类的鹦鹉。

绿化使者

鸟类在保护雨林的工作中发挥着重要的作用。吃水果的鸟类，比如鹦鹉和犀鸟，在它们摘果子的时候也无意间将种子撒落、传播到各处。蜂鸟在吸食花蜜的同时也帮助花朵授粉。

全世界现存鸟类中的17%

露生层

雨林中体形巨大的一些鸟类在树木的顶部安家，比如雕、鹰、犀鸟和鹦鹉。

角雕

金刚鹦鹉

树冠层

树冠层是小型鸟类的理想栖息地，在这里它们可以筑巢安家，躲避天敌。

黄翅斑鹦哥

紫头美洲咬鹃

燕尾刀翅蜂鸟

林下层

在雨林地表捕食的鸟类通常在林下层筑巢安家。还有一些生活在这里的鸟类以花朵和花蜜为食。

斑尾娇鹟

歌蚁鸟

树干

雨林中高大的树干是啄木鸟和䴕雀理想的家，它们用长长的嘴巴在树皮下寻找昆虫。

朱冠啄木鸟

长嘴䴕雀

雨林地表层

这里是雨林中最黑暗的区域。生活在这里的鸟类羽色都很暗淡、单一，羽色近似于掉落在地面上的枯叶。它们吃昆虫、爬虫、蛙类、落叶和掉落的果子。

灰翅喇叭声鹤

日鳽

亚马孙雨林地域辽阔。这里生活着大约2000种鸟类。

亚马孙雨林

南美洲

生活在亚马孙雨林。

鸟类的进化

认识化石，可以了解鸟类的起源，并且了解它们是如何进化的。但是科学家对于鸟类是如何学会飞翔，从而征服天空的这个问题还不能达成一致的意见。大多数科学家认为鸟类是恐龙的后代；而其他科学家则认为它们是分别进化的。随着越来越多的化石证据被发掘，我们可以比较清晰地了解到它们是怎么来到这个世界的。

45亿~4.18亿年前

陆地和海洋形成。最初的生命体生活在水中，海平面以上非常炎热，而且空气中也没有足够的氧气。

3.54亿~2.9亿年前

四足动物离开水域到陆地生活。在石炭纪晚期，它们开始到陆地上产卵，即"羊膜卵"，能让没出生的小动物免于被风干。

林蜥

2.4亿年前

有一群被称为鸟颈类主龙的爬行恐龙出现了，它是恐龙、翼龙和鸟类的祖先。

始盗龙

2.3亿年前

兽脚亚目恐龙出现，被认为是鸟类的祖先，能够用双腿行走，前肢和后肢是爪子形状。

艾雷拉龙

4.2亿~3.59亿年前

一些鱼类开始用鳍行走，这些鳍慢慢进化成四肢。它们进入浅水区，尝试呼吸氧气。它们的肺也随之发育，成了第一批两栖动物。

提塔利克鱼

2.9亿~2.52亿年前

爬行动物兴旺发展。祖龙在陆地上进化。它们长有鳞片状的皮肤和喙状的嘴，有些还长有尖牙。还有一些小型爬行动物学会了爬树。

祖龙

化石证明了恐龙在这个时期进化出了羽毛状的结构。

早期时代	泥盆纪	石炭纪	二叠纪	三叠纪
约4.18亿年前	4.2亿~3.59亿年前	3.54亿~2.9亿年前	2.9亿~2.52亿年前	2.52亿~2.01亿年前

早期的两栖动物

四足动物

古蜥、祖龙

兽脚亚目食肉恐龙

40亿年前　　20亿年前　　4亿年前

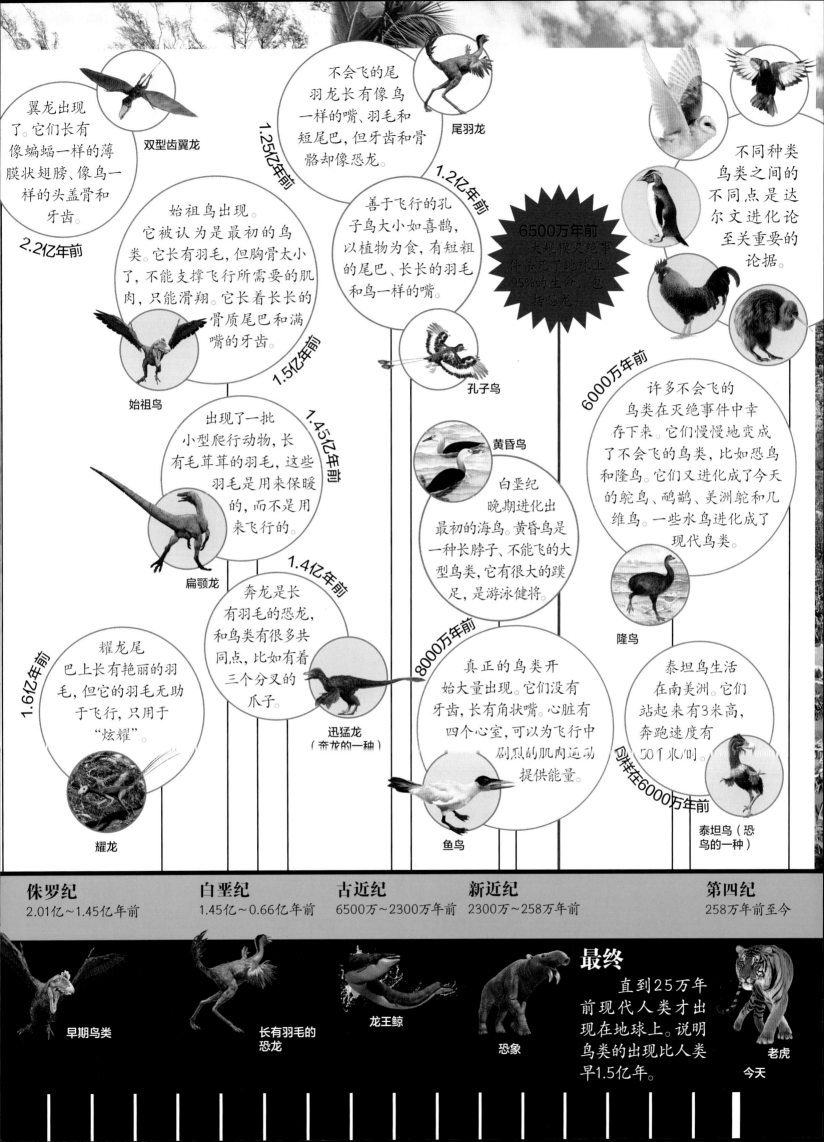

翼龙出现了。它们长有像蝙蝠一样的薄膜状翅膀、像鸟一样的头盖骨和牙齿。
2.2亿年前

双型齿翼龙

1.25亿年前

不会飞的尾羽龙长有像鸟一样的嘴、羽毛和短尾巴，但牙齿和骨骼却像恐龙。

尾羽龙

1.2亿年前

不同种类鸟类之间的不同点是达尔文进化论至关重要的论据。

始祖鸟出现。它被认为是最初的鸟类。它长有羽毛，但胸骨太小了，不能支撑飞行所需要的肌肉，只能滑翔。它长着长长的骨质尾巴和满嘴的牙齿。

善于飞行的孔子鸟大小如喜鹊，以植物为食，有短粗的尾巴、长长的羽毛和鸟一样的嘴。

6500万年前
大规模灭绝事件杀死了地球上95%的生命，包括恐龙。

始祖鸟

1.5亿年前

孔子鸟

6000万年前

许多不会飞的鸟类在灭绝事件中幸存下来。它们慢慢地变成了不会飞的鸟类，比如恐鸟和隆鸟。它们又进化成了今天的鸵鸟、鸸鹋、美洲鸵和几维鸟。一些水鸟进化成了现代鸟类。

出现了一批小型爬行动物，长有毛茸茸的羽毛，这些羽毛是用来保暖的，而不是用来飞行的。

1.45亿年前

黄昏鸟

白垩纪晚期进化出最初的海鸟。黄昏鸟是一种长脖子、不能飞的大型鸟类，它有很大的蹼足，是游泳健将。

扁颚龙

1.4亿年前

奔龙是长有羽毛的恐龙，和鸟类有很多共同点，比如有着三个分叉的爪子。

隆鸟

耀龙尾巴上长有艳丽的羽毛，但它的羽毛无助于飞行，只用于"炫耀"。

1.6亿年前

真正的鸟类开始大量出现。它们没有牙齿，长有角状嘴。心脏有四个心室，可以为飞行中剧烈的肌肉运动提供能量。

泰坦鸟生活在南美洲。它们站起来有3米高，奔跑速度有50千米/时。

迅猛龙（奔龙的一种）

8000万年前

同样在6000万年前

耀龙

鱼鸟

泰坦鸟（恐鸟的一种）

侏罗纪	白垩纪	古近纪	新近纪	第四纪
2.01亿~1.45亿年前	1.45亿~0.66亿年前	6500万~2300万年前	2300万~258万年前	258万年前至今

早期鸟类

长有羽毛的恐龙

龙王鲸

恐象

最终
直到25万年前现代人类才出现在地球上。说明鸟类的出现比人类早1.5亿年。

老虎

今天

在1969年，一位名叫约翰·奥斯特罗姆（John Ostrom）的科学家将始祖鸟（最初的鸟类）和某种兽脚亚目食肉恐龙进行了比对。这位科学家发现了这两种动物的22个共同点。后来，科学家发现了它们之间更多的相似之处，达到了100个左右。那么这些相似之处能不能证明鸟类就是由恐龙进化而来的呢？

找

兽脚亚目食肉恐龙长有比其他恐龙更短、更坚固的尾巴。

始盗龙属于兽脚亚目食肉恐龙的一种，人们认为兽脚亚目食肉恐龙就是鸟类的祖先。

长长的前肢进化成了鸟类的翅膀。恐龙的前肢也可以像鸟类的翅膀一样作"8"字形挥舞。

后期恐龙的耻骨长到了骨盆的前部，和鸟类耻骨的位置是一致的；而早期恐龙的耻骨都是长在骨盆后部的。

它们的四肢末端长有爪子，与鸟类中猛禽的利爪相似。

兽脚亚目食肉恐龙可以像鸟类一样直立。它们的脚踝可以离开地面。

兽脚亚目食肉恐龙的骨头是中空的，与鸟类一样。

灵活的"手"

兽脚亚目食肉恐龙（兽脚类的脚）长有不同寻常的腕骨。这样它的前肢就可以灵活地转动，帮助它们抓住猎物。而鸟类的翅膀上长有一个与之相似的，经过进化的骨头，有助于它们飞行。

兽脚亚目食肉恐龙的前肢上长有3根指，后肢上有3根粗大的趾（还有第4根稍微小一点的趾）。除了鸵鸟有2根趾，其他鸟类都有3~4根趾。

不同

鸟类和兽脚亚目食肉恐龙的头骨里面都有比较大的孔洞结构。

和兽脚亚目食肉恐龙一样，鸟类长有大大的眼睛。

很多动物的锁骨都是由分离的骨头组成的，但是鸟类的叉骨（胸骨）是连在一起的。兽脚亚目食肉恐龙的锁骨也和鸟类相似。鸟类的肩胛骨形状也和兽脚亚目食肉恐龙的是一样的。

人们常把鸵鸟长长的、"S"形的脖子和始盗龙进行对比。鸟类长有很多节颈椎骨，这一点和其他动物不太相同。

所有的鸟类都长有羽毛。近期发现的化石证明一些恐龙也长有羽毛。

鸟类肩胛骨的形状和兽脚亚目食肉恐龙的一样。

鸟类的脚趾骨是长形的，和兽脚亚目食肉恐龙的脚相同。

鸟类的脚和兽脚亚目食肉恐龙的后肢一样，都位于身体的正下方。

踝关节就像铰链一样，可以前后活动。

恐龙的基因？

一些人声称鸵鸟和恐龙非常相似，我们可以利用鸵鸟的蛋把恐龙复活。实际上这是不可能的——要想孵化一只恐龙，你需要它完整的基因序列（决定身体生长发育成什么样子的化学编码），然而现在我们并没有保存完整的恐龙基因。

为飞翔而生

鸟类身体的大部分结构都是为了飞行而进化的

鸟类的骨架很轻，身体呈流线型结构，长有翅膀和羽毛，所以它们才能成为天空中的王者。

中空的骨头

如果你想飞行，中空的骨头可以使体重尽可能的轻。人类的骨头很重，而鸟类的骨头结构就像蜂巢一样。这就保证了它们的骨头既轻又结实，非常适于飞行。对于能够飞行的鸟类，它的骨头总重量不会超过它自身重量的10%。

骨骼

鸟类的骨头数量要比哺乳动物的少。很多鸟类的骨头是连接在一起的，这也使它们的骨骼更加坚固。但是鸟类相比哺乳动物来说长有数目更多的颈椎骨，这样它们就可以自由扭转头部，头可以够到身体的所有部位。大部分鸟类的头骨都像纸一样薄，但是非常坚固。

鸟类的骨头中充满了空气。

头盖骨

喙

尾骨

叉骨

龙骨突

胸骨

脚踝

脚趾

苍头燕雀的骨骼

龙骨突

鸟类身体中最大的、且独立成一块的骨头是胸骨，胸骨上有一块突出的、呈90度角的脊棱，称为龙骨突。用来飞行的充满力量的肌肉就附着在龙骨突上生长。叉骨长在龙骨突的上方，在鸟类拍打翅膀时它发挥着弹簧的作用。

肌肉力量

飞行需要用到的肌肉包裹在鸟类的胸部，这些肌肉约占鸟类体重的40%，依靠这些肌肉鸟类才可以上下挥动翅膀。鸟类腿部的肌肉也非常强壮，可以使鸟类在起飞的时候纵身一跃，飞上天空。肌肉在飞行中会产生热量，也帮助鸟类取暖。

而且它的骨骼结构和人类很相似。

找不同！

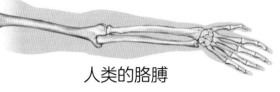

人类的胳膊

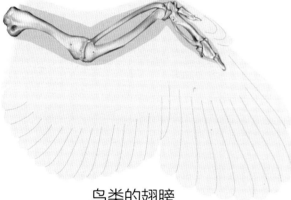

鸟类的翅膀

翅膀的不同

鸟类的翅膀和人类的胳膊相似——在鸟类的一侧肩膀上有一根独立的上臂骨、一个肘部、两条前臂骨、一个腕关节和手指骨。鸟类的手指骨和人类的手指不同，完全愈合成一个整体，用来支撑翅膀的末端。

看看这张图，你可以清楚地看到这只牛背鹭在空中滑翔姿态下，翅膀中"手臂"的位置。

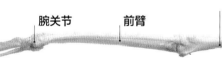

没有胳膊也没有牙齿

鸟类没有胳膊——它们的前肢已经进化成了翅膀，这对于飞行是有好处的，但是翅膀可不能用来拿东西。鸟类用它们的嘴叼起猎物，也用嘴来衔取筑巢的材料。重量轻巧的角质嘴取代了颌骨和牙齿，使鸟类在飞行的时候更轻便，更容易抬头。有一些鸟类，比如鹦鹉，也用它们的脚来抓取物体。

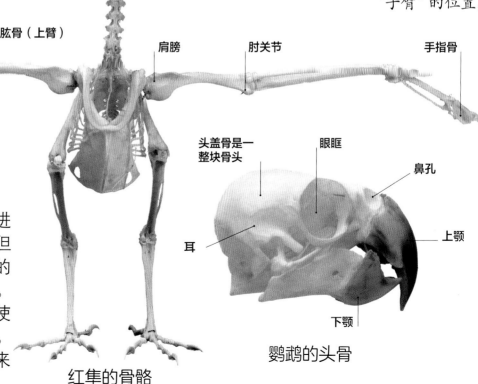

腕关节　前臂　肱骨（上臂）　肩膀　肘关节　手指骨

头盖骨是一整块骨头　眼眶　鼻孔　上颚　耳　下颚

鹦鹉的头骨

红隼的骨骼

鸟类的脚是用来……

捕猎

猫头鹰靠出其不意来捕捉猎物。它浓密的羽毛一直延伸到翅膀的末端，有助于减弱活动时发出的声音，所以它们可以悄无声息地扑向毫无防备的猎物。然后，再用利爪抓住猎物带回巢穴。

栖息

雀形目的脚非常灵活，当它们停落在某处时，脚趾可以紧紧固定在停落的位置，即使是睡着了，也同样可以保持紧握的状态。小型鸣禽甚至可以用一只脚倒挂着，维持头朝下的姿势。

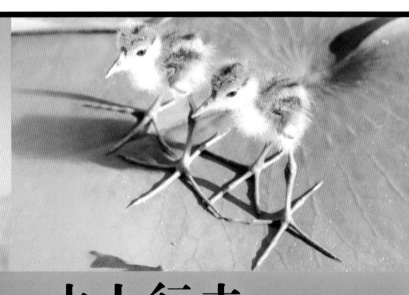

猎杀

猛禽类，比如红尾鵟，是少数用脚而不是用喙来杀死猎物的鸟类。它们会在发现猎物后高速俯冲接近猎物，以强而有力的利爪抓捕猎物，并用最粗壮的后趾使猎物一击毙命。

水上行走

在寻找食物时，水雉会踏着漂浮在水面上的睡莲叶子穿行。长长的脚趾可以分散它们的体重（虽然也不重），这样就不会沉入水底。从远处看，就好像水雉行走在水面上一样。

所有鸟类都有两只脚——但是不同种类的鸟类脚的形状、大小、颜色，甚至是脚趾的数量是不同的。不同的鸟类的脚有着不同的作用。

奔跑

大多数鸟类都有四个脚趾，但是鸵鸟很特殊，只有两个脚趾。脚越小，脚掌和地面接触的面积越小。这样一来就减少了奔跑时产生的摩擦力，所以鸵鸟的奔跑速度可以达到72千米/时。

涉水

如果用宽大的脚蹼来划水的话，游泳就简单多了。许多水鸟，比如鸭子，它们朝前的三个脚趾之间有皮瓣相连，形成了天然的脚蹼。鸭子在逃离危险的时候游得非常快，几乎像是在水面上奔跑一样。

交配

为什么蓝脚鲣鸟会长着蓝色的脚呢？因为这样它们看上去就跟红脚鲣鸟不一样啦！雌鸟需要分辨出不同的种类，才知道哪一种雄鸟可以作为自己的伴侣。此外，雄鸟会表演一段求爱的舞蹈来展示它们与众不同的脚。

你知道 这就是 感觉

鸟类具有和人类完全一样的感官，但是大部分鸟类依靠视觉和听觉帮助它们寻找食物、吸引伴侣、发现捕食者，并且保持飞行高度的准确性。

在所有鸟类中，只有一部分种类具备很好的嗅觉。其他鸟类长有触觉灵敏的嘴或者触须，可以帮助它们发现土地里的蠕虫和泥沙里的甲壳类动物。鸟类的味觉没有得到多少进化，但是也足够使它们避开有毒的食物了。

我用一只眼睛盯着你，另一只眼睛看着那只猫。

椋鸟 和大多数鸟类一样，具有一流的视觉。椋鸟的眼睛与身体的其他部位相比显得特别大，而且它们的眼睛可以分别看向身体两侧，以便知道两边分别发生了什么。

猛禽类 比其他鸟类看得更远，比如鹰。它们可以看到距离天空1600米处的地上的老鼠。而秃鹫更厉害，可看到位于鹰眼视距2倍以外的地面上的动物尸体。

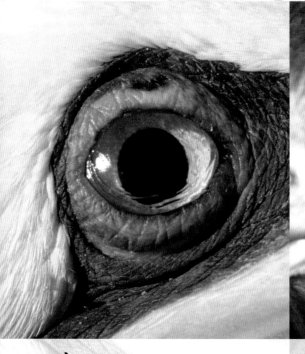

鲣鸟 和其他潜水鸟类的眼睛都是朝前的。它们在海面上空很高的地方就可以看到鱼，在发现目标后还能够计算出鱼的游速，然后一头扎进水中捕获猎物。

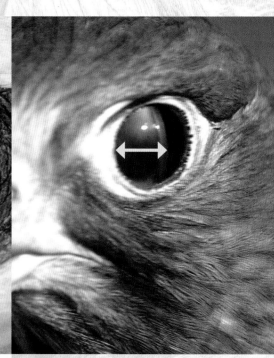

鸟类 有一个透明的第三眼睑即"瞬膜"，可以横向扫过眼球来进行清洁。第三眼睑的作用就像窗帘一样，可以在飞行过程中或者潜水时保护它们的眼睛。

听觉))))

羽簇（可不是耳朵哟）

真正的耳朵位于猫头鹰的头部两侧。

猫头鹰 的听力非常厉害。它们碗形的脸庞就像雷达天线一样，能够接收微弱的声波。有些猫头鹰只靠聆听地面上传来的细微动静就可以捕食猎物。

这里是不是只有我在呀？有没有其他回声？在哪里呢？

油鸱 和蝙蝠很像——它们都居住在山洞里，并通过回声定位的方法在黑暗的山洞里寻找进出的路。它们可以通过自己发出的叫声和回声来分辨哪里是洞顶，哪里是洞壁。

嗅觉)))

嗯……闻起来不错呀。我觉得今天晚上有鱼吃了。

海燕和鹱 有超凡脱俗的嗅觉。在鲨鱼或者海豚捕食鱼群后，会有鱼油漂浮在海面上。海燕可以闻到距离很远的海面上漂浮的鱼油的味道，很多海鸟也具备这种能力。它们会飞落在此处捡食残羹剩饭。

快出来，小虫子——我知道你就在底下！

几维鸟 的鼻孔长在嘴巴的末端，这样它们就可以闻到地底下的昆虫和蚯蚓的气味。这可帮了它们大忙了！因为几维鸟是夜行动物，而且视力也不好。

消化系统

胃

鸟类的胃由两个部分组成。第一部分是前胃（腺胃），这个部分会分泌消化液。猛禽类的腺胃很大——胡兀鹫胃部的消化液可以消化人手腕粗细的骨头。

砂囊

鸟类没有牙齿（这样的生理结构是为了减轻重量），所以它们在吞咽之前无法咀嚼食物。代替牙齿完成咀嚼工作的是第二胃室，通常叫作砂囊或者胗，可以用来磨碎食物。以种子为食物的鸟类经常会在吃东西的同时也吞下一些小石子和沙粒。这些石子和沙粒储存在砂囊里，帮助它们磨碎食物。

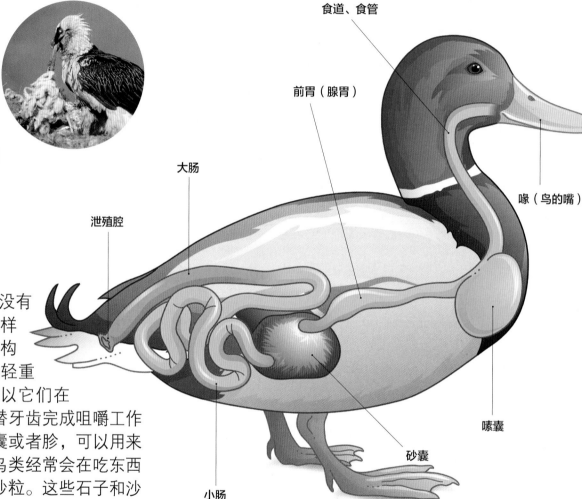

食道、食管

前胃（腺胃）

大肠

泄殖腔

喙（鸟的嘴）

嗉囊

砂囊

小肠

大嘴巴

一只鸟可以把嘴张得超级大以便吞下食物——很多海鸟可以一口气吞下整条鱼。鸟类的大嘴巴排行榜上排名第一的是澳大利亚鹈鹕。它的嘴有43厘米长，而且它的嘴下方有一个有弹性的囊袋，这个袋子里可以装下13升的水。

嗉囊

许多鸟类都有一个用于储存食物的部位，长在它们的胸部位置，称为嗉囊。这个袋状的部分长在喉咙后面，可以让它们吃得更快。并且将吃下去的食物暂时储存起来，等它们找到一个安全的地方再停下来慢慢消化。当然鸟类也可以将食物从嗉囊中反刍，来哺喂幼鸟；或是在急于逃离险境的情况下吐出食物来快速减轻体重。

大多数鸟类的消化系统需要快速运转才能消化掉它们吃进去的大量食物。空气

鸟类的消化系统具备缩减重量的特点，而呼吸系统可以吸收大量的氧气。鸟类的内脏进化只有一个目的——飞行。

呼吸系统

单向通路

像鸟一样呼吸

当我们呼吸的时候，空气在我们的肺里进出，肺里的气体永远不会完全排空——总会有一些不新鲜的空气留在肺里。在鸟类体内，空气进入气囊，而气囊与肺连接。这些气囊里带有被吸入的新鲜空气，当肺里不新鲜的空气被排出后，新鲜的空气就进入肺中。这个过程可以为鸟类源源不断地提供新鲜空气。

心跳

人类的平均心率是70~75次/分，而鸟的心率是400~600次/分——这还是它们静止不动时的心率。在飞行的时候，它们的心率会上升到1000次/分。小型雀形目的心跳更快，最快能达到1300次/分——相当于每秒钟心跳大于21次。

氧气

气囊

大多数鸟类体内除了肺还长有9个气囊。对于潜鸟来说，它们的气囊并没有发育得很好——气囊收集到的空气会使鸟儿浮在水面上，而不是沉下去。许多在陆地生活的鸟类的气囊长在从喉咙到脚趾之间的位置。

气管

肺

前气囊

后气囊

空气冷却

不断地挥舞翅膀会产生热量，但是鸟类却没有用来散热的汗腺。鸟类呼吸的70%的空气都是用来降温的。一些候鸟在高空中进行长途飞行，因为高空的气温较低，可以避免它们在长途飞行的过程中体温过高。

令人头晕目眩的高度

鸟类的肺可以很好地吸收氧气，即使在高海拔、空气稀薄的地方，鸟类也能正常呼吸，而这些高地对于人类来说却是致命的。鸟类在海平面以上1万米的高度也可以从容地飞翔，但是在同样的高度人类可能就要失去意识了。

会流入鸟类中空的骨头里。这是一个非常复杂的系统，但是工作效率很高。

奇妙的羽毛

鸟类区别于其他动物的特点不是它们的喙（嘴巴）、翅膀或它们产的蛋——这些都是其他动物也具备的特征。鸟类能够成为独一无二的生物，最大的特征就是它们的羽毛。

廓羽（羽被表层的羽毛）和绒羽覆盖了鸟类的全身，可以保暖、防水。

灵活地飞行

鸟类的翅膀轻巧、有力而灵活，是实现飞行的最完美的进化产物。同时，轻盈、有力而柔韧的羽毛是这项造物中最最重要的部分。

优雅的滑翔者

红尾鵟有着宽阔、边缘圆滑的翅膀，能够以缓慢、从容不迫的节奏提升飞行高度。到达一定高度后，它们更喜欢通过滑翔来保持体力。

红尾鵟

自如转向

伸展开的飞羽前端可以帮助鸟在飞行中转向。羽毛间的间隙可以起到减震的作用，使飞行更加平顺。

鸟类是唯一长有

一个重要的问题

翅膀上的羽毛比身体上的羽毛更少。虽然一根羽毛的重量非常轻，但是一只鸟全身羽毛的总重量要比它的骨架更重。

覆羽

覆盖在飞羽基部之上，光滑并且呈流线型排列。

小翼羽（拇翼）覆盖在鸟的"大拇指"上。向上伸出的小翼羽可以起到减震的作用，就像飞机的机翼边缘一样。

次级飞羽在翅膀上呈曲面排列，在飞行过程中形成上升力。

初级飞羽覆盖在鸟类的"手"上。这些羽毛为鸟类的飞行提供了动力，使飞行更加灵活、敏捷。在缺失一些初级飞羽的情况下鸟类也一样可以飞行，就算少了一半也没问题。

大多数鸟类有**12根尾羽**，鸟类用尾羽来刹车、转向和保持平衡。尾羽的背、腹面也有覆羽。

纷飞的羽毛

羽毛主要有三类：飞羽、绒羽和廓羽。每种羽毛都有它独特的形状和功能。飞羽覆盖了鸟类的翅膀，是鸟类在空中飞行的重要保障。绒羽紧贴着鸟类的皮肤，并生长在正羽之下用来保暖。廓羽可以保护鸟类的身体，同时具有很多功能，比如防水和伪装。当然也包括尾羽，主要用来在飞行中保持平衡，有时也仅是为了展示和炫耀。

羽毛的现存动物。

羽毛是由角蛋白构成的——和犀牛角、鱼鳞及人类指甲的构成成分是一样的。

仔细观察

我们用肉眼看到的只是羽毛的一部分，虽然它看上去就是一个单一的、扁平的叶片状结构，但实际上羽毛是由上百个羽枝和上千个羽小枝连接而成的。

外层叶片

光之舞

一些鸟类的羽毛看起来具有金属般的光泽。这种羽毛反光的效果被称为虹彩。

色彩斑斓的气泡

羽毛的支柱

羽毛的杆部是一根中空的管，里面充满了气囊，所以羽毛非常轻盈。

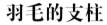
羽毛杆

羽枝

羽小枝

紧紧相依

极小的羽小枝发挥着类似尼龙搭扣（魔术贴）的作用，将羽枝紧紧地钩在一起，形成一个平滑的表面，有助于鸟儿提高飞行效率。

尼龙搭扣（魔术贴）

看着我成长

羽毛就像人类的头发一样，是从皮肤的毛囊中生长出来的。随着羽毛长度逐渐增长，会生长出羽枝和羽小枝。但是羽毛又和人类的头发不同，当羽毛生长到一定的尺寸，它就不再继续生长了。

羽芽

血管

皮肤

竖毛肌使羽毛可以竖直或者倒伏

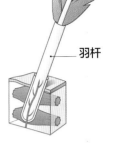

羽杆

内层羽片

*特殊*的羽毛

刚毛

刚毛很短小，是像刷子毛一样短而硬的羽毛。蟆口鸱嘴巴的四周生长着刚毛，在捕捉昆虫时可以将这顿大餐扫入张开的嘴中。

眼睫毛

在鸵鸟的眼睛上方生有长长的羽毛，就像我们的睫毛一样，可以防止灰尘进入眼睛。

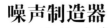

噪声制造器

沙锥（嘴细长、栖于湿地的一种鸟）尾巴上的羽毛非常坚硬，在求偶期，当沙锥做俯冲动作时会发出响鼓般的声音。

鳞片

企鹅的羽毛又短又硬，紧贴在一起，就像鱼鳞一样。

飞行

如果你观察过某只飞过你头顶的鸟，你肯定会好奇它是怎么飞上天空的。其实并不只是你有这个疑问。几个世纪以来，人们一直在羡慕鸟类的飞行能力并且不断地尝试着模仿鸟类制造神奇的飞行机器。对于鸟类来说，飞行就是它们的第二本能。

鸟儿是怎么飞行的呢？

飞起来是一件很耗费力气的事情。为了飞行，鸟儿要获得两种力量——升力和推力——来提升飞行高度并且保持向前飞行。每一种力，都有与之对应的反作用力，分别是"重力"和"阻力"。重力是作用于所有物体的指向地平面的引力。阻力是空气气流反向推动鸟类翅膀和身体的作用力。在过于强大的阻力作用下，鸟儿不得不放慢速度，这样一来就达不到足够的飞行速度了。

升力
拂过翅膀的空气气流形成升力。

阻力
减慢鸟类的飞行速度。

推力
拍打翅膀产生推力，推动鸟儿向前。

引力
吸引所有的物体，使之朝地面降落。

羽毛+翅膀+轻巧的充气式骨架=飞行

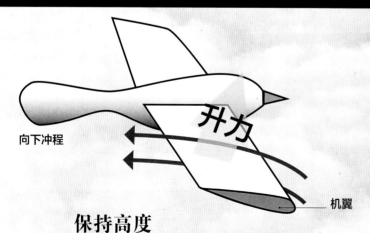

向下冲程

升力

机翼

保持高度

鸟类翅膀的横截面是曲面，像飞机一样。这种曲面叫空气动力面。空气流过翅膀上表面时，会扩散开来，翅膀上方的压力就会低于翅膀下方的压力，这使翅膀形成升力，鸟儿就飞起来了。

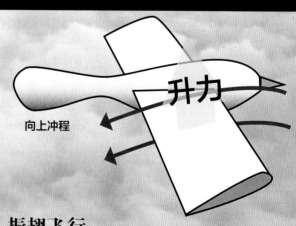

向上冲程

升力

振翅飞行

鸟儿在向下冲时会将翅膀前端向地面方向下沉，这样可以在保持升力的同时获得向前的冲力；在向上冲时抬高翅膀前端，翅膀内部产生升力，气压向下，身体被抬起。

向上，　　向上，　　　向上……起飞啦！

大红鹳

起飞和降落是鸟类飞行中最具技巧性的环节，而这一切的关键就在于速度。

小型鸟类起飞很容易——只需要抬起翅膀，向上跃起，同时拍打几次翅膀就飞起来了。而对于大型鸟类来说，起飞就困难多了——必须要达到足够的速度，才能让身体离开地面。首先，鸟儿要以身体倾斜的姿态开始奔跑；其次，迈出每一步都要同时拍打翅膀，不断加速，直到达到临界速度；最后，充分伸展开翅膀，飞上无边的蔚蓝天际。

起飞

起飞对于小型鸟类来说更容易

翱翔和滑翔

振翅飞行需要大量的能量，所以许多大型鸟类都会充分利用翱翔和滑翔的机会。滑翔包括保持翅膀伸展的姿态，同时使身体前倾来加速。翱翔则是充分利用上升暖气流（由地面向上空移动的温暖的空气气流）。一发现这些上升暖气流，鸟儿就会围绕它们进行螺旋式飞行，从而不断地提升高度。

一跃而起

小型鸟类靠跳跃获得升力，然后在俯冲的过程中改变翅膀姿势起飞。

大山雀

急刹车

在降落的过程中，鸟儿的翅膀会伸开，尾巴会放低，不断减速直到完全停下来。

大天鹅

降落

降落可比起飞要难。在降落的时候鸟儿会慢慢地放慢翅膀挥动的速度，倾斜它们的翅膀，让翅膀变成它们的降落伞。接近地面的时候，尾巴会伸开并向下倾斜。

脚先着陆

水鸟会利用它们长有蹼的脚来降落在水中。它们把脚伸出，起到划水橇的作用，借此把速度降下来。

417

列奥纳多·达·芬奇 是艺术家、

达·芬奇深深地着迷于鸟类的飞行方式。人能不能像鸟一样飞行呢？他下定决心寻找问题的答案。他深入研究了鸟类的翅膀结构，仔细观察鸟儿的翅膀在飞行过程中是如何运动的。这些研究给了他启发，随后他设计了大量的飞行器，比如右图中的人力"扑翼飞行器"。

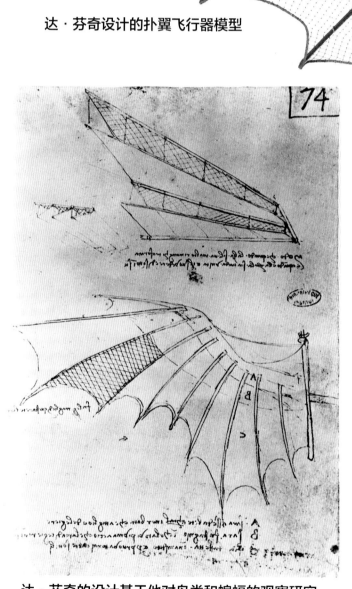

达·芬奇设计的扑翼飞行器模型

列奥纳多·达·芬奇
（1452—1519年）

列奥纳多·达·芬奇是他所生活的年代里非常伟大的人物。他不仅是一位伟大的艺术家，同时也进行科学、数学、解剖学和工程学的研究。他一生发明了上百种机器，包括加农炮、蒸汽坦克、泵和很多乐器。

达·芬奇的设计基于他对鸟类和蝙蝠的观察研究。他所有的笔记都是左右颠倒的镜像书写。

达·芬奇设计了许多飞机、滑翔机和直升机，那可是

发明家……还是 飞行员？

到底有没有成功飞起来呢？

据传说，达·芬奇的一位学生曾经在意大利齐齐里山上用他设计的飞行器试验飞行，但是最后飞行器坠毁了，而且他的学生还摔断了一条腿。一个人不可能有足够的力气来让一架如此沉重的飞行器飞起来。达·芬奇也犯了和其他人一样的错误，他曾经也认为鸟儿能够飞行是靠不断向下、向后拍打翅膀。但事实上是鸟类翅膀上的羽毛为向下冲程提供了推力，同时在翅膀下表面产生了升力。

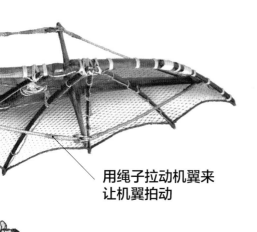

系带

用绳子拉动机翼来让机翼拍动

飞行员踩动踏板使飞行器的机翼拍动，同时用手操纵飞行器

达·芬奇设计的滑翔机

在达·芬奇设计的所有飞行器当中，滑翔机是最后设计出来的——在去世前不到10年的时候他完成了绘图，而这个设计在那个年代具有巨大的指导意义。根据达·芬奇的描述记载，如果操作员弯曲右胳膊，同时伸出左胳膊，那这个（载人）飞行器就会向右移动；操作员可以通过变化胳膊的姿势实现从右向左移动。

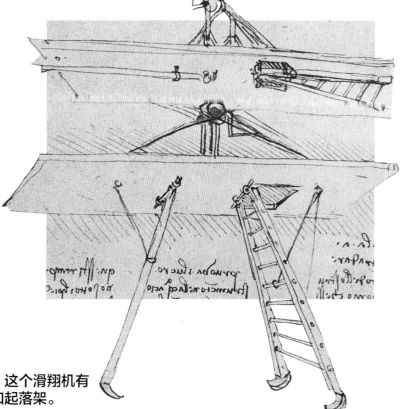

滑翔机是达·芬奇的设计之一，这个滑翔机有一个可以在起飞后收起的梯子和起落架。

在安装有动力装置的飞机实现首飞的400年以前！

环球旅行家

北极燕鸥会进行环球旅行，它们的大迁徙往返于南极浮冰的边缘地带和北极圈两地之间。一些北极燕鸥在一年中经历两个极地的夏天，它们看到过的日光比地球上的其他动物都要多。

北极

南极

从南极到北极之间的单程距离约为20000千米。

全球卫星导航系统

鸟类在环绕地球长途迁徙时如何辨认方向呢？大多数鸟类依靠视觉导航，它们在飞行时搜索熟悉的地标，观察太阳和星星的运动轨迹。有些鸟类也通过听觉和嗅觉导航。不过，也许最重要的是鸟类体内天然的"指南针"，它可以辨别地球磁场，为鸟类精确导航。

北极燕鸥一生中迁徙的距离要比其他鸟类更远。

北极燕鸥在遥远的北方进行繁殖，在每年繁殖期要飞行81000千米，这其中包括往返哺育幼鸟的航程。

一只20多岁的北极燕鸥的总飞行距离约为150万千米——相当于从地球到月球往返一次的距离。

从生到死，一只北极燕鸥一生中飞行了……

北极燕鸥的生活范围很广，北至北极高地，南至英国或加拿大哈德逊湾。那些居住在更遥远北部地区的北极燕鸥飞行的距离最远，但是那些住在南部边缘地带的北极燕鸥会最先抵达家园！寒假过后，最先到家的鸟儿就可以在5月初做好繁殖的准备。而更多住在偏北地区的鸟会在6月前回到家乡。

地图定位 ① 5月初

第一批鸟儿回到它们筑巢的地方，然后开始寻找伴侣。

6月至7月

在繁殖期，鸟群会变得极具攻击性。

为什么要飞这么远？

一切都是值得的！在夏天，遥远的北方有北极燕鸥所需要的足够的食物，但是到了冬天则不然。然而在靠近南极的地区，南部的夏天有充足的食物，而冬天却没什么吃的。通过长途迁徙，北极燕鸥每年都可以度过食物充足的两个夏天！而且在北极的盛夏时节，太阳几乎不落山，它们也就有了充足的时间来进行繁殖和养育幼鸟。

北极燕鸥是唯一会定期出现在全部七个大洲上的鸟类。

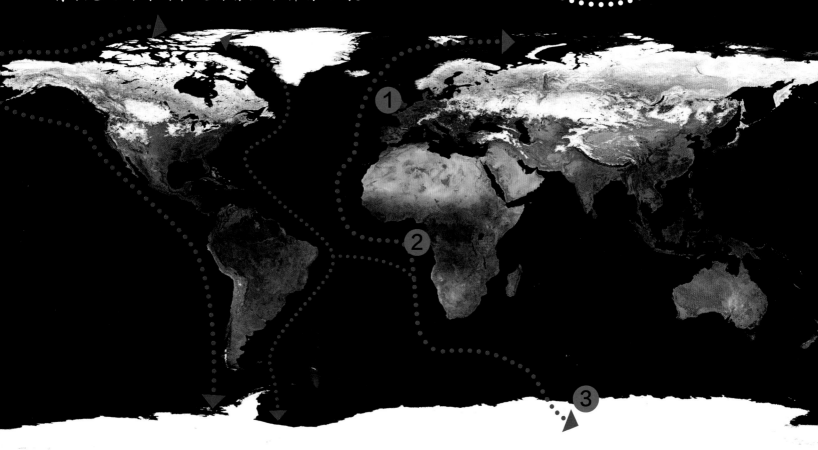

超过 **240万千米**。

7月底至8月

在60多天内，北极燕鸥会完成组建家庭、建立领地和哺育幼鸟的过程。

地图定位 2

9月至10月

幼鸟和成鸟都向南方迁徙。它们喜欢沿海飞行，虽然这并不是最快的路线。

地图定位 3

11月中

磷虾是米得像虾一样的节肢动物

北极燕鸥到达浮冰地区，它们捕食磷虾作为食物。

5月初

北极燕鸥开始又一次长途迁徙，返回它们筑巢、孵化的地方。

> "作为一名**飞行员**，我们对那些**教会**人类飞行的生灵**满怀爱意**。"

引领之路

在北美洲生存的美洲鹤是极度濒危的物种。一个名为"迁徙行动"的组织自2001年至2018年，已经帮助了许多类似的濒危鸟类，使

5月至6月

美洲鹤的宝宝是被圈养的，所以志愿者们必须教导它们如何成长为一只鹤。当小鹤一孵化出来，就会由打扮得像鹤一样的饲养员来照顾。曾经有一位志愿者说过："我们就像它们的父母一样，要教导幼鸟们很多事情。比如，给它们演示怎么打破螃蟹的外壳。"

训练一只美洲鹤和训练一只狗很像，就是用食物来刺激它。让一只鹤跟随一架高噪声的黄色飞机去飞，只需要给它准备好面包虫或者葡萄就行了。

6月至8月

饲养员要用一周左右的时间训练小美洲鹤在陆地上跟随滑翔机。到8月的时候，当这些小鹤宝宝会飞了，同时也熟悉了滑翔机，它们就可以跟随滑翔机在空中飞行了。

它们能够振翅腾飞。这个机构通过人工抚养美洲鹤幼鸟，陪伴它们度过生命中的初期阶段，直到它们能够自力更生。他们的成员是怎么做的呢？

极度濒危

迁徙时节！

在88天的迁徙中，它们要经历23次休息和进食，连续飞行最长时间为23天。

10月至12月

随着冬日的临近，这些美洲鹤需要学习辨别从威斯康星州保护区到佛罗里达州越冬地的路线。这段长达2068千米的路途跨越了7个州，需要飞行几个月的时间。

威斯康星州

佛罗里达州

成群的美洲鹤自由飞翔的场景是非常震撼的。没有训练员呼唤，也没有滑翔机领航，它们可以完全自由地随风飞翔，去任何想去的地方。

3月

美洲鹤会在佛罗里达州志愿者的照顾下度过3个月。春天来临，它们开始吃更多的食物，增加飞行时间，为返回北方的飞行做好准备。

我渴望 **飞翔**的 能力……

为什么不能飞？

● 一些没有飞行能力的鸟，比如平胸鸟类，在它们胸骨的位置没有龙骨突。在能够飞行的鸟类中，飞行的肌肉是附着在龙骨突上生长的。

可是我不会飞

所有的鸟类都会飞吗？事实上并不是。世界上有超过50种鸟类只能待在地面上（或者在湖面上，又或者在海上），却从来不曾飞上天空。最有名的就是平胸鸟类——比如鸵鸟、鸸鹋、鹤鸵、美洲鸵和几维鸟。它们的祖先也许能飞，但是随着时间的推移，它们慢慢丧失了飞行的能力。这种变化通常是因为在它们的居住地没有天敌。如果不需要飞行，当然也不需要浪费能量去振动翅膀。

你追不上我

鸵鸟是世界上现存鸟类中体形最大的。它们可以躲过大部分天敌的追捕，逃跑的最快速度可以达到72千米/时。大部分不能飞的鸟类的翅膀都很小，可能只比一个退化的残肢略大一点点。但是鸵鸟的翼展在2米左右。它们的翅膀不是用来飞行的，而是用来在奔跑时保持平衡的，另外，它们也会在求偶期展示它们的翅膀。

鸵鸟出没
请小心！

- 和能够飞行的鸟类不同，它们有坚硬的骨骼。而能够飞行的鸟类的骨骼是海绵式的，松软多孔。

- 大多数不能飞的鸟类的尾巴很短或者没有尾巴。

- 它们翅膀上的羽毛小巧又蓬松，对飞行没有什么帮助。但是它们的羽毛数量比飞行鸟类的羽毛还要多。

是鸟还是刺猬？

几维鸟很像哺乳动物。它的翅膀小到肉眼几乎看不到；细长的羽毛看上去很像毛发；它用嘴角的须寻找下层灌木丛中的昆虫；它的鼻孔长在嘴的末端，这样它就能闻到蠕虫的味道，这一点和刺猬相同。而喜欢以蛋为食的刺猬由人类引入新西兰，这对几维鸟的生存构成了威胁。

跳跃的鹦鹉

并不是所有不能飞的鸟类都是平胸鸟类——鸮鹦鹉就是不能飞的鹦鹉。它们是世界上现存的鹦鹉中体重最重的，也是为数不多的在夜间活动的鹦鹉。它们是爬树高手；可以张开翅膀从树顶一跃而下，也可以从一根树枝跳到另一根树枝。鸮鹦鹉是新西兰本土珍稀物种，现存只有149只了，外来天敌的引入使它们的生存面临威胁。

全速前进

可不要被会飞的船鸭迷惑了，它们能够飞，却不喜欢飞；而不能飞的船鸭运用另一种行进方式——它们会模仿船！虽然它们的外形与鸭子很相似，但是翅膀很小，它们用翅膀在水中划圈来推动身体向前，就像一艘划桨的船一样。船鸭生活在马尔维纳斯群岛（又称福克兰群岛）和南美洲沿海地区。

像渡渡鸟一样死去

不能飞行的鸟类，对于外来天敌和人类来说没有有效的防御机制，因此处于灭绝或濒临灭绝的情况。但渡渡鸟的灭绝最令人震惊。这种1米高的鸟类是鸽子的近亲，曾经居住在毛里求斯。它们之前从没有见过人类，不知道怕人的它们却成了猎人唾手可得的猎物。从1581年人类发现渡渡鸟以来，只用了100年的时间就让它灭绝了。

雌性缎蓝园丁鸟

忠实的蓝色爱好者
亲爱的，我爱你

澳大利亚东部的雨林是缎蓝园丁鸟的"建筑工地"。雄性缎蓝园丁鸟会建造"凉亭"（用树叶和小嫩枝做成的背阴的结构）来吸引雌鸟，雄鸟会在"凉亭"前对着雌鸟跳一支求偶的舞蹈，来吸引雌鸟进入"凉亭"里面。

1 我是缎蓝园丁鸟——诚心为您服务的建筑师，我用植物枝条作为墙面，再用树叶把墙体组合在一起。

2 最后的点睛之笔——浆果、羽毛、花朵……还有一些被人们丢弃的垃圾：塑料叉子、吸管、瓶盖、玩具……

3 好吧，我承认——我喜欢蓝色的物品，还有塑料制品。我也乐意用黄色的纸片或者玻璃装饰我的"凉亭"。

这种形状的"凉亭"，高度可以超过1.5米。

4 太棒了！有美丽的姑娘过来了！好了亲爱的，请你留下，让我为你跳支舞。

如果你准备好了我们就一起走进去……晚点儿你可以离开，亲自筑一个自己的巢，然后把鸟蛋生在里面。

爱上我，爱上我建造的家。献你花朵一簇，邀你共舞一曲，与我共赴爱巢。

雄性缎蓝园丁鸟

蛋壳里面有什么?

鸟蛋非常神奇。它们蛋形的结构很结实，同时鸟蛋中包含了幼鸟成长需要的所有物质。如果你小心地剥开一枚鸡蛋，你会看到如右图所示的结构。

卵黄系带

有时候在蛋黄两端你会看到一条扭曲的"链"，这叫作卵黄系带。它将蛋黄和内膜相连，同时将蛋黄牢牢固定在鸡蛋中间。

蛋壳

蛋壳是由碳酸钙构成的。虽然蛋壳看起来很坚硬，但蛋壳表面有上千个微小的孔，空气和水分可以通过这些小孔进出。大部分的孔都集中在鸡蛋的钝圆末端。随着孵化进程，小鸡会从蛋壳中吸收钙质来促进骨骼生长。

蛋黄

蛋黄是还在发育中的幼鸟的主要营养来源。蛋黄中含有蛋白质、脂肪、矿物质和维生素。不同种类的鸟蛋的蛋黄颜色的深浅也不同，这取决于它们的饮食来源。蛋黄的外部有一层透明的保护膜。

蛋白

如果你敲开一枚鸡蛋，透明的胶状物质就会流出来，这种胶状物质就是蛋白，英文名称源自拉丁语中的"白色"一词，因为蛋白遇热就会变成白色的。

内膜和外膜

在蛋壳的内层和蛋白的外层有两层厚厚的保护膜，可以防止细菌进入鸡蛋内部。在这两层保护膜中间有一个空气层，在蛋壳和蛋液之间起缓冲作用。

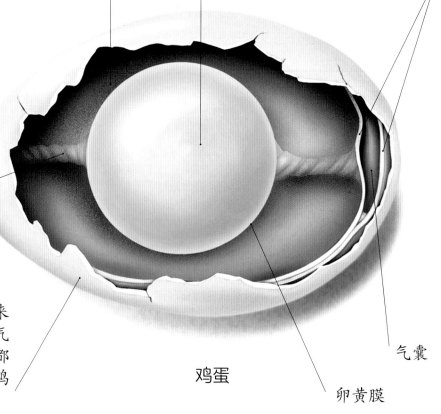

鸡蛋

气囊

卵黄膜

小鸟从哪里来呢？在鸟类交配后，雌鸟产的每一枚卵中都会有一个胚胎，胚胎再发育成小鸟。下面就是卵孵化的过程。

第4天
胚胎已经长出了一个小脑袋、尾巴和脚趾。

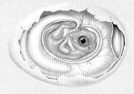

第10天
四肢正在发育。内部器官成熟。可以看到喙。

第16天
身体上长出羽毛。腿进一步发育。骨骼和喙硬化。

第20天
小鸟可以通过肺呼吸，会把头朝向气囊的方向。

第21天
用喙上的破卵齿破壳而出。生日快乐！

产蛋冠军

漂泊信天翁

漂泊信天翁大约要到10岁才开始交配，而且每2年只产1枚蛋。它们至少能活到50岁，所以一生中会产20枚蛋。

金雕

雕类通常每年产2枚蛋，但是如果气候不佳或者食物供给不足，就无法顺利交配。

青山雀

青山雀虽然体形很小，但它们一次可以产下10~14枚蛋。

山齿鹑

雌性山齿鹑每年能产6~28枚蛋，有时候它也会把蛋产在其他同类的巢里。

家鸡

没有鸟类能与雉类的产蛋量相提并论，不同种类的雉类产蛋量略有不同。自然状态下，鸡会产一批蛋然后开始孵化。但现在大多数家鸡都是人工饲养的，家鸡在农场每天产1枚蛋，因为产下的蛋会被拿走，所以第二天它又会产1枚蛋。鸡只有在足够的日照条件下才会产蛋，通常情况下每28小时产1枚蛋。

鸡蛋 二三事

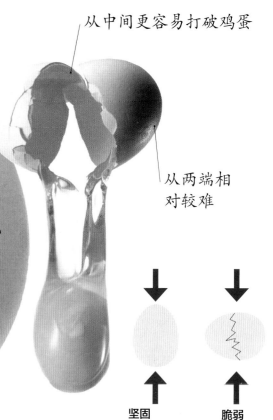

从中间更容易打破鸡蛋

从两端相对较难

坚固　　脆弱

结实的蛋

为什么母鸡坐在鸡蛋上面的时候蛋壳不会破裂呢？这都是因为它们的形状。半球形是非常结实的，外表越弯曲，就越能抵挡外来的压力。所以，当你把鸡蛋放在两个手掌之间用力挤压时蛋壳也不会破碎。如果你从鸡蛋中间挤压蛋壳，蛋液可是会打到你的脸上的。

人类发明了专门的打蛋机器，每小时可以打破并分离（蛋壳和蛋液）108000个鸡蛋，相当于30秒打一个鸡蛋的速度。

鸡蛋煮熟后，蛋黄和蛋白中的蛋白质分子就会改变性质，蛋白质会变硬，蛋白也变得不透明。

有些鸟类几秒钟就可以产1枚蛋。但是加拿大雁要花一个小时才能产1枚蛋。

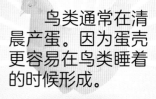

鸟类通常在清晨产蛋。因为蛋壳更容易在鸟类睡着的时候形成。

鸟巢 不是 家······

鸟儿筑巢并不是为了建造一个用来睡觉、吃饭的地方。它们筑巢是为了搭建一个育儿所来保存鸟蛋，同时保护幼鸟，防止被天敌发现。巢穴有不同的类型，鸟儿会利用身边能搜寻到的各种材料来筑巢。

常见的杯状鸟巢

杯形和碗形是最常见的鸟巢形状。大多数雀形目鸟类（中小型鸣禽）都会建造这种基本的结构。棍棒和树枝常常被用来建造鸟巢主体结构，但是有些鸟，比如燕子，会用泥巴，甚至唾液来筑巢。苔藓、动物的皮毛和羽毛都可以铺在鸟巢里，用来给鸟蛋保暖。

而是产卵和哺育小鸟的安全之处。

孔形巢穴是简单舒适的洞穴之家。

在寸草不生的区域，泥土是用来筑巢的唯一选择。

球形巢穴是用草编织而成的，有一个小开口，以使鸟妈妈和鸟爸爸进进出出。

有些鸟类会在地面上产蛋，而不是把蛋产在巢里。

平台形的巢是扁平的，而且很大！

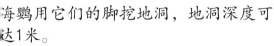

海鹦用它们的脚挖地洞，地洞深度可达1米。

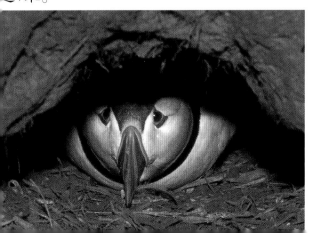

共合，黏紧紧经蜘蛛用巢个这。起一在连叶树片一与

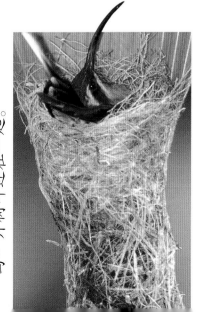

要是爸爸的脚上安全又暖和，谁还需要巢呢？

住在
塔里的
"女人"

许多鸟在空心的树中筑巢，但是没有鸟类能像犀鸟那样保护它的后代。犀鸟在高高的树上找到一个大树洞后，雌性犀鸟会把自己关在洞里，产一枚蛋，然后待在洞里照顾它，直到幼鸟会飞为止。

谁也不许进来

犀鸟会找一个别的动物（如啄木鸟）挖好的树洞钻进去。从一个大小刚好够身体通过的洞口钻进去之后，雌性犀鸟会打扫树洞，然后用新材料铺垫鸟巢。当它做好准备要产蛋时，它和雄鸟会用雌鸟的粪便把洞口封起来，整个过程它们都是用嘴来完成的。雌鸟几乎完全被封闭起来，只留下一个小窄缝能让它的嘴的尖端穿过。

家务活儿

在雌鸟孵蛋时，它的翼羽会掉落，甚至有时候尾羽也会脱落。为了保持巢的清洁，她会扭动身体，然后把粪便通过洞口裂缝排出巢外。幼鸟孵化后也会学习这样做。

裂缝

休戚相依

幼鸟孵化需要1~2个月的时间。在这期间雌鸟的雄性伴侣负责给雌鸟喂食，有时给它带回一些水果，偶尔还有一些小动物。小鸟孵化出来后，雌鸟会和它在一起生活约1个月的时间，然后雌鸟破洞而出，去帮助雄鸟一起寻找食物。有时候，幼鸟会再一次把洞口封住，然后在里面待几个星期。当幼鸟完全发育成熟，能够飞行之后，它们就会离开巢洞。

成功

犀鸟的成活率很高。把巢洞建在高高的树上封闭起来可以有效保护鸟蛋。虽然大多数犀鸟一次只哺育一只幼鸟，但其中75%的幼鸟都可以顺利长大。

我的妈妈在哪里？

所有在左页图片中的都是幼鸟，右页图片中的是成鸟。看看你能把同一品种的幼鸟和成鸟匹配起来吗？把属于同一组的数字和字母写在一起，然后看一看自己答对了没有吧！答案见右页。

1

2

3

4

5

6

7

8

434

试着把同一种类的鸟爸爸、鸟妈妈和小鸟连线。

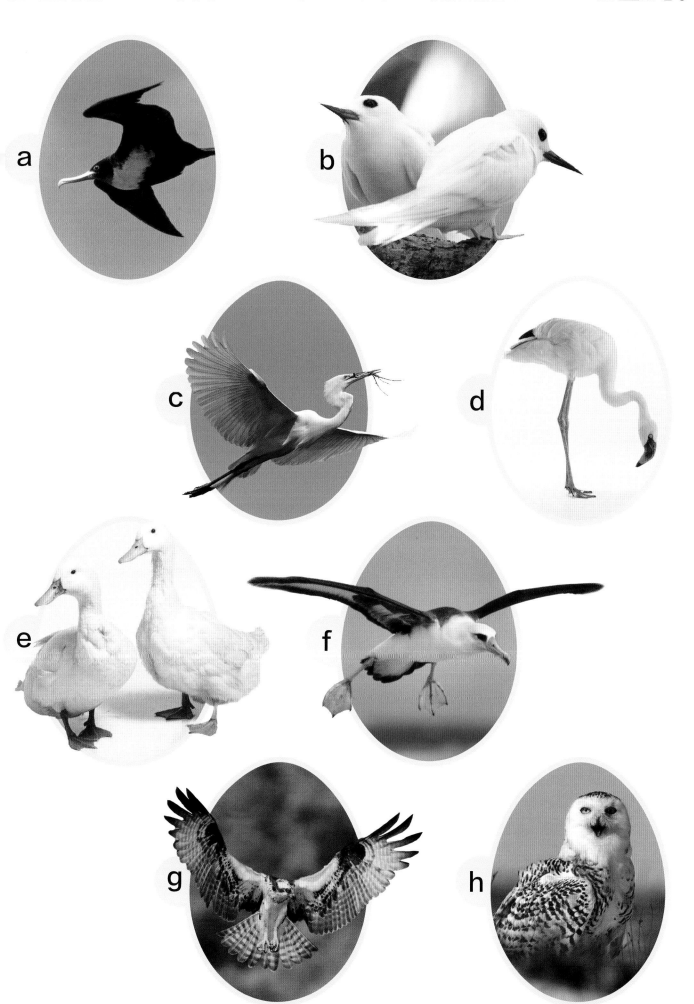

答案

1e 家鸭
2c 大白鹭
3g 鹫
4a 大军舰鸟

5d 小红鹳
6h 雪鸮
7b 白玄鸥
8f 黑背信天翁

250000只
王企鹅的托儿所

近距离观察 >

成千上万只企鹅日日夜夜紧紧地贴在一起来取暖。棕色的、羽毛蓬松的小企鹅挤在一起，无论什么样的天气，都可以保证它们既安全又温暖。

为什么要挤在一起？

这些王企鹅生活在南极洲，这里的气温会降到零下10摄氏度。如果一只小企鹅独自站着的话就会冻僵，就算浑身裹着柔软蓬松的羽毛也没用。但是成百上千只小企鹅挤在一起，就可以抵御严寒。

鸟类的 捕食工具

海绵

一只蜂鸟每天大约要喝掉相当于自己一半体重的花蜜。蜂鸟把它长长的嘴伸入花朵中存有花蜜的地方，毛笔笔尖般的舌头会像海绵吸水一样膨胀，蜂鸟就是用这种方法吸食花蜜的。

筷子

很多海鸟都有细长的嘴，筷子一样的嘴可以帮助海鸟找到埋藏在泥沙里的食物。杓鹬能用又细又长、略弯曲的嘴找到位于泥沙1米深处的沙蚕。

剪刀

猛禽类是食肉的鸟类。它们的嘴是用来食肉的工具。食肉鸟类用爪子猎杀，然后用结实钩状的嘴来撕碎、吃掉猎物。它们的嘴像剪刀一样锋利，轻易就可以把食物撕碎。

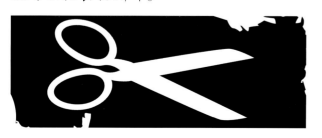

匕首

苍鹭捉鱼不用钓竿也不用渔网。虽然苍鹭通常用张开的嘴抓鱼，但有时，它也会用匕首一样的嘴刺穿猎物，然后把鱼抛到空中，再张开嘴接住并吞掉。

通过观察鸟类**不同形状的嘴**，我们就可以知道不同种类的鸟儿吃的是什么样的食物，因为这是它们进食的**特殊工具**。长时间的进化使各种鸟嘴取食特定的食物。

胡桃钳

　　鹦鹉的嘴短短的，很锐利，也非常结实，最适合用来给坚果和种子剥壳。它锋利的嘴尖可以轻松地嗑开坚果的外壳，吃到里面美味的果仁。

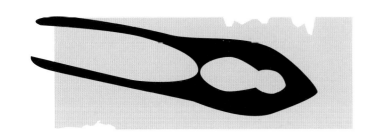

镊子

　　大多数鸣禽是捕食昆虫的鸟类。在捉虫的时候，它们用像镊子一样精准的嘴，捕捉藏在树皮下或者树叶上的小虫子。细细长长的嘴可以在狭窄的缝隙里探索，再微小的美味也跑不掉啦！

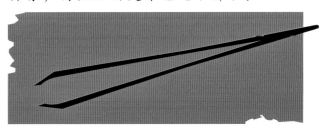

钳子

　　犀鸟总是希望它们的嘴可以更长。红嘴犀鸟是一种杂食性鸟类，它们什么都吃，甚至吃其他鸟类的鸟蛋。它们的嘴是中空的，重量很轻，这样它们才不会头重脚轻。

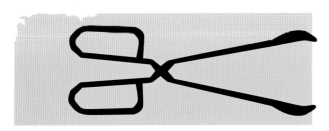

筛子

　　火烈鸟最喜欢的食物是藻类。聪明的火烈鸟会把头倒着伸进水中，为的就是寻找水中的藻类。它们的嘴巴像筛子一样，美味的藻类就这样被过滤进嘴里了。

这个 男人 是如何发现了 进化的秘密？

查尔斯·达尔文是一名生物学家，出生于1809年，曾经乘坐小猎犬号轮船出发进行了为期5年的环球旅行。每到一处，达尔文就采集动物、植物标本。他曾经到访过南美洲沿海地区群岛——科隆群岛（位于厄瓜多尔西部）。在那里采集的标本中，一些鸟类标本在地球上的其他地方从来没有被发现过。

查尔斯·达尔文

达尔文返回家乡后，把很多标本寄给了一位专家进行分类识别。专家告诉他这些标本全部都是雀科鸣禽。虽然这些鸟的嘴巴和身长略有不同，但是在这些南美洲发现的物种身上都有相似之处。这就让达尔文开始思考：也许这些鸟类都有来自大陆的同一个祖先。

南美洲

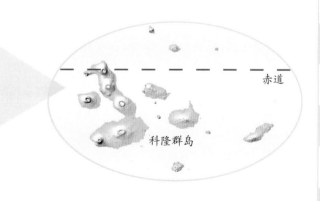

赤道

科隆群岛

科隆群岛是由海底火山喷发而形成的。因为这些岛屿从未与南美洲连接在一起，所以生活在岛屿上的动植物一定起源于其他地方。达尔文经过研究认为科隆群岛的雀科鸣禽的祖先也许是某种以种子为食、来自大陆的鸟类，它们因为被风吹而偏离了飞行方向，才来到岛上，随后进化成如今的雀科鸣禽。

面对新的栖息地和不同的食物选择，这些来到岛上的雀科鸣禽慢慢地进化，适应每座岛屿不同的生存环境。有一些改变了身体的尺寸，因为它们从陆地搬到了树上生活。而剩下的鸟改变了嘴的形状和大小，因为它们要开始学习适应以果实、昆虫、花蜜或者蜘蛛为食。

树雀

生活在树上的雀科鸣禽

小树雀　中树雀　大树雀　拟鸵树雀

植食树雀

这些食虫雀鸟用略微弯曲的尖喙挖掘树干中的昆虫。

红树林树雀

这种雀鸟长着鹦鹉一样的嘴，以水果和花蕾为食。

这种雀鸟用嘴捕捉树叶和枯木上的小虫子。

灰喉莺雀

这种雀鸟用探针一样的嘴巴捕食昆虫。

这些吃仙人掌的地雀长有尖喙，既能采食仙人掌的花蜜，也能捕捉昆虫。

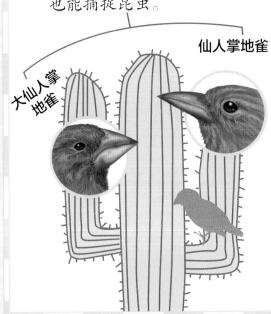

大仙人掌地雀　仙人掌地雀

最早来到海岛上的雀科鸣禽是以种子为食的地雀。

小地雀　大地雀

中地雀　尖嘴地雀

这些地雀的喙都可以咬碎种子。

地雀

需要吃多少食物？

要把这些在一天内都吃完！

要吃很多东西

鸟类都是以高耗能的方式生活，所以它们需要吃很多的食物。家燕是食虫鸟类，它们捕食昆虫，并从饮食中获取大量的蛋白质。它们会捕捉许多苍蝇和其他小虫子喂养幼鸟，促进它们健康成长。

家燕父母不知疲倦地往返给幼鸟喂食，每天要喂食 **400** 次之多。

为什么鸟类不会发胖呢？

鸟类吃的食物要为飞行提供足够能量，但又不能吃得太多，不然它们就飞不起来了。

一只松鸦要为过冬储存 5000 枚橡子作为食物。

藻类中富含色素，可以让我的羽毛保持粉色。

先生，这颜色很适合您！

60吨

一顿大餐

上百万只小红鹳聚集在一片湖面上，每天都可以从水中捕捞60吨藻类还有其他微生物作为食物。

能量饮料

蜂鸟每24小时至少要吃掉相当于自己体重一半的花蜜。

从小小的橡子开始……

冬天很难找到食物，松鸦储存橡子过冬。整个英国和爱尔兰生活着34万只松鸦，它们会在10周左右的时间里埋藏大约17亿颗橡子。而那些没被它们再次挖出来的橡子就长成了橡树，所以松鸦在橡木的再生过程中发挥着重要作用。

一对仓鸮每年要吃掉2000只啮齿目动物。

农夫的好朋友

在中东地区的农场里栖息的仓鸮非常受欢迎。它们保护庄稼不被啮齿目动物所侵害，是农田的守护者。

喂养野生鸟类

根据史料记载，最早是一位生活在19世纪80年代的德国男爵第一次把喂养野生鸟类作为爱好。后人继承了这项有趣的传统，饶有趣味地欣赏鸟儿在他们的花园里聚集！

和大多数鸟类一样，我喜欢自己找吃的。但是从你给我喂食物开始，我也慢慢变得依赖你。所以你一旦开始给我喂食就不要停下来啦！

什么时候该喂什么食物

春天和夏天

鸟类到了繁殖期，需要进食大量的蛋白质——雌鸟要消耗掉自己储存营养的一半用来产蛋。而雄鸟则要忙着保护它们的领地。

 葵花籽 混合的种子

 多汁的葡萄干 软质的苹果或梨

 乳酪碎屑 蚯蚓

 黄粉虫 毛毛虫

 蜡虫 狗粮或猫粮（仅限罐装湿粮）

 混合的虫子干 浆果

秋天和冬天

天然的食物，比如浆果、种子和昆虫，很难在冬天找到。多脂的食物可以帮助鸟类度过漫长、寒冷的冬夜。

 鸟蛋糕或谷物棒 混合的种子（不含整颗的花生米）

 脂肪球 软质的苹果或梨，削成两半

 牛油或猪油 培根皮

 不新鲜的蛋糕或饼干 煮过的米饭、意大利面、土豆或油酥点心

 蘸水的全麦面包 乳酪碎屑

 混合的虫子干

你可以在宠物商店、花卉市场或网上买到这些鸟食。

早餐吃什么?

种子和麦片是鸟儿的理想食物。早晨把食物拿出去喂给鸟儿可以让它们在度过寒冷的夜晚后快速恢复体力。

喂食坚果注意事项

鸟类很喜欢吃花生,但要是一下子吞进一整颗花生它们有可能会窒息。要放生的、不含盐分的坚果,把坚果放在一个喂食器里,这样鸟儿们就可以啄食坚果了。

不要放干的、腌渍的或者辣味的食物

这些食物会使鸟儿们脱水。吃太多干面包或者白面包也会导致脱水的不良反应。

鸟儿需要足够的水

一部分水用于饮用,一部分用来洗澡。但是要确保冬天的水里不能有冰。

松鼠密探!

不仅是鸟类喜欢被喂养。松鼠会抓住一切机会来获得一顿免费的美餐,鸟儿可能并没吃到。

鸟儿不需要在桌子上吃东西

你可以把食物撒在地上,把喂食器挂在树上或者栅栏上,把花生酱涂在树干上,把牛油和坚果塞在树洞里等,都可以。

为坚果狂热

选择新鲜的椰子壳(过于干燥的椰子壳如果不小心被鸟儿啄食,会在鸟儿胃中膨胀,可能会引起死亡),填装牛油或种子蛋糕。

警铃

如果鸟类总是聚集在桌子上则会引来天敌。如果你养了一只猫,那就在它脖子上系个铃铛,这样鸟儿知道猫来了,就会飞走。

学做种子蛋糕

你需要:

混合的鸟食种子(可以从宠物商店、花卉市场或网上买到)、饱满的葡萄干、乳酪碎屑、牛油或猪油(要在室温下储存、不要融化)、酸奶杯、细绳、细棍子、搅拌用的碗。

1.把牛油或猪油切成小块。放入搅拌碗中,加入其他材料混合,也可以加入花生屑、蛋糕碎屑或全麦面包。

2.装馅儿。把混合好的材料装到酸奶杯里。然后放入冰箱冷藏一个小时。待冷却后从酸奶杯中取出。

3.用一根细棍从蛋糕中间穿孔。用细绳从孔中穿过。绳子的一端系在木棍中间固定(见本页右上角图),让鸟儿可以停落在木棍上;另一端系在树上或栅栏上,把蛋糕挂起来。

关于鸡的真相

先有鸡还是先有蛋？

从生物学角度讲，先有蛋。鸟类是从爬行动物进化而来的，而爬行动物又是从那些在陆地上产卵的两栖动物进化而来的。

恐鸡症

是对鸡的恐惧感！

有的时候鸡也会产没有壳的蛋。这些蛋是不完全卵，也就是没有完全发育的蛋，在一些地区是不吉利的象征。

鸡是红原鸡驯化的后代，这些原鸡生活在东南亚和我国西南到华南地区。

美国人每年要吃掉 8 枚蛋

家养鸡是世界上最常见的鸟类。现存约240亿只家养鸡。

观察鸡耳垂的颜色就可以判断一只鸡产的鸡蛋的颜色。白耳垂的母鸡产白色的蛋。长有红色或黑色耳垂的母鸡通常会产棕皮的鸡蛋。只有智利圆耳绿壳鸡等少数几种鸡是例外。

一枚鸡蛋里最多发现了9个蛋黄。

只有公鸡会打鸣。

?

世界上现存5亿只能够产蛋的母鸡，每只母鸡每年平均产大约300枚鸡蛋

秃顶梳法

鸡可以有8种不同的"发型"——毛茛型、垫子型、豌豆型、玫瑰型、乌鸡型、草莓型、"V"型和一片型。当气温极低的时候，鸡冠可能会被冻伤。

一只鸡一生所产生的粪便可以为一支100瓦的灯泡提供5个小时的电量。

鸡虽然有翅膀，但是很少能飞到离它最近的树枝以外的地方。鸡的最长飞行时间纪录是13秒。

重返野外

目前，在美国的许多地区已经出现了野化鸡的种群，有时，人们甚至要专门捕捉这些野化鸡，以此来减少它们的数量。但是总有一些漏网之"鸡"。

只鸡。

智利圆耳绿壳鸡和美洲胡须绿壳鸡会产下蓝色或者绿色的鸡蛋。人们也叫它们"复活节彩蛋鸡"。

欢迎来到鸡的世界

在阿拉斯加有一个城镇就叫"鸡镇"，人们之前本想以"雷鸟"为城镇命名，但是对于怎么拼写这个鸟名不能达成一致（而雷鸟长得有点像鸡）。

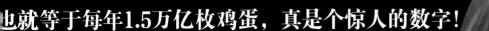

也就等于每年1.5万亿枚鸡蛋，真是个惊人的数字！

工作的鸟类

训练金雕来捕猎是哈萨克族的传统，已经有6000年的历史了。哈萨克斯坦的国旗上就有一只金雕的形象，同时有一句传统谚语说道："好马和凶猛的金雕是哈萨克族的翅膀。"对于人来说，用鸟类来狩猎不仅是一项运动，还是一种传统的生活方式。儿子从父亲那里学习怎么捕捉和训练这种凶猛的鸟类，在未来的10年让它帮助自己在每年冬天捕捉狐狸等猎物，这门技艺在哈萨克族的历史上代代相传。

掌上的珍宝

每一位猎人都会悉心喂养他的金雕。当金雕还很幼小的时候，猎人亲手喂养它们，以便让金雕能够适应人类。之后金雕就会知道谁是它的主人，一被召唤它很快就会飞来。

雌性金雕是理想的猎鸟。

雌性金雕比雄性金雕体形更大、更健壮。雌性金雕从头到脚可以长到90厘米，翼展达到2.3米，可以用利爪一下杀死一只狐狸。

训练

至少需用一个月驯服一只金雕，训练则要经过一整个夏天。金雕要接受的训练中也包括不能袭击主人的羊群。

选哪一只好呢？

一个猎人也许会捕捉10~15只雏金雕，在其中选择一只最好的进行训练。那些不满7岁的金雕是最好的猎手。

重要装备

牛皮手套可以保护猎人的双手不被金雕锋利的爪子抓伤。猎人会抓紧金雕的拴绳不让金雕飞走。

狩猎

金雕被强制戴上一个面罩，避免它无法集中精神，使它能安然地停留在草原上。一旦摘下面罩，金雕就会飞走。

成功

猎人会用食物引诱金雕离开它的猎物（如一只狐狸）。这时候的猎物是完好无损的。狐狸的毛皮可以制成帽子和衣服，草原上的人们穿着这种衣服过冬。

编者注：金雕属于我国国家一级保护动物和濒危动物，国家相关部门规定，持有野生动物养殖证件才可以驯养金雕。驯鹰术在一些省份被列为当地的非物质文化遗产项目，更在2021年时被联合国教科文组织列入了"人类非物质文化遗产"，但驯养金雕的过程涉嫌虐待动物，所以驯鹰只在一些地方作为一种文化展示项目存在。

人工饲养的猎金雕最多会陪伴主人度过10个狩猎季。

然后它们会被放回野外。哈萨克族很注重保护金雕的种群数量。然而有些商人十分贪婪，他们会捕捉大量的猛禽进行贩卖。

下潜的鸟

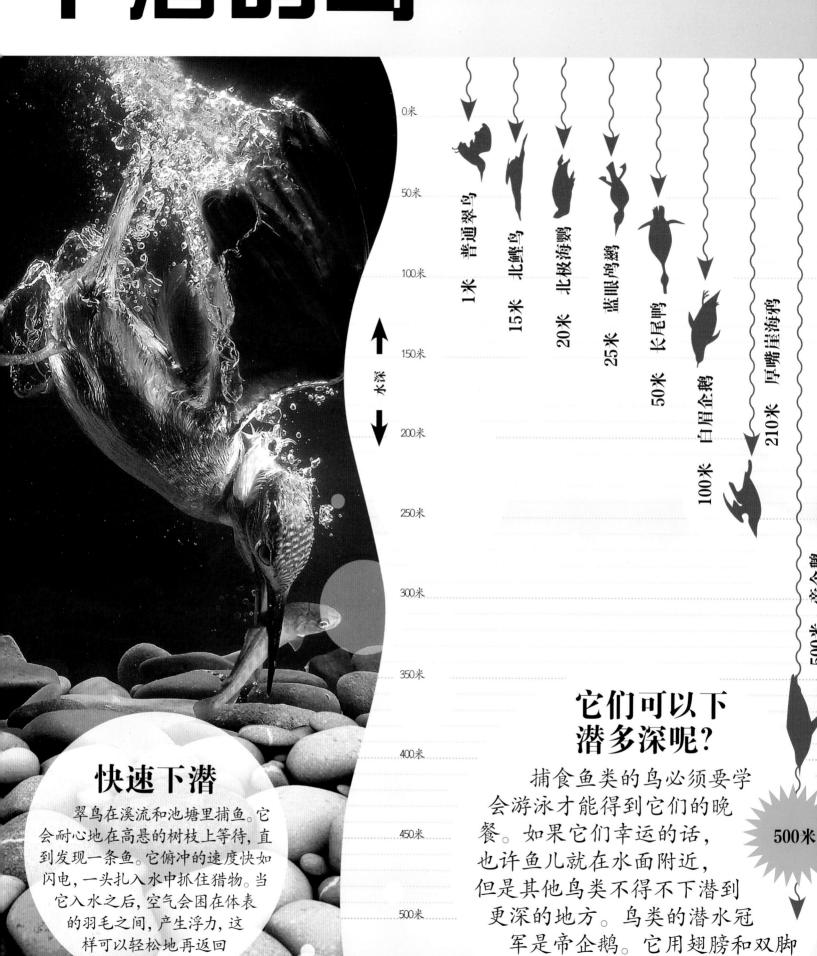

0米
50米
100米
150米
水深
200米
250米
300米
350米
400米
450米
500米

普通翠鸟 1米
北鲣鸟 15米
北极海鹦 20米
蓝眼鸬鹚 25米
长尾鸭 50米
白眉企鹅 100米
厚嘴崖海鸦 210米
帝企鹅 500米

500米

快速下潜

翠鸟在溪流和池塘里捕鱼。它会耐心地在高悬的树枝上等待，直到发现一条鱼。它俯冲的速度快如闪电，一头扎入水中抓住猎物。当它入水之后，空气会困在体表的羽毛之间，产生浮力，这样可以轻松地再返回水面。

它们可以下潜多深呢？

捕食鱼类的鸟必须要学会游泳才能得到它们的晚餐。如果它们幸运的话，也许鱼儿就在水面附近，但是其他鸟类不得不下潜到更深的地方。鸟类的潜水冠军是帝企鹅。它用翅膀和双脚拍水以便下潜，一次可以下潜10分钟左右。

下潜，下潜！

鸟类中的跳水运动员，比如鲣鸟和褐鹈鹕，可以从高空俯冲潜入水中，抓住快速游走的鱼儿。鸟儿入水的速度可以抵消它们自身的浮力，帮助它们潜入水下较深的区域。当鸟儿入水后，它们会向后折叠翅膀，使身体呈流线型，避免水流的冲击伤到自己。

1

2

3

4

追逐

还有一些鸟类一边游泳，一边追逐水中的猎物。它们用翅膀推动身体（比如企鹅、海雀、海燕和鹱），或用双脚助推（比如鸊鷉、潜鸟和鸬鹚）。它们能比只是把头伸入水里的海鸟捕到更多的鱼。

你在说什么？

鸟类的语言是所有动物中最复杂的。

鸟鸣的方式有许多种——但是它们到底在说什么呢？

是鸣叫还是鸣唱？

鸟类发出的声音主要有两种——鸣叫和鸣唱。鸣叫一般短促而简单，鸣唱则比较长而复杂。通过鸣唱可以表达领地的所有权，也可以吸引异性。通常情况下，雄鸟会在交配季节热情地鸣唱。但是，有些鸟类的雌鸟也能鸣唱，雌鸟和雄鸟会一起表演二重唱。

鸣管长在哪儿呢？

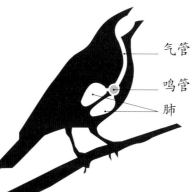

气管

鸣管

肺

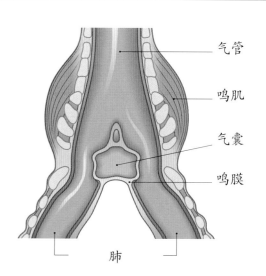

气管

鸣肌

气囊

鸣膜

肺

鸣管

鸟类具有一个独特的发声器官，称作鸣管，其他动物身体里都没有这个器官。鸣管位于鸟类的胸腔。当空气从肺部呼出时，气流经过鸣管引起整个鼓膜系统的震动，从而发出声音。通过收缩和舒张肌肉或者压缩鼓膜可以精准地控制音调和音量。

危险!

鸟类从小就知道"预警鸣叫"。这种鸣叫用来表达"现在有危险"。鸟类有不同的警告方式，而它们的种群也会用不同的应对行为来响应。当一只母鸭发出警告，它的小鸭会马上跳入水中，游到安全区域。

走开!

鸟类会使用攻击性的鸣叫来保护领地、伴侣或食物来源。如果一只鸟太过靠近另一只鸟，那么这两只鸟会进行一场高声"争吵"。它们的鸣叫还会伴随着推搡或追逐。

你在哪?

在一片密集的栖息地，鸟类不能时刻看到彼此，这时它们会通过鸣叫来保持联系。当一群成员分散开觅食的时候，它们会不断地呼叫对方。在一个拥挤的聚居地，鸟类通过鸣叫来寻找它们的孩子或父母。一只成年的帝企鹅可以通过声音从聚居地上百只同类中辨别出它的伴侣和宝宝。

叽叽喳喳

鸟类在很小的时候就开始发出鸣叫。如果鸟巢里都是刚孵出来的小鸟，一定会非常吵，那是它们在乞求食物。有些鸟类在孵化前就会发出声音了。欧石鸻宝宝在鸟蛋里就会呼喊，这些正在发育的小欧石鸻在没有破壳而出的时候，就可以通过声音认出自己的父母。

我们"结婚"吧

鸟类鸣唱的主要目的是在交配期吸引异性。但也有其他吸引注意力的发声方式。斑尾林鸽会互相拍打翅膀尖，发出一种响亮的鞭子抽打的"啪啪"声；雄性公主长尾风鸟用翅膀和尾巴发出"沙沙"声；白鹳用嘴互相撞击来表示问候。

鸟类
的最强大脑

过去如果对一个人说"你的脑子像鸟的一样"，那就是一种侮辱。但是现在我们发现有些鸟类实际上是非常聪明的。那么谁是鸟类中的最强大脑呢？

为什么乌鸦要过马路？

在日本的一些闹市区，乌鸦喜欢在交通信号灯附近徘徊——它们并不是要过马路，而是要把坚果砸碎！当交通信号灯的红灯亮起时，乌鸦把坚果放在路中间。当绿灯亮起时，来往的车辆会从坚果上驶过，压碎果壳。当红灯再次亮起时，乌鸦会飞落地面，然后捡食里面美味的果仁。

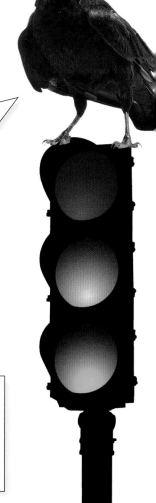

从大脑的身体占比角度来说，我的大脑和黑猩猩的大脑一样大。真可以说是"巨大"了！

对，我们的眼睛一般都比脑子大。你刚刚是不是看见了一辆汽车……

许多乌鸦都通过了智力测验，但是它们并不是鸟类世界中唯一的"最强大脑"……

找到了第18468颗。现在该想想我把第18469颗藏在哪儿了？

工具狂

拟䴕形树雀用仙人掌的刺来寻找藏在树干中的幼虫，而新喀鸦（根据它们生存的太平洋岛屿名而命名）可以制作属于它们自己的工具。它们用喙作为剪刀，把树枝修剪成钩子，把树叶撕碎当成毛刷，再用这些工具来捕捉昆虫。我们已知有些人类饲养的乌鸦可以把电线弯成吊钩。

记忆大师

一只北美星鸦（一种小型鸦类）在秋天储存食物的时候会贮藏3万多粒松子。更令人吃惊的是，它们记得所有松子藏在哪，即使这些松子已经被落叶或雪覆盖了，它们也能在8个月后把这些松子都找出来。松鸦（也是鸦科的成员）在掩埋橡树果实一年后同样可以把种子找出来。

谁是那个聪明的男孩？哦，是我！

捕鱼之王

有些鹭类会用诱饵来捕鱼，比如把面包、昆虫、蠕虫、小嫩枝或者羽毛投入水中，然后静静等待。黑鹭会用翅膀罩在水面上，如同打了一把雨伞一样，在水面上形成一片阴影来抵抗阳光反射，这样它们就可以看清水下的鱼了。

我得走了！

可爱又聪明的鹦鹉

鹦鹉是具有高智商的鸟类，它们可以模仿人类的对话。一只名叫亚历克斯的非洲灰鹦鹉更为聪明绝顶——它不仅可以模仿声音，甚至可以真正地说话。它学会了数数，说"是"和"不是"，可以说出拿给它看的东西的名字，还可以说出它看到的100多种物品的颜色。

王鹫的翼展有2米，它是体形最大的美洲秃鹫。

王鹫

王鹫的脸在鸟类世界里是最令人印象深刻的。不仅头部、脖子和耳垂部分的皮肤色彩亮丽，它的喙上还长有一层橙色肉质皮肤，称作肉冠。肉冠的大小决定了王鹫的进食顺序，肉冠最大的王鹫可以第一个啄食腐肉。虽然王鹫一般都是在其他种类的秃鹫发现腐肉之后才姗姗来迟，但一旦着陆，其他食腐动物都会给它让道。这也是它被称为"秃鹫界的王者"的原因。

清洁小分队

白兀鹫

白兀鹫

白兀鹫常在空中盘旋或驼着背坐着，眼睛盯着一只受伤动物，等待它慢慢死去。白兀鹫在生态系统中具有重要的地位。这些食腐鸟类可以分解尸体残骸，让微生物获得食物。

红头美洲鹫

红头美洲鹫

非洲的秃鹫依赖超强视力来寻找尸体残骸，而美洲的秃鹫是依靠气味。大多数秃鹫的面部和脖子上没有羽毛，这大大方便了进食。钩子状的喙可以撕碎坚硬的兽皮。

非洲白背秃鹫

非洲白背秃鹫

虽然秃鹫被归为猛禽类，但它们很少攻击健康动物。它们吃饱后会找个地方坐下慢慢消化。秃鹫的胃酸非常厉害，可以杀光对于其他动物来说的致病细菌。

非洲白背秃鹫在进食

退后！

在领地、配偶和食物的问题上，鸟类会变得非常具有攻击性，如果进攻者的体格更大、速度也更快的话，一般被攻击的一方是很难轻易逃脱的。但是一些鸟类也用其他的方法来防御。

吐出来

某些鹱的幼鸟是猛禽和大型海鸥的猎物，但是它们会用臭气熏天的呕吐物还击，它们的呕吐物里充满了胃酸和鱼油。这些幼鸟可以把呕吐物喷射1.5米远的距离。因为这些呕吐物会破坏羽毛表面的防水层，所以进攻者会尽量躲避。

吓你一跳

蟆口鸱的第一道防御措施是伪装，它安静地停在那里伪装成一根树枝。如果这一招不管用，那么它会使用出其不意的一招：它会一下子睁开明亮的黄色眼睛，张开亮黄色的大嘴巴，直到天敌被吓跑为止。

没有死，就是休息一下

鸻假装受伤来引诱天敌离开，来保护它们的鸟蛋。天敌会追着假装受伤的鸻，因为一只受伤的鸟是很容易被捉到的。当天敌追着它跑出一段距离后，鸻就会停止伪装，然后迅速逃到安全地带。

哎呀！我可怜的翅膀。

最后的警告

　　许多鸟类都会摆出威胁的姿态进行警告，比如张大嘴巴、竖起羽冠或者张开翅膀。受到惊吓的日鳽会将双翼大幅展开，它翅膀上的斑点看起来就像一双大眼睛。大多数入侵者看到这两个巨大的"眼珠子"都会逃跑。

群体的力量

　　对于一个入侵者来说，很难在很多只鸟中锁定一个猎物，特别是被那么多双警惕的眼睛盯着的时候。即使群体中有少数个体被俘获，至少群体剩下的幸存者可以保证种群的生存。

便便的力量

　　某些鹱的呕吐物是有毒性的，而田鹬选择用身体的另一端喷射出防身的液体。一群田鹬可以喷射出大量的排泄物，目标非常精准，进攻者身上会被田鹬的排泄物弄得湿淋淋、臭烘烘的。

鹤鸵

　　鹤鸵是一种体形较大的不会飞的鸟类，它们看起来体格大得有点吓人，而且还随身携带防身武器——长在中趾上的一个巨大的利爪。现有记录记载鹤鸵杀死过一个人的案例：一只鹤鸵跳起来然后用爪子划开了那个人的胃。

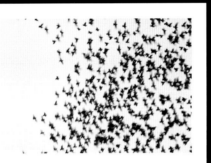

打破世界纪录的鸟

 幸存者： 在1945年，一只被斧头斩首的鸡幸存了下来。这只没有头的鸡（但是它的脑干和颈静脉被完好无损地保存了下来）绰号叫作麦克，它在没有头的状态下又存活了18个月。人们用一个滴管给它喂食——从它脖子的开口处滴下一些谷物糊和水。

最小的 最宽的 最快的 最长的 最大的

飞行最快的鸟

游隼在俯冲捕猎的时候可以加速到200千米/时，它是下落飞行的纪录保持者。鸟类水平飞行的最快的纪录是169千米/时，这项纪录是由白喉针尾雨燕创造的。在水中的最快纪录是由白眉企鹅保持的，速度达到了30千米/时。

羽毛最多的鸟

小天鹅相比其他种类的天鹅可以向北飞到更远的地方，因为在冬季，小天鹅的羽毛是所有鸟类中最多最厚的，它的羽毛数量可以达到25000根，即使在北极圈内也足以保暖。

翼展最宽的鸟

漂泊信天翁超乎寻常的翼展可以达到3米，是鸟类中翼展最宽的，特别适合在开阔的海面上自由翱翔。

最大的嘴巴

雄性澳洲鹈鹕是鸟类中嘴巴最大的，可以达到43厘米长。如果按照嘴与身体比例来说，剑嘴蜂鸟的嘴是最长的，大约有10厘米，比它的身体还要长。

身材最小的鸟

一只雄性吸蜜蜂鸟就和你的大拇指一样大，大概有5厘米长。它们的嘴和尾巴就占了身体的一半。吸蜜蜂鸟的鸟巢也是世界上最小的鸟巢，和一个鸡蛋壳差不多大。

一枚鸵鸟蛋的重量约等于20枚鸡蛋的重量。如果用它煎一个巨大的蛋卷，需要2个小时才能熟。

最饥饿的鸟

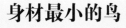 雄性帝企鹅是最尽职的父亲。在繁殖季，它负责孵化鸟蛋和照看雏鸟，这期间它们通常要忍耐南极暴风雪的侵袭。同时，它有将近4个月的时间一口东西也不吃，要消耗掉将近一半的体重。

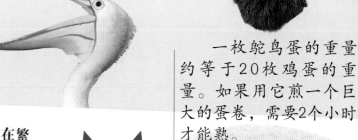

实际尺寸

最小的 最宽的 最快的

2000个小吸蜜蜂鸟蛋才能把一个鸵鸟蛋填满。

举重冠军

据报道，北美的一只白头海雕可以抓起一只幼年的北美黑尾鹿，也就相当于它能用爪子抓起大约6.8千克的重物。有人声称一只白尾海雕曾经带着一个4岁的女孩飞行了1.6千米，最后把女孩毫发无损地放了。

最大的鸟巢

斑眼冢雉会制作一个高约4.5米，宽约10.5米的土堆。它的巢由300吨腐烂的植物筑成，臭气熏天，就像粪堆一样，但是这种鸟巢可以保证鸟蛋的安全和温暖。

负重最多的飞鸟

雄性灰颈鹭鸨重量可以达到19千克。这么重的身体都能飞离地面，可真是一项壮举。

数量最多的野生鸟类

红嘴奎利亚雀是地球上数量最多的野生鸟类。这些非洲鸟类聚集成大型的鸟群，包括成百上千个鸟类成员，鸟群飞过同一个地点要花上好几个小时。

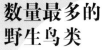

最小的 最宽的 最快的 最长的 最大的

鸵鸟的眼睛是陆地动物中最大的，直径大约有5厘米。

最高的鸟

世界上最高的鸟类是**鸵鸟**，高约2.74米。毫无悬念，鸵鸟产的蛋也是最大的，平均直径在15~20厘米，重量约有1.5千克（而按照鸟蛋和身体比例来说，几维鸟的鸟蛋是最大的，它产下的超级鸟蛋有它自身体重的1/4重。我的天哪！）。鸵鸟也保持着陆地奔跑速度最快的鸟类这项纪录；它的奔跑速度可以达到72千米/时。

一架在非洲上空飞行的飞机无意中与一只秃鹫相撞，秃鹫的飞行高度纪录才为人所知。

最小的鸟蛋

小吸蜜蜂鸟产的蛋是最小的，同时它的鸟巢也被认为是最小的，大约只有半个核桃那么大。它们的鸟蛋也只有1厘米长。

飞行最快的小型鸟类

蜂鸟是飞行最快的小型鸟类，它们也是鸟类中唯一可以上下、前后飞行的。最快的是**红喉北蜂鸟和棕煌蜂鸟**，它们都能以每秒200次的速度拍打翅膀，需要消耗大量能量，这也解释了为什么蜂鸟是鸟类中最能吃的大胃王，每天要吃掉相当于自身体重一半的花蜜和昆虫。

飞得最高的鸟

黑白兀鹫借助上升暖气流盘旋，比其他所有鸟类都飞得更高。最高的飞行纪录是海拔11277米。

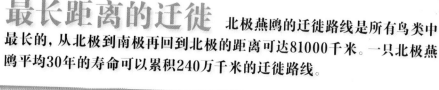

最长距离的迁徙

北极燕鸥的迁徙路线是所有鸟类中最长的，从北极到南极再回到北极的距离可达81000千米。一只北极燕鸥平均30年的寿命可以累积240万千米的迁徙路线。

最小的 最宽的 最快的 最长的 最大的

和鸟一起工作

有些鸟可以用来
驱赶其他鸟类。

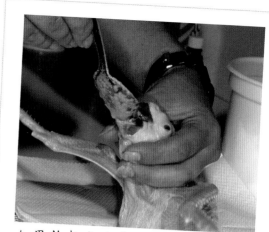

如果你想长大成为一只健康成熟
的大鸟你就得多吃。

驱鸟

如果飞机撞上一群鸟的话，飞机就会遭遇危险，所以人们有时候会在机场利用猛禽来吓跑鸟群，比如游隼。

驱鸟器在机场具有非常重要的作用，它们可以阻止鸟群降落在跑道上。猛禽的作用就是在飞机起飞和降落前把其他鸟类吓跑。如果一只鸟被吸入发动机，将可能导致飞机坠毁。

鸟类饲养家

人工圈养繁殖濒危鸟类是保护野生濒危种群，避免它们绝迹的一种方法。

鸟类饲养家繁殖和饲养野生鸟类。通常情况下他们是为了保护珍稀或濒临灭绝的鸟类。有时他们也会将繁育的鸟放回野外。鸟类饲养家通常将这些工作当作爱好，但也有专注于某些特殊鸟类研究的，比如某个鸟类调研小组的成员。

8月对于野禽来说可不是段
好日子。

更多地了解鸟类，有助于
更好地保护鸟类。

私人猎场看守人

猎杀松鸡和其他野禽是有些地区的一项关键产业。这里饲养的鸟类都是用于打猎的猎物。

私人猎场的看守人会在田野间饲养专门用于打猎的鸟类。他们还会保护鸟类生存环境，烧毁或修剪一些下层灌木。他们还有很重要的一项工作就是防止鸟类天敌的入侵。

鸟类学家

鸟类学家的一项重要工作是深入了解鸟类是如何生存的。对于最稀有的种类我们了解得还太少。鸟类学家是专注于研究鸟类的科学家。鸟类学家研究鸟类的行为、生活方式、骨骼、饲养、繁殖、分布、迁徙和栖息地等各个方面。他们通常专门研究某种特别的鸟类或者某几种鸟类的行为。

怎么有这么多
"丑小鸭"？

家禽饲养员

鸡肉是世界上最受欢迎的肉类之一，所以农场主会饲养大群的鸡来满足市场对鸡肉的需求。

大部分农场主养鸡是为了获得鸡蛋或鸡肉。以蛋类为产品的农场主主要养殖蛋鸡，有时候也专门饲养鸭子和鹌鹑来产蛋。还有些农场主甚至会饲养鸵鸟。

它们要想从网中逃脱还是
很费事的。

志愿者

要对鸟类进行调查研究就不得不用网捕捉鸟类，测评后再把它们放回野外。

志愿者的活动包括开展鸟类数量调查、保护珍稀鸟类的鸟巢、救助受伤鸟类、在救助中心照顾鸟类，以及给在漏油事故中被石油浸泡的鸟类进行清洗。

我们已经知道了
它的编号。

鸟类环志

每一只被环志的鸟都会有一个唯一的编号，调查员可以通过环志追踪它。

这些研究员主要通过环志分析鸟类的迁徙和追踪鸟类。他们会安全地捕捉鸟类，检查它们的身体状况和性别，然后将编码牌（鸟环）挂在鸟的腿上。所有环志的鸟类都可以被追踪。

相信我，你不会受伤的，
我是一名兽医。

禽类兽医

在饲养禽类的农场照看鸟类需要一名专业的兽医，来保证禽类种群的健康。

禽类兽医是鸟类专家。大多数普通兽医可以处理家养鸟类的常见病，比如虎皮鹦鹉。但是对于一些不常见的鸟类，比如野鸟，就需要一些在专业领域更有经验的禽类专家了。

词汇表

恐龙

霸王龙科

包括霸王龙及其近亲在内的一类恐龙。

白垩纪

构成中生代的三个时期中的第三个时期，从距今1.45亿年前到6500万年前。

贝类

蛤、蚝、螃蟹和类似的硬壳类海洋生物。

冰川期

地球上靠近两极的大部分区域被冰雪所覆盖的时期。

哺乳动物

多数浑身被覆毛发的动物，给新生的幼崽哺育乳汁。

超大陆

由许多大陆板块连接在一起构成的一块巨大的大陆。

主龙类

一类包含恐龙、鸟类、翼龙和鳄鱼的动物。

大灭绝

导致大量不同类型的物种消失的生态灾难。

粪化石

粪便形成的化石。

孵化

使蛋在温暖的环境中进一步发育生长，直到幼体出壳。

彗星

一个由岩石、冰和尘埃组成的天体，在宇宙中穿行。

脊椎动物

一种有内骨骼和脊椎骨的动物。

甲龙类

身披重甲，四肢着地行走，背部长有骨板的植食性恐龙。

剑龙

背部长有巨大的骨板和棘刺的装甲恐龙。

角龙类

长角的恐龙，通常面部长有尖角，颈部有颈盾。

进化

生物不断改变的过程。

猎物

被其他动物猎杀的动物。

灭绝

彻底消失。

年轮

在树的生长过程中形成的环状结构，可以显示树的年龄。

鸟脚亚目

一类植食性恐龙，靠后肢行走，无防御性铠甲。

鸟臀目

恐龙的两个主要类群之一。

爬行动物

包括龟、蜥蜴、鳄鱼、蛇、翼龙和恐龙的一类动物。

气管

连接喉部和肺部的用于呼吸的管道。

熔岩

火山喷发时，从火山口喷出的呈液态形式的、熔融状的岩石。

肉食性动物

以其他动物为食的动物。

三叠纪

构成中生代的三个时期中的第一个时期，从2.51亿年前到2亿年前。

蛇颈龙类

一类长着四条长长的鳍状肢的海洋爬行动物，其中许多有长长的脖子。

兽脚类

几乎都是肉食性恐龙的蜥臀类。

巨龙类

在白垩纪时期进化出现的一类蜥脚类恐龙。

头饰龙类

包括长角的恐龙及头骨增厚的恐龙在内的一类恐龙。

伪装

动物通过体表的颜色和图案使自己很难被发现。

乌贼

和章鱼是近亲的海洋动物。

物种

生物分类最基础的单元，同一物种的成员外形相似，而且能产下有繁殖能力的后代。

蜥脚类

从原蜥脚类进化而来，长着长颈的植食性恐龙。

蜥脚类

包含原蜥脚类和真蜥脚类的类群。

蜥臀类

恐龙的两个主要类群之一。

细菌

一种小得只能通过显微镜才能观察到的生物。

小行星

比矮行星小的大型宇宙岩石。

新生代

恐龙灭绝后的纪元，从6500万年前开始直到现在。

行迹

一串足迹化石。

翼龙类

能利用伸展的皮膜构成的翅膀飞行的爬行动物，生活在中生代。

鱼龙类

一类酷似海豚的海洋爬行动物。

雨林

终年常绿的森林，生长在温暖潮湿的区域。

原始

早期的、未高度进化的状态。

原蜥脚类

最早的长颈类植食性恐龙，比蜥脚类出现得要早。

杂食性动物

既能以植物为食也能以动物为食的动物。

植食性动物

以植物为食的动物。

中生代

恐龙生活的时代，从距今2.51亿年前到6600万年前。

肿头龙类

有着加厚头骨的恐龙。

种群

一大群动物聚集在一起生活，通常是为了繁殖。

侏罗纪

构成中生代的三个时期中的第二个时期，从2亿年前到1.45亿年前。

祖先

进化为其他物种的原始物种。

鱼

氨基酸
组成蛋白质的化合物。

鳔
硬骨鱼体内的一种器官，使它们不需要摆动鱼鳍就可以在水中的某个位置停留。

捕食者
杀死并吃掉其他动物的动物。

哺乳动物
一类生有毛发、用乳汁哺育幼兽的动物。海豹和海豚都是哺乳动物。

彩虹色
从不同角度看去，呈现不同颜色的一种视觉效果。鱼鳞通常具有彩虹色。

产卵
水生动物将大量的卵产在水中，以便受精和孵化。

超深渊带
深海区以下的更深的水域，这里的海底常常下陷形成海沟。

触须、触手
许多动物嘴边的长长的、柔韧的结构，用于感觉或抓握食物。

倒刺
棘刺上的反向的小刺，用于在刺入动物体后钩住组织，难以取出。

毒液
动物噬咬或蜇刺时释放的有毒液体。

发光器官
深海生物体内进行生物发光的器官。

浮游生物
漂浮在水中生活的微小动植物，分为浮游动物和浮游植物两种，它们是其他许多动物的食物来源。

光合作用
植物和藻类利用太阳光制造食物的过程。

河口
江河入海的区域。

棘皮动物
一类拥有管足、身体呈五辐射对称、没有头部的动物。海星和海胆都属于棘皮动物。

脊椎动物
具有脊椎的动物。鱼类、鲸、海豹都属于脊椎动物。

寄生虫
生活在其他生物体表或体内的微小生物，并依靠寄主生存。

甲壳动物
一类具有分节的身体、坚硬外骨骼的动物。螃蟹、虾、龙虾都属于甲壳动物。

精子
雄性生殖细胞，与雌性的卵子结合后即可产生新的生命。

鲸须
须鲸类嘴里生有的坚韧、富有弹性、梳子形状的结构，用于滤食海水中的浮游生物。

猎物
被捕食者杀死并吃掉的动物。

磷虾
一种生活在海洋中的微小的、虾形的动物，它们是许多海生动物的主要食物来源（比如蓝鲸）。

领地
动物居住、觅食的区域，并会保护、捍卫这片区域，赶走入侵者。

灭绝

一个物种最后的个体也不存在了。

潜水器

一种小型的潜水探测器。

腔肠动物

一类拥有刺细胞的低等动物，水母和珊瑚虫都属于腔肠动物。

软骨

组成鲨鱼骨骼的一种坚韧、富有弹性的组织。

软体动物

一类身体柔软的动物，有些具有贝壳，有些则完全裸露。章鱼、蜗牛、蛤、鱿鱼都属于软体动物。

鳃

水生生物（特别是鱼类）的呼吸器官。鳃从水中吸收氧气，并释放出二氧化碳。

色素

使生物呈现不同颜色的物质。

深渊带

海面下4000~6000米深的区域。

生物发光

一些生物通过一种化学反应能产生光。

溯河洄游鱼类

一类出生于淡水水域，在海洋中成长的鱼类。它们在繁殖季节从海洋洄游到出生的河溪中去产卵。

外骨骼

甲壳动物体表的骨骼。

伪装

动物进化出特殊的体形和颜色，使之融入周围的环境，躲避敌害。

无脊椎动物

没有脊椎的动物类群。甲壳动物、海生蠕虫、蜗牛、海蛞蝓、珊瑚虫、海星及海参都属于无脊椎动物。

物种

生物分类的最基本单位，一个物种的个体之间可以交配并繁衍后代。

消化系统

身体中用于分解、吸收食物的结构。

须鲸

长有鲸须的鲸中体形最大的一个类群，包括蓝鲸、座头鲸、小须鲸。

营养物质

有机体生存所必需的物质。

远洋带

远离海床的开阔海域，生活在这里的生物称为远洋生物。

藻类

海洋中的低等植物，包括海草和浮游植物。

虫

变态发育
当幼虫转变为成虫时发生很大的变化，毛虫变成蝴蝶时会经历变态发育。

捕食者
杀死并吃掉其他动物的动物。

触角
节肢动物头部的感觉器官，有触觉、嗅觉、味觉的功能，还能感受到振动。

蝶蛹
蝴蝶的蛹，有一个起到保护作用的坚硬外壳。

毒牙
能分泌消化液或毒液的牙齿。

毒液
动物叮咬时释放的有毒液体。

蜂巢
蜜蜂群体居住的处所。

复眼
数百个微小单位构成的眼，每一个都可独立成像。

腹部
动物的躯体部分，包含消化和生殖器官的部分。昆虫腹部位于躯干的后部。

花粉
花朵产生的粉状物质，含有雄性生殖细胞，将花粉传递到雌株部分，可以产生种子或果实。

花蜜
花朵产生的甜味液体，用于吸引传粉昆虫。

喙
一种长而灵活的嘴或口器，蝴蝶用喙吸食花蜜。

寄生生物
寄生在较大动物体内或体外的小生物，从继续生存的大生物体上汲取营养。

甲壳类
节肢动物家族的特殊成员。螃蟹、虾、龙虾和木虱都是甲壳类，大多数甲壳类生活在水里。

茧
蛾的幼虫在变成蛹之前吐丝形成的囊形保护物。

节肢动物
具有分节附肢和外骨骼的动物。

昆虫
节肢动物门下的一个分支，身体分三个部分，有六条腿。

昆虫学家
从事昆虫研究的人。

猎物
被捕食者杀死吃掉的动物。

毛虫
蝴蝶或蛾的无翼幼虫。

平衡棒
蚊蝇类躯干上的棒状结构，可以和翅膀一起振动，辅助平衡。

气门
节肢动物外骨骼上的小孔，可以进出气体，使气体在体内循环。

迁徙
动物为了找到新的栖息地而长途跋涉。一些动物每年都有规律地迁徙。

群体
一大群动物生活在一起的大型集体，像蜜蜂和蚂蚁等群居昆虫都生活在群体里。

若虫

和成体类似的非成熟状态，通过几次蜕皮可以发育为成虫。

鳃

用于水下呼吸的器官。

授粉

雄蕊上的花粉传递到雌蕊的过程，授粉是植物繁殖的重要阶段。

树汁

植物体内传递营养成分的液体。

丝

坚韧而有弹性的纤维，可以织成蜘蛛网，或是蛾的幼虫制造茧时产生的丝线。

蜕皮

节肢动物脱下旧的外骨骼。为了生长，节肢动物要定期蜕皮。

外骨骼

节肢动物的外部骨骼（角质层）。

伪装

可以帮助动物隐藏在背景中来躲避敌人的图案或颜色。

无脊椎动物

没有脊椎的动物，所有的节肢动物都是无脊椎动物，还有蠕虫、蜗牛、鼻涕虫及很多海洋动物。

物种

生物体的种类。种内成员可以一起繁殖后代。

消化系统

由身体中分解、吸收食物的器官组成。

胸腔

昆虫身体的中央部分，在头部和腹部之间。

须肢

蛛形纲动物头部生有的一对小的附肢样小足，位于口的两侧。

蛹

昆虫生命周期中的休眠阶段。在此期间幼虫蜕变为成体。

幼虫

昆虫的非成体形式，而且幼虫和成体看起来完全不同。比如，毛虫是蝴蝶的幼虫。

蛛形纲动物

节肢动物门的一个分支，有八条腿，包括蜘蛛、蝎子、蜱和螨。

两栖爬行动物

斑纹
动物皮肤或皮毛上的色块。

抱蛋
保持蛋的温度以保证其正常发育。

变态
动物在胚后发育过程中身体的重大变化，比如蝌蚪变成青蛙。

濒危物种
有灭绝（在地球上不复存在）危险的物种。

捕蛇人
熟悉并非常了解蛇的人。

捕食者
杀死或者吃掉其他动物的动物。

第六感
五种感觉是听觉、触觉、嗅觉、视觉和味觉。第六感指以上五种感觉之外的感觉。

电生理学
研究生命组织和细胞电属性的学科。

冬眠
进入长期深睡状态。

动物保育员
管理饲养动物，并负责照顾刚出生的小动物，直到它们找到新家的人员。

毒素
有毒的物质。

鳄目动物
爬行动物中的一个类别，包括鳄鱼、短吻鳄、凯门鳄等。

仿生学
模仿自然的科学。

孵化
新生动物从蛋或卵中破壳而出。

恒温动物
能够自己控制体温的动物。

横向波动
波浪状的肢体动作，使动物（比如蛇）移动。

昏迷
深度无意识状态。

脊椎动物
有脊椎的动物。

交配
生物的生殖细胞进行交换，导致受精和繁殖的活动。

解毒剂
抵消毒素影响的补救药品。

进化
生物性状缓慢地改变。

静电
与移动的电流相反，是静止不动的电荷。

抗毒血清
治疗蛇、蜘蛛、昆虫毒素的药物。

冷血动物
体温由外界环境来决定的动物。

猎物
被其他动物捕食、杀死、吃掉的动物。

鳞片
爬行动物身上用来保护皮肤的、重叠生长的小薄片。

灭绝
指一种生物的数量减少至完全从地球上消失。

鳍

鱼类或哺乳动物身上凸出的薄片状结构，帮助它们在水中游动。

圈养

动物被限制活动范围，由人照顾。

热带

地球赤道附近。

肉食性动物

以其他动物为食的动物。

鳃

用来在水下呼吸的器官。

晒太阳

躺在太阳底下休息。

上升气流

向上移动的温暖的气流。

神经系统

动物体内的神经细胞网络。

生命周期

物种每代重复的一生中的各个时期。

食虫动物

以昆虫为食的动物。

适应

通过改变自己来习惯新环境或新用途。

受精

雌性与雄性细胞结合产生新的生命。

兽医

专门为动物看病的医生。

饲养员

负责照顾动物园或野生动物园中的动物的人员。

水生动物

生活在水中的生物。

透明

光可以从这个物体本身穿过。

无脊椎动物

没有脊椎的动物。

物种

可以交配并繁衍后代的个体。

夏蛰

动物休眠的一种，也称夏眠。

眼点

长在动物皮肤上的像眼睛一样的花纹，用来欺骗捕食者。

蚓蜥

外表似蠕虫的无脚蜥蜴，生活在热带地区。

椎骨

构成脊椎的骨头。

植食性动物

以植物为食的动物。

爬行动物

哺乳动物
一类温血动物，长有毛发，直接产下幼崽，用乳汁喂养幼崽。

捕食者
捕猎其他动物为食的动物。

冬眠
动物陷入沉沉的睡眠状态，以度过缺少食物的时期。

毒液
有些动物产生的有毒液体，通过噬咬或者蜇刺注入其他动物体内，用于捕食或者防御敌害。

毒液管
管毒牙内部中空的管道，用于将毒液注入猎物体内。

鳄鱼
爬行动物中的一大类群，包括短吻鳄、长吻鳄等。

孵化
卵生动物发育完全之后，从卵中破壳而出。

感受器
用于探测周围环境的器官。

管牙
一种特化的牙齿，用于刺入猎物体内，将毒液注射进猎物的伤口。

红外线
一切温暖物体都会发出的射线，但我们人类的眼睛看不见。

化石
生物体的残骸在特定条件下没有腐烂，而是经过漫长的时间转变成的石质物质。

脊椎骨
数块小型骨头，连接起来构成动物的脊椎。

颊窝
蝮蛇等毒蛇在眼睛与鼻部之间的孔洞，是热能感受器，用于追踪温血猎物。

进化
生物经过漫长的时间，逐步适应环境而产生改变。

静电力
一种分子间作用力，让物质之间结合或者分离。

抗蛇毒血清
用于治疗毒蛇咬伤的一种生物制剂。

抗体
血液中的一种物质，用于抵抗病原体和毒素等。

冷血动物
不能调节自己的体温，只能依赖外界环境变化（比如阳光）而改变体温的动物。

猎物
被其他动物捕食的动物。

免疫
防止机体免受毒素、微生物等伤害。

灭绝
物种完全消失。

气管
将空气输入肺部的管道。

迁徙
动物定期从一个地方去往另一个地方，通常是由于季节性气候和食物来源的改变引起的。

溶血毒性
某种毒性物质能够破坏血细胞的特性。

软骨

一种坚韧、富有弹性的骨组织，是动物骨骼系统中的一部分。

色素细胞

含有色素的细胞，可以通过扩张和收缩调节动物的体色。

神经毒性

某种毒性物质能够破坏神经系统的特性。

食道

连接口腔和胃的管道。

瘫痪

由于肌肉不能收缩，而导致机体失去运动能力。

瞳孔

眼睛上允许光线进入的开孔。

唾液

口腔中分泌的液体，用于润滑食物。

温血动物

可以自我保持体温的动物。

物种

同一种生物的总称，个体之间可以交配并产下具有繁殖能力的后代。

细菌

一类遍布地球各处的微生物，甚至在人体中也能找到。有些细菌能导致疾病，但还有一些细菌是无害的，甚至有益于人类的身体健康。

腺体

生物体内的器官，可以分泌特定的分泌物。

消化

将食物分解成可供身体吸收和利用的营养成分。

消化液

由胃、肠道和其他消化器官分泌的液体，能够帮助消化。

营养物质

机体从食物中获取的物质，用于构建组织和提供能量。

植食性动物

以植物为食的动物。

紫外线

一种深紫色的光线，我们人类无法用肉眼看见，不过有些动物可以。

鸟

濒危物种

有灭绝（在地球上不复存在）危险的物种。

捕食者

捕杀并以其他某些动物为食的动物，这种动物又被叫作其他某些动物的天敌。

孵化

鸟类双亲伏在它们的蛋上，使鸟蛋保持温暖，让胚胎得以发育。

海拔

超出海平面的垂直高度。

喙

鸟的嘴。

聚居地

大批动物紧密生活在一起的地方。鸟类常常在繁殖期聚居在一起。

利爪

食肉鸟类，比如鹰、隼或者猫头鹰等的锋利的爪子。

凉亭

雄性园丁鸟建造的用来吸引雌鸟的展示场地。

猎物

被捕食者猎杀并吃掉的动物。

龙骨突

长在鸟类的胸骨部位的长而宽的脊棱，在上面附着飞行肌。

灭绝

一个物种已经完全消失，没有一个活着的个体。

鸣管

在鸟类气管里面起到发声作用的器官，鸟类通过这个器官发出鸟鸣。

迁徙

动物为寻找新的生存地而进行的长途旅行。很多鸟类都会每年定期迁徙。

雀形目

中小型鸣禽，喙形多样，适于多种类型的生活习性。

绒羽

柔软、蓬松的羽毛，可以很好地隔热。

砂囊

鸟的胃的一部分，具有厚厚的肌肉层，坚硬的食物在里面被磨碎。以种子为食的鸟类长有较大的砂囊。

上升热气流

柱状的上升热空气，一些鸟类，比如秃鹫、鹰等，会搭乘上升热气流的顺风车在天空中振翅高飞。

食腐动物

以死亡的动物的尸体为食的动物。

嗉囊

鸟类体内消化系统的一部分，用来储存已经吞咽的食物。

小翼羽

2~6根羽毛组成的一小簇覆盖在鸟类羽簇的"拇指"上。竖起的小翼羽可以缓解飞行中的颠簸。

小羽枝

每一根羽枝上都有许多细小的侧支，叫作小羽枝。它们与其他小羽枝勾连在一起，就像尼龙搭扣（魔术贴）一样。

翼展

鸟类伸展开的一双翅膀两端之间的距离。

羽衣

一只鸟身上的所有的羽毛。

羽枝

一根羽毛中轴伸出的小的分支。每根羽毛都有上千根羽枝，构成一个光滑的羽毛表面。

致谢

Dorling Kindersley would like to thank the following people for their assistance in the preparation of this book: Claire Patane, Devika Dwarkadas, Parul Gambhir, Aradhana Gupta, Riti Sodhi, and Vaibhav Rastogi for design assistance; Sonia Yooshing, Daniel Mills, Leon Gray, Elinor Greenwood, and Ben Morgan for editorial assistance; Carron Brown, Scarlett O'Hara, and Chris Bernstein for proofreading; Taiyaba Khatoon, Sakshi Saluja, and Susie Peachey for picture research; Carron Brown and Chris Bernstein for compiling the index; Andrew Kerr, Katie Knutton, and Steve Willis for illustrations; Simon Mumford for cartography; and Emma Shepherd, Lucy Claxton, Myriam Megharbi, Karen VanRoss, and Romaine Werblow in the DK Picture Library.

Picture credits

The publisher would like to thank the following for their kind permission to reproduce their photographs:

(Key: a-above; b-below/bottom; c-centre; f-far; l-left; r-right; t-top)

Dinosaurs

10 Dorling Kindersley: Jon Hughes and Russell Gooday (cb); Peter Minister, Digital Sculptor (cl). **10–11 Dorling Kindersley:** Jonathan Hately - modelmaker (bc). **Dreamstime.com:** Toma Iulian (Background). **11 Corbis:** Grant Delin (cra). **Dorling Kindersley:** Jon Hughes (crb); Peter Minister, Digital Sculptor (tl). **12 Dorling Kindersley:** Jon Hughes (c). **13 Dorling Kindersley:** Jon Hughes (t, cra, bl). **14 Dorling Kindersley:** Natural History Museum, London (ca, bl); Sedgwick Museum of Geology, Cambridge (bc). **15 Dorling Kindersley:** Natural History Museum, London (tl); Senckenberg Gesellshaft Fuer Naturforschugn Museum (bc). **Getty Images:** Tom Bean / Photographer's Choice (tr). **16–17 Corbis:** Louie Psihoyos. **16 Corbis:** Imaginechina. **Getty Images:** AFP (bc); Patrick Aventurier (cl). **17 Dorling Kindersley:** Jon Hughes and Russell Gooday (bl); Natural History Museum, London (tr, cra, crb). **Dreamstime.com:** Bartlomiej Jaworski (tl). **18 Corbis:** Imaginechina (cb/Bird). **Getty Images:** Rudi Gobbo / E+ (bl); Runstudio / The Image Bank (cb). **19 Corbis:** George Steinmetz (tr/Skeleton). **Dreamstime.com:** Brad Calkins (cb); Tanikewak (bl). **Getty Images:** Jupiterimages / Comstock Images (cl/Dish, tr); O. Louis Mazzatenta / National Geographic (cl); Rudi Gobbo / E+ (br). **20 Dorling Kindersley:** David Donkin - modelmaker (cl, cr). **21 Dorling Kindersley:** David Donkin - modelmaker (b). **Science Photo Library:** Henning Dalhoff (c). **22 Dorling Kindersley:** Jon Hughes (cl). **23 Dorling Kindersley:** Jon Hughes (tl); Jon Hughes and Russell Gooday (cl, tc, cr); Jonathan Hately - modelmaker (tr). **24 Dorling Kindersley:** Jon Hughes (bl); Peter Minister, digital sculptor (cl). **24–25 Dorling Kindersley:** Peter Minister, Digital Sculptor (c). **Fotolia:** Strezhnev Pavel. **25 Dorling Kindersley:** Peter Minister, Digital Sculptor (br). **26 Dorling Kindersley:** Jon Hughes (t). **26–27 Dorling Kindersley:** Senckenberg Nature Museum, Frankfurt. **28 Dorling Kindersley:** Jon Hughes (clb, bc). **28–29 Dorling Kindersley:** Peter Minister, Digital Sculptor (c). **29 Dorling Kindersley:** Peter Minister, Digital Sculptor (tl). **Getty Images:** Mark Garlick / Science Photo Library (c). **30 Dorling Kindersley:** Robert L. Braun (cla); Peter Minister, digital sculptor (bl). **30–31 Dorling Kindersley:** Jon Hughes and Russell Gooday (c). **31 Dorling Kindersley:** Peter Minister, Digital Sculptor

(br). **32–33 Dorling Kindersley:** Royal Tyrrell Museum of Palaeontology, Alberta, Canada (t). **32 Science Photo Library:** Pascal Goetgheluck (cra). **33 Dorling Kindersley:** Senckenberg Gesellshaft Fuer Naturforschugn Museum (br). **34–35 Dorling Kindersley:** Graham High at Centaur Studios - modelmaker (bc). **35 Corbis:** Louie Psihoyos (tr). **36–37 Getty Images:** Jeff Chiasson / E+ (c). **37 Dorling Kindersley:** Jon Hughes and Russell Gooday (tr); Royal Tyrrell Museum of Palaeontology, Alberta, Canada (cra). **Science Photo Library:** Roger Harris (br). **38 Getty Images:** Science Picture Company / Collection Mix: Subjects (br). **40 Dorling Kindersley:** Peter Minister, Digital Sculptor (bl). **41 Dorling Kindersley:** Peter Minister, Digital Sculptor (tl). **42 Dorling Kindersley:** Luis Rey (bl). **42–43 Dorling Kindersley:** Peter Minister, Digital Sculptor (bc). **43 Dorling Kindersley:** Peter Minister, Digital Sculptor (tl, br). **44 Corbis:** Kevin Schafer (bl/background). **Dorling Kindersley:** Jon Hughes and Russell Gooday (c, bl). **44–45 Claire Cordier:** (background). **45 The Natural History Museum, London:** (cl). **Science Photo Library:** Jaime Chirinos (br). **46–47 Dorling Kindersley:** Peter Minister, Digital Sculptor. **48–49 Dorling Kindersley:** Peter Minister, Digital Sculptor (bc, tc). **49 Dorling Kindersley:** Peter Minister, Digital Sculptor (c). **50 Dorling Kindersley:** Jon Hughes and Russell Gooday (bl, bc); Peter Minister, Digital Sculptor (cb). **51 Dorling Kindersley:** Peter Minister, digital sculptor (bc). **52 Corbis:** Imaginechina (clb). **Dorling Kindersley:** Robert L. Braun - modelmaker (bc). **53 Alamy Images:** FLPA (tl). **54 Alamy Images:** Sabena Jane Blackbird (c). **55 Dorling Kindersley:** Bedrock Studios (r); Robert L. Braun - modelmaker (tl). **Getty Images:** Jeffrey L. Osborn / National Geographic (cl). **56 Dorling Kindersley:** Jon Hughes (c); Staab Studios - modelmaker (bl). **56–57 Getty Images:** dem10 / E+ (c). **57 Dorling Kindersley:** Jon Hughes and Russell Gooday (tr); Jon Hughes (cl); John Holmes - modelmaker (b). **58 Dorling Kindersley:** Peter Minister, Digital Sculptor (bl). **Fotolia:** Yong Hian Lim (bc). **58–59 Dorling Kindersley:** Peter Minister, Digital Sculptor (cb). **Fotolia:** DM7 (tc). **59 Dorling Kindersley:** Peter Minister, Digital Sculptor (tr, br). **60 Dorling Kindersley:** Peter Minister, Digital Sculptor (cra, bl). **61 Dorling Kindersley:** Jonathan Hately - modelmaker (br); Natural History Museum, London (clb, cl). **62–63 Dorling Kindersley:** Peter Minister, Digital Sculptor (b). **63 Dorling Kindersley:** Royal Tyrrell Museum of Palaeontology, Alberta, Canada (t). **64–65 Dreamstime.com:** Ralf Kraft (b). **64 Dreamstime.com:** Ralf Kraft (bc, cr). **65 Dreamstime.com:** Ralf Kraft (tl, crb, b). **66–67 Dorling Kindersley:** Jon Hughes and Russell Gooday (bc). **67 Alamy Images:** Stocktrek Images, Inc. (tr). **Dorling Kindersley:** Peter Minister, Digital Sculptor (br). **68 Dorling Kindersley:** Graham High - modelmaker (cla). **Getty Images:** Sciepro / Science Photo Library (br). **69 Dorling Kindersley:** Peter Minister, Digital Sculptor (bl); Roby Braun - modelmaker (tl). **Fotolia:** Dario Sabljak (tr). **PunchStock:** Stockbyte (bl/Frame). **70 Dorling Kindersley:** Peter Minister, Digital Sculptor (tr). **71 Dorling Kindersley:** Jonathan Hateley (tl); Peter Minister, Digital Sculptor (br). **Science Photo Library:** Christian Darkin (c). **72 Dorling Kindersley:** John Holmes - modelmaker (bc). **73 Dorling Kindersley:** Jon Huges (br). **74 Dorling Kindersley:** Natural History Museum, London (cl); Peter Minister, Digital Sculptor (clb). **74–75 Dorling Kindersley:** Peter Minister, Digital Sculptor (c). **75 Dorling Kindersley:** John Holmes - model maker

(cra); Peter Minister, Digital Sculptor (br). **76–77 Corbis:** Alan Traeger (Background). **Dorling Kindersley:** Peter Minister, digital sculptor. **77 Dorling Kindersley:** John Holmes - model maker (tr). **78–79 Dorling Kindersley:** Peter Minister, Digital Sculptor. **Getty Images:** Panoramic Images (Background). **80 Corbis:** Mark Stevenson / Stocktrek Images (b). **Dreamstime.com:** Rtguest (br). **Science Photo Library:** D. Van Ravenswaay (crb). **81 Corbis:** Kevin Schafer (cl). **Dorling Kindersley:** Jon Hughes (bc). **Dreamstime. com:** Rtguest (cr). **82 Corbis:** Frans Lanting (cr); Ocean (bl). **83 Dorling Kindersley:** Bedrock Studios (tr); Jon Hughes (clb); Jon Hughes and Russell Gooday (cr).

Sharks

86 Dorling Kindersley: NASA (cl). **Science Photo Library:** John Sanford (cla). **87 Getty Images:** The Image Bank / Zac Macaulay (tr). **88 Dreamstime.com:** Carol Buchanan (l). **Shutterstock:** Paul Whitted (r). **89 Alamy Images:** Mark Newman / SCPhotos (l). **Dreamstime.com:** Goran Šafarek (r). **Shutterstock:** Kristian Sekulic (l). **90 Corbis:** Stuart Westmorland (ca). **Dreamstime.com:** Dirk-jan Mattaar (fclb); Dwight Smith (c); Asther Lau Choon Siew (cr). **Getty Images:** Photographer's Choice / Pete Atkinson (cb). **imagequestmarine.com:** Peter Batson (c). **naturepl.com:** Ingo Arndt (cra). **SeaPics.com:** Doug Perrine (cl). **91 Alamy Images:** Natural Visions (cra). **Corbis:** Rick Price (fclb). **Dreamstime.com:** Ivanov Arkady (c); Nico Smit (fcl); Daniel76 (r); Elisei Shafer (crb). **imagequestmarine.com:** Kike Calvo (cla); Peter Parks (fcla). **NHPA / Photoshot:** A.N.T. Photo Library (cr). **Shutterstock:** Mindaugas Dulinskas (ftr); Herve Lavigny (clb); Hiroyuki Saita (fcra); Paul Vorwerk (fcr). **92–93 SeaPics.com:** Doug Perrine. **92 Corbis:** Handout / Reuters (fbr, br). **94–95 imagequestmarine.com:** Masa Ushioda. **94 Shutterstock:** Wayne Johnson (br). **95 Dorling Kindersley:** Peter Minister - modelmaker (br). **Dreamstime.com:** Jan Daly (bc). **iStockphoto.com:** Stephen Meese (bl). **Shutterstock:** Hiroshi Sato (c). **96 Alamy Images:** f1 online / F1online digitale Bildagentur GmbH (tl). **Dorling Kindersley:** Natural History Museum, London (bc, bc / right, br, br / right, fbr). **96–97 Alamy Images:** f1 online / F1online digitale Bildagentur GmbH. **98–99 Robert Clark. 98 Science Photo Library:** Eye of Science (bl, br). **99 Action Plus:** Neale Haynes (tr). **Getty Images:** Photographer's Choice / Zena Holloway (tc). **100 SeaPics.com. 101 Dorling Kindersley:** Natural History Museum, London (clb). **Getty Images:** National Geographic / Bill Curtsinger (cl). **iStockphoto. com:** Bülent Gültek (br). **SeaPics.com:** (tr). **104–105 Ardea:** Gavin Parsons. **106 Alamy Stock Photo:** Pally (cl). **Dreamstime.com:** Ilfede (tr); Photographerlondon (br). **107 Alamy Stock Photo:** Minden Pictures / Birgitte Wilms (tl). **Dreamstime.com:** Khajohnsak Netivudhipong (cra) **Camera Press:** laif / Arno Gasteiger (bl). **Corbis:** Brandon D. Cole (br). **FLPA:** Minden Pictures / Norbert Wu (cl). **108 Corbis:** Stephen Frink (c). **naturepl.com:** Doug Perrine (br). **Dreamstime. com:** Jose Gil (cra). **SeaPics.com:** Mark Conlin (cla). **109 Alamy Images:** Dave Marsden (cl). **Corbis:** Visuals Unlimited (tr). **naturepl.com:** Philippe Clement (cb); Peter Scoones (ca); Kim Taylor (cr). **SeaPics.com:** Reinhard Dirscherl (br). **110 Alamy Images:** The Print Collector (c). **Dorling Kindersley:** Town Docks Museum, Hull (crb, br, fbr). **New Brunswick Museum, Saint John, N.B.:** X10722 (bl). **110–111 Corbis:**

Kitchin & Victoria Hurst / First Light (cra). Dorling Kindersley: David Peart (cl). PunchStock: Stockbyte (cra/frame, cl/frame). 254–255 Getty Images: National Geographic / George Grall. 255 naturepl.com: Pete Oxford (tr). 256 Corbis: Joe McDonald (cb). 256–257 Corbis: Reinhard Dirscherl / Visuals Unlimited. 257 Getty Images: The Image Bank / Mike Severns (tr); Stone / Bob Elsdale (tl). 258 Dorling Kindersley: Natural History Museum, London (clb, c, fclb, cb). 259 Getty Images: Iconica / Frans Lemmens (br). 260–261 Avalon: NHPA / Daniel Heuclin. 261 Avalon: NHPA / Daniel Heuclin (tr). Corbis: Alessandro Della Bella / EPA (fbr). 262 Alamy Stock Photo: blickwinkel / McPHOTO / PUM (b). Science Photo Library: Georgette Douwma (cl). 263 Alamy Stock Photo: Bernard Castelein / Nature Picture Library (b). Corbis: Milena Boniek / PhotoAlto (clb). 264 Avalon: NHPA / Daniel Heuclin (br). FLPA: Thomas Marent / Minden Pictures (bl). Science Photo Library: Thomas Marent / Visuals Unlimited (cla, clb); Sinclair Stammers (cra); Nature's Images (crb). 265 Avalon: NHPA / Jany Sauvanet (clb); NHPA / David Maitland (br). FLPA: Thomas Marent / Minden Pictures (bl). Getty Images: National Geographic / Jason Edwards (cla). Science Photo Library: Thomas Marent / Visuals Unlimited (cra, crb). 266–267 Thomas Marent. 267 Thomas Marent: (br). Science Photo Library: Dante Fenolio (tr); Alex Kerstitch / Visuals Unlimited (cr). 268–269 Kellar Autumn Photography. 270 Avalon: NHPA / A.N.T. Photo Library (tr). naturepl.com: Robert Valentic (br). 270–271 Getty Images: National Geographic / Jason Edwards. 273 Alamy Stock Photo: Stuart Thomson (bl). Dorling Kindersley: Jerry Young (tl). Getty Images: Gallo Images / Dave Hamman (br). 274 Alamy Stock Photo: Mihir Sule / ephotocorp (t). Science Photo Library: Pascal Goetgheluck (bl). 274–275 Getty Images: Taxi / Nacivet. 275 Alamy Stock Photo: MichaelGrantWildlife (ftr); Michael Patrick O'Neill (fcr). Getty Images: Purestock (fbr). Science Photo Library: Fletcher & Baylis (fcra); T-Service (tl); Edward Kinsman (cl). 276 Corbis: DLILLC (fbl); Micro Discovery (bl). Igor Siwanowicz: (r). 277 Biomimetics and Dexterous Manipulation Lab Center for Design Research, Stanford (BDML): (cra). 278 Corbis: Jan-Peter Kasper / EPA (cl). Getty Images: Photodisc / Lauren Burke (l). 278–279 Corbis: Jan-Peter Kasper / EPA. 279 Avalon: NHPA / Stephen Dalton (tr). Getty Images: Photodisc / Lauren Burke (r). 280–281 CGTextures.com: (t/background); Richard (c). 280 Alamy Stock Photo: Eddie Gerald (c/sinai agama). CGTextures.com: (c/leaves, cr/leaves); Csar Vonc (cla, bc); Richard (bl). Dorling Kindersley: Jerry Young (fcra/gila monster); Natural History Museum, London (fcra/nile monitor lizard egg, fcra/african dwarf crocodile egg, fcra/indian python egg). Getty Images: Flickr / Ricardo Montiel (crb/sparrow). 281 Alamy Stock Photo: Richard Ellis (cra/turtle); Emily Françoise (cla/turtle). Avalon: NHPA / Oceans-Image / Franco Banfi (cr/yellow sponge). CGTextures.com: Richard (bl, fcrb); Csar Vonc (tr). FLPA: Colin Marshall (cr/red barrel sponge); Mark Moffett / Minden Pictures (fbl). Getty Images: Photographer's Choice / Jeff Hunter (c/yellow sponge). naturepl.com: Claudio Contreras (fcr/turtle). 282–283 Getty Images: Photographer's Choice / Grant Faint (t). 282 Alamy Stock Photo: Heather Angel / Natural Visions (br). Ardea: Ken Lucas (b). Getty Images: Stone / Keren Su (ca). 283 Alamy Stock Photo: Heather Angel / Natural Visions (tl). Ardea: Pat Morris (b). Getty Images: Stone / Keren Su (t/background). Paul Williams / Iron Ammonite: Arkive (tr). 284–285 Dorling Kindersley: Jerry Young (t). 284 Alamy Stock Photo: E.R. Degginger (br). 285 Avalon: NHPA / Gerry Pearce (tc); NHPA / Mark O'Shea (c); NHPA / A.N.T. Photo Library (cl, br). Corbis: Michael & Patricia Fogden (fclb). 286–287 Igor Siwanowicz. 287 Alamy Stock Photo: Rick & Nora Bowers (br). Avalon:

NHPA / A.N.T. Photo Library (crb). Getty Images: Visuals Unlimited / Joe McDonald (cr). naturepl.com: John Cancalosi (tr). 289 Corbis: Bettmann (c); Macduff Everton (mosaic). 290 Alamy Stock Photo: Kymri Wilt / Danita Delimont (fbl). Getty Images: Robert Harding World Imagery / Gavin Hellier (c/hat). naturepl.com: Pete Oxford (bl, br). Brad Wilson, DVM: Dr. Luis Coloma (c/frog). 291 Alamy Stock Photo: Kymri Wilt / Danita Delimont (fbr). naturepl.com: Pete Oxford (t, bl, br). 292–293 CGTextures.com. 292 naturepl.com: Fabio Liverani (tr); Dave Watts (tc); Premaphotos (bc); George McCarthy (br). 292 Avalon: NHPA / Haroldo Palo Jr. (tc); NHPA / Anthony Bannister (br). Corbis: Wayne Lynch / All Canada Photos (tr). Getty Images: Digital Vision (bc). 294 Corbis: Thom Lang (tl); Brian J. Skerry / National Geographic Society (cl, fcrb); Kennan Ward (cr); Wayne Lynch / All Canada Photos (crb). 294–295 Corbis: Bryan Allen. 295 Corbis: Clem Haagner / Gallo Images (bl); Kennan Ward (c). Dorling Kindersley: David Peart (cr). FLPA: Ingo Arndt / Minden Pictures (cl). Getty Images: Photographer's Choice RF / Peter Pinnock (crb). Photolibrary: Olivier Grunewald (fcl). 296 Alamy Stock Photo: 19th era 2 (br); Tom Joslyn (background). Avalon: NHPA / A.N.T. Photo Library (cl). CGTextures.com: Csar Vonc (cl/paper, cr/paper, bl/paper, br/paper). FLPA: Michael & Patricia Fogden / Minden Pictures (cr, bl). 297 Alamy Stock Photo: Tom Joslyn (background). CGTextures.com: Csar Vonc (c). Corbis: HO / Reuters (clb). Getty Images: National Geographic / Tim Laman (crb). 298 Alamy Stock Photo: Stephen Dalton / Photoshot Holdings Ltd (cr). Avalon: NHPA / Stephen Dalton (crb). Getty Images / iStock: Brandon Alms (fbr). Getty Images: National Geographic / Timothy Laman (l). Photolibrary: Oxford Scientific (OSF) / Michael Fogden (tr). 65 naturepl.com: Tim Laman (tl, r); Tim MacMillan / John Downer Pr (l). 300 Dreamstime.com: 3drenderings (bc). naturepl.com: Tim MacMillan / John Downer Pr (tl). 301 Getty Images: National Geographic / Tim Laman. 302 Corbis: Bettmann (cr/background). Getty Images / iStock: craftvision (tr, fcl, br); kkgas (cr/ink). Getty Images: SSPL (c, cla). 303 Getty Images: Apic / Hulton Archive (tl, br). Getty Images / iStock: kkgas (tr, ftr). Science Photo Library: (cra). 304 Corbis: Ocean (bl). FLPA: Cyril Ruoso / Minden Pictures (cr). Getty Images: Altrendo Nature (cl). 304–305 Alamy Stock Photo: Todd Winner. 305 Getty Images: National Geographic / Jason Edwards (cr). 306 Getty Images: Oli Scarff (cla); Ian Waldie (cra). Photolibrary: Oxford Scientific (OSF) / Emanuele Biggi (bc). 307 Alamy Stock Photo: David Hancock (cra). Corbis: Jerome Prevost / TempSport (bc). Dorling Kindersley: Jerry Young (tr). Getty Images: The Image Bank / Kaz Mori (cla). 308–309 Photolibrary: Joe McDonald. 310 Avalon: Daniel Heuclin (cl/snake); NHPA / Nick Garbutt (tc/snake). Corbis: Alessandro Della Bella / EPA (tr/finger); Thomas Marent / Visuals Unlimited (tl/frog); Rod Patterson / Gallo Images (bl/cobra); Chris Hellier (br/chameleon). Fotolia: Jula (tl, tc, tr, cl, c, cr, bl, bc, br). Getty Images: Photodisc / Nancy Nehring (c/iguana). 310–311 Fotolia: Dark Vectorangel (trophy). 311 Avalon: NHPA / Franco Banfi (bc/crocodile). Corbis: Mauricio Handler / National Geographic Society (br/sea snake); Kevin Schafer (tl/frog); Wolfgang Kaehler (tr/tortoise); Thomas Marent / Visuals Unlimited (c/frog). FLPA: Cyril Ruoso / Minden Pictures (tc/crocodile). Fotolia: Jula (tl, tc, tr, cl, bc, c, cr, bl, br). Getty Images: Digital Vision / Michele Westmorland (cl/komodo dragon). naturepl.com: Miles Barton (bl/lizard).

Snakes
312–313 Dreamstime.com: μ €. 314 Getty Images: Vetta / Mark Kostich. 316 Dorling Kindersley: David Peart (cl); Jerry Young (bc). 317 Dorling Kindersley: Jerry Young (c). Getty Images: Flickr Open / Peter Schoen (tr).

320 Ray Carson - UF Photography: (tc). 321 Charlie Brinson: Ben Cooper / Titanoboa was built by Charlie Brinson, Jonathan Faille, Hugh Patterson, Michelle La Haye, Markus Hager, James Simard, and Julian Fong (br) / http://titanoboa.ca/. 322 123RF.com: Teerayut Yukuntapornpong / joesayhello (br). Ardea: Larry Miller / Science Source (clb). Dreamstime.com: Ekays (l). 322–323 123RF.com: lightwise (border). Dreamstime.com: Chernetskaya (b); Dewins (Swiss cheese plant). 323 Avalon: imago stock&people (br). 324 Getty Images: age fotostock / Morales (br). 325 Corbis: David Hosking / Frank Lane Picture Agency (br). 326 Corbis: Jim Brandenburg / Minden Pictures (br); Jason Isley - Scubazoo / Science Faction (cb). Getty Images: Flickr / Abner Merchan (cla); Photodisc / Siede Preis (tl, clb, bl); Flickr Open / Thor Hakonsen (crb). 327 Getty Images: Flickr / Abner Merchan (tc, fbr); Photodisc / Siede Preis (tl, bl); Stockbyte / Tom Brakefield (cl); Flickr / Ken Fisher Photography and Training (br). 328–329 Ardea: Francois Gohier. 330 Getty Images: Peter Arnold / Jeroen Stel (tr); Oxford Scientific / Jonathan Gale (cl). naturepl.com: Laurie Campbell (cr); Andy Sands (bl). 331 Corbis: George McCarthy (tr); Roger Tidman (br). naturepl.com: Andy Sands (l). 332 Corbis: Michael & Patricia Fogden (clb). 332–333 Getty Images: National Geographic / Joel Sartore. 333 Corbis: Imagemore Co., Ltd. (tl); Leo Keeler / AStock (cra). Getty Images: age fotostock / John Cancalosi; Peter Arnold / John Cancalosi (cr). Science Photo Library: John Serrao (crb). 337 Dorling Kindersley: Natural History Museum, London (br). 338–339 Getty Images: Digital Vision / Gerry Ellis. 339 Science Photo Library: Edward Kinsman (cr). 340–341 Getty Images: Kendall McMinimy (t). 340 Ardea: Chris Harvey (tl). Dorling Kindersley: BBC Visual Effects - modelmaker (cl). naturepl.com: Pete Oxford (br). 341 Ardea: John Cancalosi (crb). Getty Images: Panache Productions (br). naturepl.com: Michael D. Kern (cra). 342–343 Dreamstime.com: Renzzo (background). 342 Dorling Kindersley: The Science Museum, London (ca). 344–345 Getty Images: Digital Vision. 346 Corbis: Michael & Patricia Fogden (bl); Ocean (cra). 347 naturepl.com: Tony Phelps (cr); Robert Valentic (br). 349 Alamy Images: Hornbil Images / Peacock (bc). 350–351 Getty Images: Oxford Scientific / Werner Bollmann. 350 Corbis: Joe McDonald (bl). 352 Alamy Stock Photo: blickwinkel / McPHOTO / LOV (ca). Corbis: Stephen Dalton / Minden Pictures (cr). 353 Alamy Images: Jose Garcia (br). 354–355 Corbis: Ocean. 356 Corbis: Ocean (c). Getty Images: Minden Pictures / Michael & Patricia Fogden (clb); Visuals Unlimited / Ken Lucas (crb); Stone / Eric Tucker (bl, bc, br). 356–357 Getty Images: Stone / Eric Tucker (background). 357 Corbis: Ocean (tc/paper, cl). Getty Images: Minden Pictures / Michael & Patricia Fogden (cb); National Geographic / Joel Sartore (tc); Stone / Eric Tucker (bl, bc, br). 358 Corbis: Michael & Patricia Fogden (br). Getty Images: The Image Bank / Art Wolfe (bl). 358–359 Corbis: Michael & Patricia Fogden. 359 Corbis: Michael & Patricia Fogden (cla); Visuals Unlimited (crb); Thomas Marent / Minden Pictures (br). Dorling Kindersley: Thomas Marent (tr). Getty Images: Gallo Images / Danita Delimont (clb). 360 Corbis: GTW / imagebroker (t); Wolfgang Kaehler (b). Dreamstime.com: Canvaschameleons (br); Dmitry Petlin (tr). 361 Getty Images: Robert Harding World Imagery / Ann & Steve Toon (t); Robert Harding World Imagery / Thorsten Milse (b). 362 Corbis: Rod Patterson / Gallo Images (cl). Getty Images: Peter Arnold / James Gerholdt (cr). 363 naturepl.com: Gabriel Rojo (cr). 364–365 Corbis: Phil Noble / Reuters. 364 Corbis: Splash News (bc). 365 Getty Images: Photographer's Choice / Gallo Images-Anthony Bannister (tl); Rewa Expedition / Barcroft Media (tr). 366 Corbis:

479

Original Title: Everything You Need to Know Bind-Up

Copyright © Dorling Kindersley Limited, 2023

A Penguin Random House Company

本书中文版由 Dorling Kindersley Limited

授权科学普及出版社出版，未经出版社许可不得以

任何方式抄袭、复制或节录任何部分。

著作权合同登记号：01-2020-3711、01-2020-3717、

01-2020-3710、01-2020-3807、01-2020-3756、01-2018-6142

版权所有　侵权必究

图书在版编目（CIP）数据

DK动物百科 / 英国DK出版社编著；庆慈，文星，肖

笛译. — 北京：科学普及出版社，2024.1

　书名原文：Everything You Need to Know Bind-Up

　ISBN 978-7-110-10551-1

　Ⅰ．①D… Ⅱ．①英… ②庆… ③文… ④肖… Ⅲ．①

动物－青少年读物 Ⅳ．①Q95-49

中国国家版本馆CIP数据核字(2023)第189542号

策划编辑	邓　文
责任编辑	白李娜　李　睿　郭　佳　吴　静
图书装帧	金彩恒通
责任校对	吕传新
责任印制	徐　飞

科学普及出版社出版

北京市海淀区中关村南大街16号　邮政编码：100081

电话：010-62173865　传真：010-62173081

http://www.cspbooks.com.cn

中国科学技术出版社有限公司发行部发行

惠州市金宣发智能包装科技有限公司承印

开本：787毫米×1092毫米　1/16　印张：30　字数：720千字

2024年1月第1版　2024年1月第1次印刷

ISBN 978-7-110-10551-1/Q・295

印数：1—10000册　定价：398.00元

（凡购买本社图书，如有缺页、倒页、

脱页者，本社发行部负责调换）